张杰 / 著

Python
数据可视化之美
专业图表绘制指南

电子工业出版社
Publishing House of Electronics Industry
北京·BEIJING

内 容 简 介

本书主要介绍如何使用 Python 中的 matplotlib、Seaborn、plotnine、Basemap 等包绘制专业图表。本书首先介绍 Python 语言编程的基础知识，以及 NumPy 和 Pandas 的数据操作方法；再对比介绍 matplotlib、Seaborn 和 plotnine 的图形语法。本书系统性地介绍了使用 matplotlib、Seaborn 和 plotnine 绘制类别对比型、数据关系型、时间序列型、整体局部型、地理空间型等常见的二维和三维图表的方法。另外，本书也介绍了商业图表与学术图表的规范与差异，以及如何使用 matplotlib 绘制 HTML 交互页面动画。

未经许可，不得以任何方式复制或抄袭本书之部分或全部内容。
版权所有，侵权必究。

图书在版编目（CIP）数据

Python 数据可视化之美：专业图表绘制指南 / 张杰著. —北京：电子工业出版社，2020.3
ISBN 978-7-121-38370-0

Ⅰ．①P… Ⅱ．①张… Ⅲ．①可视化软件－程序设计 Ⅳ．①TP311.561

中国版本图书馆 CIP 数据核字(2020)第 021975 号

责任编辑：石 倩
印　　刷：中国电影出版社印刷厂
装　　订：中国电影出版社印刷厂
出版发行：电子工业出版社
　　　　　北京市海淀区万寿路 173 信箱　邮编 100036
开　　本：787×980　1/16　印张：20　字数：480 千字
版　　次：2020 年 3 月第 1 版
印　　次：2023 年 9 月第 11 次印刷
定　　价：129.00 元

凡所购买电子工业出版社图书有缺损问题，请向购买书店调换。若书店售缺，请与本社发行部联系，联系及邮购电话：(010) 88254888，88258888。
质量投诉请发邮件至 zlts@phei.com.cn，盗版侵权举报请发邮件至 dbqq@phei.com.cn。
本书咨询联系方式：010-51260888-819，faq@phei.com.cn。

序

In the last 20 years the amount of data created has grown massively. The need to understand this data, communicate what it means and use it to make better decisions has also grown. What has not changed is the human biology, so our brains must make sense of this ever-increasing amount information. As pictures are easier to understand than numbers, good visualisations have become more important as data grows in quantity, size and complexity.

（在过去的 20 年中，随着社会产生数据的大量增加，对数据的理解、解释与决策的需求也随之增加。而固定不变是人类本身，所以我们的大脑必须学会理解这些日益增加的数据信息。所谓"一图胜千言"，对于数量、规模与复杂性不断增加的数据，优秀的数据可视化也变得愈加重要。）

Data comes in different kinds so it demands different methods to make sense of it. It is not possible to have a single tool/program that will work for all datasets, so we must be flexible. Many times we have to manipulate data before we can visualise it. In fact, a visualisation is typically part of a wider analysis, so we must learn to write code to analyse and visualise the data. Programming is the means by which we bring out the flexibility.

（数据来源各不同，这也导致我们需要不同的方法去理解它们。想使用一种工具或者编程语言就适用于所有数据，这是天方夜谭。所以，我们必须随机应变。在很多情况下，我们不得不在操作数据前先可视化数据。实际上，数据可视化是数据分析的一个特别部分。所以，我们必须学会编程去分析与可视化数据。编程可以给我们带来各种灵活性的方法。）

Now comes the first choice, in what programming language shall we write the code? We have to choose at least one and the authors of this book have chosen the Python programming language.

（现在面临的第一个选择就是我们将使用什么样的语言编程。我们不得不选择一种编程语言，而这本书选择 Python 作为编程语言。）

Python is a widely used general programming language that is easy to learn and it has been embraced by a large scientific computing community who have created an open ecosystem of packages for anlaysing and visualising data. By choosing Python these packages become available to you — free of charge. For example, key packages like NumPy and Pandas which are covered in Chapter 2, make it possible to represent data in sequences and in tables, and they provide many useful methods to act on this data.

（Python 是一种广泛使用的编程语言，易于学习，而且一个巨大的科学计算社区开发了一个拥有许多数据分析与可视化包的开源生态圈。如果选择 Python 作为编程语言，这些包就可以供你免费使用。比如，本书第 2 章讲解的 Python 核心包 NumPy 和 Pandas，可以使用序列和表格表示数据，同时还提供了许多有用的数据操作方法。）

The next choice is, what package(s) to use for visualisation? The authors have three choices for you; Matplotlib, Seaborn and Plotnine. Are they good choices? Yes, they are.

（接下来的选择就是我们该使用何种包实现数据可视化。本书作者提供了三个选择：Matplotlib、Seaborn 和 Plotnine。那它们是不是好的选择？是的，非常正确。）

Matplotlib is the most widely used package for data visualisation in Python. Powerful and versatile, it can be used to create figures for publication or to create interactive environments. In 1999 Leland Wilkinson in the book "The Grammar of Graphics" introduced an elegant way with which to think about data visualisation. This "Grammar" gives us a structured way with which to transform data into to a visualisation and it makes it easy to create many kinds of complicated plots. This is where the Seaborn and plotnine packages come in, they are built on top of matplotlib and are inspired by ggplot2 -an implementation of "The Grammar of Graphics" by Hadley Wickham.

（在 Python 中使用最为广泛的数据可视化包是 matplotlib。它功能强大且齐全，可以用于制作出版物中的图表，也可以用于制作交互式图表。Leland Wilkinson 于 1999 年撰写的书籍《图形语法》介绍了一种实现数据可视化的优秀方法。这种语法给了我们一种将数据转换成图表的结构性方法，而且使绘制各种复杂图表变得更加容易。这就是 Seaborn 和 plotnine 包的由来。它们建立在 matplotlib 包的基础上，而且启发于 R 语言的 ggplot2 包- Hadley Wickham 基于《图形语法》开发的数据可视化包。）

The programming language and key packages are choices made for you, but making beautiful visualisations requires many more choices. These choices change depending on the data, display medium and audience; they are what this book will help you learn to make. In here, you will get exposed to a variety of plots, you will learn about the advantages of different plots for the same data, you will learn about *The Grammar of Graphics*, you will learn how to create visualisations with multiple plots and you will learn how to customize the visualisations and ultimately you will learn how to make beautiful visualisations.

（编程语言和相应的核心包已经帮你选择，但是制作优美的图表仍需更多技能。这些技能的选择取决于你的数据、展示媒介与受众，这就是这本书将要帮助你学习的内容。在这里，你会接触到各种各样的图表，会学习到同一数据不同可视化方法的优势，会学习到"图形语法"，还会学习到如何使用各种图表实现数据可视化，学习到如何定制化图表，最终你会学习到如何制作优美的数据可视化。）

Now you have no choice but to proceed.

（在这里，你别无选择，唯有勇往直前！）

Hassan Kibirige

Author/Maintainer of plotnine

（plotnine 包的开发者/维护者）

2020 年 1 月 9 日

前言

本书主要介绍如何使用 Python 中的 matplotlib、Seaborn、plotnine、Basemap 等包绘制专业图表。本书首先介绍 Python 语言编程基础知识，以及 NumPy 和 Pandas 的数据操作方法；再对比介绍 matplotlib、Seaborn 和 plotnine 的图形语法。本书系统性地介绍了使用 matplotlib、Seaborn 和 plotnine 绘制类别对比型、数据关系型、时间序列型、整体局部型、地理空间型等常见的二维和三维图表的方法。另外，本书也介绍了商业图表与学术图表的规范与差异，以及如何使用 matplotlib 绘制 HTML 交互页面动画。

本书定位

人生苦短，我用 Python！

现在 Python 语言越来越流行，尤其是在机器视觉、机器学习与深度学习等领域。但是数据可视化一直是其短板，特别是相对 R 语言而言。R 语言以 ggplot2 包及其拓展包人性化的绘图语法大受用户的喜爱，特别是生物信息与医学研究者。市面上有两本很经典的 R ggplot2 教程：*ggplot2 Elegant Graphics for Data Analysis* 和 *R Graphics Cookbook*，这两本书重点介绍了 ggplot2 包的绘图语法及常见图表的绘制方法。另外，《R 语言数据可视化之美：专业图表绘制指南（增强版）》基于 R 中的 ggplot2 包及其拓展包等，系统性地介绍了几乎所有常见的二维和三维图表的绘制方法。

所以，笔者认为很有必要系统性地介绍 Python 的绘图语法系统，包括最基础也最常用的 matplotlib、常用于统计分析的 Seaborn、最新出现的类似 R ggplot2 语法的 plotnine 包，以及用于地理空间数据可视化的 Basemap 包。本书首先介绍数据可视化基础理论，然后系统性地介绍了几乎所有常见的二维和三维图表的绘制方法，包括简单的柱形图系列、条形图系列、折线图系列、地图系列等。

读者对象

本书适合想学习数据分析与可视化相关专业课程的高校学生，以及对数据分析与可视化感兴趣的职场人士阅读，尤其是 Python 用户。从软件掌握程度而言，本书同样适用于零基础学习 Python 的用户。

阅读指南

全书内容共有 11 章，其中，前 3 章是后面 8 章的基础，第 4~10 章都是独立知识点，第 11 章是数据可视化绘图综合案例。读者可以根据实际需求有选择性地进行学习。

第 1 章　介绍 Python 编程基础，重点介绍数据结构、控制语句与函数编写。

第 2 章　介绍 Python 数据处理基础，重点介绍 NumPy 和 Pandas 的数据操作方法，包括 NumPy 的数值运算与 Pandas 的表格运算。

第 3 章　介绍 Python 数据可视化基础，重点对比介绍了 matplotlib、Seaborn 和 plotnine 的图形语法，以及数据可视化的颜色主题运用原理。

第 4 章　介绍类别比较型图表，包括柱形图系列、条形图系列、南丁格尔玫瑰图、径向柱图等图表。

第 5 章　介绍数据关系型图表，包括二维和三维散点图、气泡图、等高线图、三维曲面图、三元相图、二维和三维瀑布图、相关系数热力图等图表。

第 6 章　介绍数据分布型图表，包括一维、二维和三维的统计直方图和核密度估计图、抖动散点图、点阵图、箱形图、小提琴图等图表。

第 7 章　介绍时间序列型图表，包括折线图和面积图系列、日历图、量化波形图等图表。

第 8 章　介绍局部整体型图表，包括饼状图、马赛克图、华夫饼图、点状柱形图系列等图表。

第 9 章　介绍高维数据的可视化方法，包括分面图系列、矩阵散点图、热力图、平行坐标系图、RadViz 图等图表。

第 10 章　介绍地理空间型图表，包括分级统计地图、点描法地图、带气泡/柱形的地图、等位地图、线型地图、三维柱形地图等不同的地图图表。

第 11 章　介绍数据可视化的各种应用场景，包括商业图表、学术图表、HTML 网页动画等的规范与制作。

应用范围

本书的图表绘制方法都是基于 Python 的 matplotlib、Seaborn、plotnine、Basemap 等包实现的，几乎适应于所有常见的二维和三维图表。本书以虚拟的地图数据为例讲解不同的地理空间型图表，读者需将绘图方法应用到实际的地理空间型图表。

适用版本

本书所用 Python 版本为：3.7.1；图表绘制包 matplotlib、Seaborn、plotnine、Basemap 和 GeoPandas 的版本分别为：3.0.2、0.9.0、0.5.1、1.2.0 和 0.4.1；数据处理包 NumPy 和 Pandas 的版本分别为：1.15.4 和 0.23.4。

Python 作为免费的开源软件，数据分析与可视化的包更新迭代很快，这是它的优势。但是有时候有些代码运行可能会由于 Python 及其包的版本的更新，而出现函数弃用（deprecated）的情况。此时，需要自己更新代码，使用新的函数替代原有的函数。

源代码

本书配有几乎所有图表的 Python 源文件及其 CSV 或 TXT 格式的数据源文件。但是需要注意的是，如果运行的 Python 版本没有安装相应的数据分析与可视化的包（package），那么请预先安装相应的包，才能成功运行代码。同时，也请注意运行 Python 及其包的版本是否已经更新。本书配套源代码下载的 GitHub 网址：https://github.com/Easy-Shu/Beautiful-Visualization-with-python。

与作者联系

因笔者知识与能力所限，书中纰漏之处在所难免，欢迎并恳请读者朋友们给予批评与指正，可以通过邮箱联系笔者。如果读者有关于学术图表或商业图表绘制的问题，可以与笔者交流。另外，更多关于图表绘制的教程请关注笔者的博客、专栏和微博平台，也可以重点关注微信公众号：EasyShu，还可以添加笔者微信：EasyCharts。笔者的数据分析与可视化的文章会优先发表在微信公众号平台。

邮　　箱：easycharts@qq.com

博　　客：https://github.com/Easy-Shu/EasyShu-WeChat

知乎专栏：https://zhuanlan.zhihu.com/EasyShu（知乎账号：张杰）

致谢

自从 2019 年 10 月出版《R 语言数据可视化之美：专业图表绘制指南（增强版）》，很多读者问笔者能不能出一本 Python 版的数据可视化教程。写书真的呕心沥血，但是在撰写过程中能系统地总结所学的知识，可以查漏补缺，也是受益匪浅。《R 语言数据可视化之美：专业图表绘制指南》这本书在 2017 年 5 月断断续续写了 1 年半多，到 2019 年 5 月才出版。后来又花了 3 个多月增加了 3 章图表内容，增强版才出版。

所谓"大道相通"，不同软件的数据可视化原理都是相通的。《Python 数据可视化之美：专业图表绘制指南》这本书就是对照着 R 语言那本书"翻译"而成的。所以亲爱的读者请不必诧异于笔者现在这么快又出版 Python 的数据可视化图书了。

在这里，首先要感谢读者，感谢你们对笔者的支持与包容。也非常感谢笔者的大学好友金伟（现为腾讯高级研究员）引导笔者入门 Python，还要感谢香港理工大学的姚鹏鹏博士、清华大学的赵建树博士笔者在学习 Python 时给予的帮助。最后，笔者觉得还应该感谢的就是自己。蓦然回首，4 年弹指一挥间，从大学毕业到香港做学术研究这几年，经历过很多次的失望，也差点患上抑郁症，感谢自己有一颗积极、阳光、乐观的心，终于守得云开见月明，如笔者所愿能坚持做自己喜欢的事情。

小时候，读到课本里普希金的一段话："假如生活欺骗了你，不要悲伤，不要心急！忧郁的日子里须要镇静：相信吧，快乐的日子将会来临。"到现在才明白这确实是一条生活的"潜规则"。月有阴晴圆缺，人有悲欢离合。人不仅有趋利避害、喜甜厌苦的本能反应，还有趋欢避悲、求乐脱苦的本能调节。所以，悲伤的日子后面就是快乐的日子。

亲爱的读者，也希望你能快乐地阅读本书！

作　者

2019 年 12 月 5 日

目 录

第1章 Python 编程基础 1

   1.1 Python 基础知识 2
      1.1.1 Python 3.7 的安装 2
      1.1.2 包的安装与使用 3
      1.1.3 Python 基础操作 4
   1.2 6 种常用数据结构 5
      1.2.1 列表 5
      1.2.2 字典 6
      1.2.3 元组 6
   1.3 控制语句与函数编写 6
      1.3.1 控制语句 6
      1.3.2 函数编写 8

第2章 数据处理基础 10

   2.1 NumPy：数值运算 11
      2.1.1 数组的创建 11
      2.1.2 数组的索引与变换 12
      2.1.3 数组的组合 13
      2.1.4 数组的统计函数 14
   2.2 Pandas：表格处理 15
      2.2.1 Series 数据结构 15

2.2.2　数据结构：DataFrame 16
　　2.2.3　数据类型：Categorical 18
　　2.2.4　表格的变换 19
　　2.2.5　变量的变换 20
　　2.2.6　表格的排序 20
　　2.2.7　表格的拼接 21
　　2.2.8　表格的融合 22
　　2.2.9　表格的分组操作 23
　　2.2.10　数据的导入与导出 26
　　2.2.11　缺失值的处理 28

第3章　数据可视化基础 29

3.1　matplotlib 33
　　3.1.1　图形对象与元素 33
　　3.1.2　常见图表类型 36
　　3.1.3　子图的绘制 38
　　3.1.4　坐标系的变换 41
　　3.1.5　图表的导出 44

3.2　Seaborn 44
　　3.2.1　常见图表类型 45
　　3.2.2　图表风格与颜色主题 46
　　3.2.3　图表的分面绘制 48

3.3　plotnine 50
　　3.3.1　geom_×××()与stat_×××() 51
　　3.3.2　美学参数映射 54
　　3.3.3　度量调整 58
　　3.3.4　坐标系及其度量 64
　　3.3.5　图例 69
　　3.3.6　主题系统 71
　　3.3.7　分面系统 73
　　3.3.8　位置调整 74

3.4　可视化色彩的运用原理 76

3.4.1 RGB 颜色模式 76
3.4.2 HSL 颜色模式 77
3.4.3 LUV 颜色模式 79
3.4.4 颜色主题的搭配原理 80
3.4.5 颜色主题方案的拾取使用 84
3.4.6 颜色主题的应用案例 87
3.5 图表的基本类型 91
3.5.1 类别比较 91
3.5.2 数据关系 92
3.5.3 数据分布 93
3.5.4 时间序列 94
3.5.5 局部整体 94
3.5.6 地理空间 95

第 4 章 类别比较型图表 96

4.1 柱形图系列 97
4.1.1 单数据系列柱形图 98
4.1.2 多数据系列柱形图 100
4.1.3 堆积柱形图 101
4.1.4 百分比堆积柱形图 102
4.2 条形图系列 104
4.3 不等宽柱形图 105
4.4 克利夫兰点图 106
4.5 坡度图 108
4.6 南丁格尔玫瑰图 110
4.7 径向柱图 114
4.8 雷达图 117
4.9 词云图 119

第 5 章 数据关系型图表 122

5.1 散点图系列 123
5.1.1 趋势显示的二维散点图 123
5.1.2 分布显示的二维散点图 131

　　　　5.1.3　气泡图 136
　　　　5.1.4　三维散点图 139
　5.2　曲面拟合 142
　5.3　等高线图 145
　5.4　散点曲线图系列 147
　5.5　瀑布图 149
　5.6　相关系数图 156

第6章　数据分布型图表 159

　6.1　统计直方图和核密度估计图 161
　　　　6.1.1　统计直方图 161
　　　　6.1.2　核密度估计图 161
　6.2　数据分布图表系列 165
　　　　6.2.1　散点数据分布图系列 166
　　　　6.2.2　柱形分布图系列 168
　　　　6.2.3　箱形图系列 169
　　　　6.2.4　小提琴图 175
　6.3　二维统计直方图和核密度估计图 179
　　　　6.3.1　二维统计直方图 179
　　　　6.3.2　二维核密度估计图 180

第7章　时间序列型图表 184

　7.1　折线图与面积图系列 185
　　　　7.1.1　折线图 185
　　　　7.1.2　面积图 185
　7.2　日历图 192
　7.3　量化波形图 195

第8章　局部整体型图表 199

　8.1　饼状图系列 200
　　　　8.1.1　饼图 200
　　　　8.1.2　圆环图 202
　8.2　马赛克图 203

8.3 华夫饼图 ... 206

8.4 块状/点状柱形图系列 ... 208

第 9 章 高维数据型图表 ... 213

9.1 高维数据的变换展示 ... 215

9.1.1 主成分分析法 ... 215

9.1.2 t-SNE 算法 ... 217

9.2 分面图 ... 218

9.3 矩阵散点图 ... 221

9.4 热力图 ... 224

9.5 平行坐标系图 ... 227

9.6 RadViz 图 ... 229

第 10 章 地理空间型图表 ... 231

10.1 不同级别的地图 ... 232

10.1.1 世界地图 ... 232

10.1.2 国家地图 ... 238

10.2 分级统计地图 ... 242

10.3 点描法地图 ... 244

10.4 带柱形的地图 ... 248

10.5 等位地图 ... 250

10.6 点状地图 ... 252

10.7 简化示意图 ... 256

10.8 邮标法 ... 260

第 11 章 数据可视化案例 ... 263

11.1 商业图表绘制示例 ... 264

11.1.1 商业图表绘制基础 ... 264

11.1.2 商业图表绘制案例① ... 269

11.1.3 商业图表绘制案例② ... 270

11.2 学术图表绘制示例 ... 273

11.2.1 学术图表绘制基础 ... 274

11.2.2 学术图表绘制案例 ... 276

11.3 数据分析与可视化案例	278
11.3.1 示意地铁线路图的绘制	278
11.3.2 实际地铁线路图的绘制	280
11.3.3 地铁线路图的应用	281
11.4 动态数据可视化演示	286
11.4.1 动态条形图的制作	286
11.4.2 动态面积图的制作	291
11.4.3 三维柱形地图动画的制作	296
参考文献	301

读者服务

微信扫码回复：38370

- 获取书中图表的 Python 源文件及其 CSV 或 TXT 数据源文件
- 获取博文视点学院 20 元付费内容抵扣券。
- 获取免费增值资源。
- 加入读者交流群，与本书作者互动。

（本书正文中链接 1～链接 27 请见 www.broadview.com.cn/38370）

第 1 章

Python 编程基础

1.1 Python 基础知识

1.1.1 Python 3.7 的安装

使用 Anaconda 可以直接组合安装 Python、Jupyter Notebook 和 Spyder。Anaconda 是一个开源的 Python 发行版本，用于进行大规模的数据处理、预测分析、科学计算，致力于简化包的管理和部署。

读者可以通过搜索 Anaconda，找到 Anaconda 官网，并下载。

需要注意的是：我们要根据电脑的系统（Windows、macOS 和 Linux）选择对应的 Python 版本。对于 Windows 系统，还需要根据系统的位数选择 32 位或 64 位。另外，笔者推荐使用 Python 3.7 版本。

Jupyter Notebook：Jupyter Notebook 是基于网页的用于交互计算的应用程序。其可被应用于全过程计算：开发、文档编写、运行代码和展示结果。Jupyter Notebook 是以网页形式打开的程序，可以在网页页面中直接编写代码和运行代码，代码的运行结果也会直接在代码块下显示。如在编程过程中需要编写说明文档，则可在同一个页面中直接编写，便于进行及时的说明和解释（见图 1-1-1）。

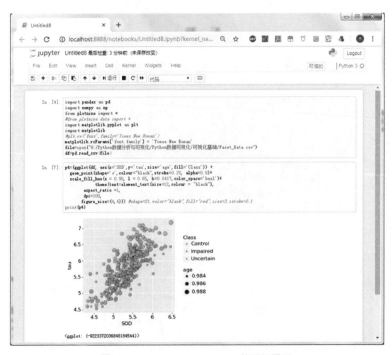

图 1-1-1　Jupyter Notebook 的运行界面

Spyder：Spyder 是 Python(x,y)的作者为它开发的一个简单的集成开发环境。和其他的 Python 开发环境相比，它最大的优点就是可以模仿 MATLAB 的"工作空间"功能，可以很方便地观察和修改数组的值。Spyder 的界面由许多窗格构成，用户可以根据自己的喜好调整它们的位置和大小。当多个窗格出现在同一个区域时，将使用标签页的形式显示。例如在图 1-1-2 中，可以看到 Editor、Object inspector、Variable explorer、File explorer、Console、History log 以及两个显示图像的窗格。在 View 菜单中可以设置是否显示这些窗格。

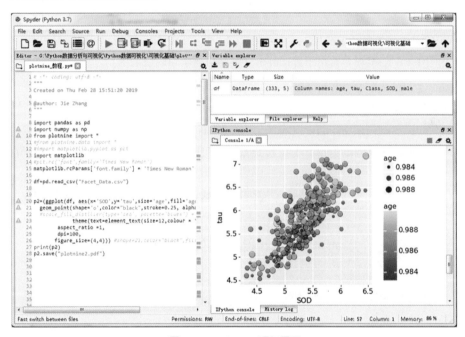

图 1-1-2　Spyder 运行界面

1.1.2　包的安装与使用

在计算机程序的开发过程中，随着程序代码越写越多，在一个文件里的代码就会越来越长，越来越不容易维护。为了编写可维护的代码，我们把很多函数分组，分别放到不同的文件里，这样，每个文件包含的代码就相对较少，很多编程语言都采用这种组织代码的方式。在 Python 中，一个.py 文件就称之为一个模块（module）。模块的名字就是该文件的名字（不包含后缀）。使用模块不仅可以大大提高代码的可维护性，而且编写代码也不必从零开始。

为了避免模块名冲突，Python 又引入了按目录来组织模块的方法，称为包（package）。一个包就是一个文件夹（Python 2 规定该文件夹必须包含一个__init__.py 文件，Python 3 没有要求），包名就是文件夹名。包的安装可以直接打开 Anaconda 3 文件夹中的 Anaconda Prompt 对话框，输入 conda install <package> 或者 pip install <package>，就可以安装对应的包。也可以使用 conda uninstall <package> 和 pip uninstall <package> 卸载对应的包。模块和包的导入与使用方法没有本质区别。我们在使用这些包前，需要提前将这些包导入，使用 import 语句可以导入 4 种不同的对象类型。

1. import <package>   # 直接导入包，使用 package.XX 的方式实现部件的功能
2. import < package> as ×   # 将导入的包重命名为×，使用×.XX 的方式实现部件的功能，该种导入方法往往在包名较长时使用
3. from <package> import <module or subpackage or object>   # 从一个包中导入模块/子包/对象
4. from < package> import *   #导入包的全部部件

Python 借助外在的包和模块可以实现网络爬虫、数据分析与可视化、机器学习和深度学习等诸多功能（见图 1-1-3）。其中，常用于数据分析处理与机器学习的包如下。

- NumPy、Pandas、DASK 和 Numba 包可用于分析数据的可拓展性与性能；
- SciPy、StatsModel 和 scikit-learn 可用于数据的处理与分析；
- matplotlib、Seaborn、plotnine、Bokeh、Datashader 和 HoloViews 包可实现数据结果的可视化；
- scikit-learn、PyTorch、TensorFlow 和 theano 包可构造并训练机器学习与深度学习模型。

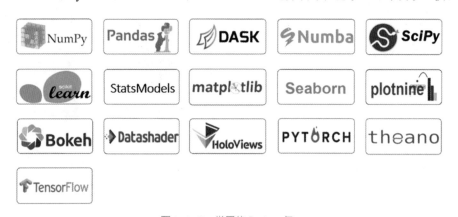

图 1-1-3 常用的 Python 包

1.1.3 Python 基础操作

1. Python 注释

注释的目的是让阅读人员能够轻松读懂每一行代码的意义，同时也为后期代码的维护提供便利。在 Python 中，单行注释是以#号开头的。而 Python 的多行注释是由两个三引号（"""）包含起来的。

2. Python 的行与缩进

与 R、C++等语言相比，Python 最具特色的就是使用缩进表示代码块，而不需要使用大括号。

缩进的空格数是可变的，但是同一个代码块的语句必须包含相同的缩进空格数。需要特别注意的是：不一致的代码块缩进会导致代码运行错误。

3. 变量与对象

Python 中的任何数值、字符串、数据结构、函数、类、模块等都是对象。每个对象都有标识符、类型（type）和值（value）。几乎所有的对象都有方法与属性，都可以通过"对象名.方法（参数 1，参数 2,…，参数 n）"或者"对象名.属性"的方式访问该对象的内部数据结构。需要注意的是：对象之间的赋值并不是复制。

复制是指复制对象与原始对象不是同一个对象，原始对象发生任何变化都不会影响复制对象的变化，可以分为浅复制（copy）和深复制（deepcopy）。浅复制是复制了对象，但对于对象中的元素，依然使用原始的引用，即只复制指向对象的指针，并不复制对象本身。深复制是指完全地复制一个对象的所有元素及其子元素，可以理解为直接复制整个对象到另一块内存中。

1.2 6 种常用数据结构

Python 最常用的数据结构有 6 种：数字、字符串、列表、元组、字典和集合。其中最为常用的是数字、字符串、列表和字典。

（1）数字（number）：用于储存数值。Python 3 支持 4 种类型的数字：int（整数类型）、float（浮点类型）、bool（布尔类型）、complex（复数类型）。我们可以使用 type()函数查看数据类型；

（2）字符串（string）：由数值、字母、下画线组成的一串字符，可以使用单引号（'）、双引号（"）和三引号（'''）指定字符串，使用"+"号可以连接两个字符串；

（3）列表（list）：一维序列，变长，其内容可以进行修改，用"[ ]"标识；

（4）元组（tuple）：一维序列，定长、不可变，其内容不能修改，用"( )"标识；

（5）字典（dict）：最重要的内置结构之一，大小可变的键值对集，其中键（key）和值（value）都是 Python 对象，用"{ }"指定，可以使用大括号"{ }"创建空字典；

（6）集合（set）：由唯一元素组成的无序集，可以看成是只有键没有值的字典，可以使用大括号"{ }"或者 set()函数创建集合。一个空集合必须使用 set()函数创建。

1.2.1 列表

列表（list）是任意对象的有序集合，使用"[ ]"标识，元素之间使用逗号隔开。列表中的元素既可以是数字或字符串，也可以是列表。每个列表中的元素都是从 0 开始计算的。列表方式可以通过"列表对象.列表方法（参数）"的方式调用。主要方法如下所示：

```
List1=[3, 2, 4]
List2=['c', 'b', 'd']
List3=List1+List2    #List3 的输出结果为：[3, 2, 4, 'c', 'b', 'd']
```

1.2.2 字典

字典是一种可变的容器模型，且可以存储任意类型的对象，用"{ }"标识。字典是一个无序的键（key）和值（value）对的集合。格式如下：

dc={key1:value1, key2:value2} 或者 dc=dict(key1=value1,key2=value2)

键必须是唯一的，但值则不必。值可以取任何数据类型，但键必须是不可变的，如字符串、数字或元组。示例如下所示：

```
dict = {'Name': 'Runoob', 'Age': 7, 'Class': 'First'},
print (dict['Name']), 输出结果为：Runoob
print (dict['Age']), 输出结果为：7
```

1.2.3 元组

元组与列表类似，不同之处在于元组的元素不能修改。元组使用小括号，列表使用方括号。元组的创建方式很简单，只需要在括号中添加元素，并使用逗号隔开即可。示例如下所示：

```
tup = ('Google', 'Runoob', 1997, 2000)
print (tup1[0]) #输出结果为：Google
```

1.3 控制语句与函数编写

1.3.1 控制语句

Python 语句与 R、C++语言类似，其控制流语句同样包括条件、顺序和循环等。我们可以利用这些语句控制数据分析的流向。与其他语言不同的是，控制流语句是以 ":" 和缩进来识别与运行代码块的（见表 1-3-1）。

我们最常见的就是 if 条件语句。条件语句可以使程序按照一定的表达式或条件，实现不同的操作或执行顺序跳转的功能。其条件最基本的检查包括等于（=）、小于（<）、小于或等于（<=）、大于（>）、大于或等于（>=）和不等于（!=）。在 Python 中可以将产生一个值的 if…else 语句写到一行或一个表达式（三元表达式）中，以下为两种不同形式的三元表达式：

output= 'Yes' if i>3 else 'No'
output=('No','Yes')[i>3]

  for 循环可以对任何有序的序列对象（如字符串、列表、元组、字典等）或迭代器做循环和迭代处理。其中，range()函数可以产生一组间隔相等的整数序列，可以指定起始值、终止值与步长，常用于 for 循环。

  while 循环可以对任何对象进行循环处理，只要条件不为 false 或者循环没有被终止（break），其代码块就一直不断地执行。如果 while 循环中有 else 语句，则 else 语句会在循环正常结束之后执行。

  在 for 和 while 循环中，用户还可以使用特定的语句对循环进行中止（continue）、终止（break）等控制。常用的有如下两种。

- break：结束或终止循环；
- continue：中止当前循环，调到下一次循环的开始。

表 1-3-1　控制语句

类别	if 条件语句	for 循环语句	while 循环语句
示意	（流程图）	（流程图）	（流程图）

语法	if 条件或表达式：
	  执行语句
	else：
	  执行语句
		for value in 集合：
		  执行语句
			while 条件或表达式：
			  执行语句
			else：
			  执行语句

示例	i=5
	if i>3：
	  print('Yes')
	else：
	  print('No')
		for i in range(1,5)：
		  j = i + 10
		  print(j)
			i=1
			while i < 5：
			  print(i)
			  i=i + 1

输出	Yes	11,12,13,14	1,2,3,4

推导式（comprehensions）是一种将 for 循环、if 表达式以及复制语句放到单一语句中产生序列的方法，主要有列表推导式、集合推导式、字典推导式等。其中列表推导式只需要一条表达式就能非常简洁地构造一个新列表，其基本形式如下：

- [执行语句 for value in 集合]　　　　　#使用执行语句生产列表
- [执行语句 for value in 集合 if 条件]　　#根据一定条件生产列表

例如：

output=[i+10 for i in range(1,5)]　　　　#output=[11, 12, 13, 14]
output=[i+10 for i in range(1,5) if i>2] # output= [13, 14]

1.3.2　函数编写

函数（function）是 Python 中最重要，也是最主要的代码组织与重复使用的方法。Python 本身内置许多函数，如 range()函数，也可以通过导入包或者模块的方法调用函数，另外也可以灵活地自定义函数。默认情况下，实参与形参是按函数声明中定义的顺序匹配的。调用函数时可以使用的正式参数类型主要有必备参数、命名参数、缺省参数、不定参数等。其中，必备参数要以正确的顺序把参数传递给函数，调用时的数量必须和声明时的一样；命名参数以参数的命名来确定传递的参数值，可以跳过不传的参数或乱序传递参数。

匿名函数（lambda）仅由单条语句组成，该语句执行的结果就是返回值。其省略了用 def 定义函数的标准步骤，没有名称属性。其一般形式如表 1-3-2 所示。

lambda 函数能接收任何数量的参数，但是只能返回一个表达式的数值，不能同时包含命令或者多个表达式。调用函数时不占用栈内存，从而增加运行效率。

内置函数是 Python 内置的一系列常用函数，无须导入包或者模块即可直接使用（见表 1-3-2）。Python 有 3 个常用的内置函数，可以实现序列的遍历与处理，提高数据分析的效率，如 filter()、map()和 reduce()函数。filter()函数的功能相当于滤波器，调用一个布尔函数遍历序列中的每个元素，返回一个能够使布尔函数数值为 ture 的元素的序列。map()函数可以指定函数作用于给定序列的每个元素，并用一个列表来提供返回值。reduce()函数作为参数的 func 函数为二元函数，将 func 函数作用于序列的元素，连续将现有结果和下一个元素作用在随后的结构上，最后将简化的序列作为一个单一返回值（注意：Python 3 已经移除 reduce()函数，放入 functools 模块：from functools import reduce ）。

表 1-3-2 Python 函数的常用方法

类型	语法	实例
自定义函数	def 函数名(形式参数): 　　"函数的文档字符串说明" 　　函数体 　　return [表达式]	def square(x): 　　squared=x*x 　　return squared print(square(2)) #输出结果为 4
匿名函数	lambda[参数 1 [, 参数 2, …, 参数 n]]:表达式	square= lambda x:x*x print(square(2))　　#输出结果为 4
内置函数 filter()	filter(布尔函数，序列)	filter(lambda x: x>2, range(1,5)) #输出为[3,4]
内置函数 map()	map(func 函数, 序列 1[,序列 2, …, 序列 n])	map(lambda x: x*x, range(1,3)) #输出为[1,4]
内置函数 reduce()	reduce(func 函数, 序列[,初始值])	reduce(lambda x,y: x+y, range(1,5)) #输出为 10

第 2 章

数据处理基础

2.1 NumPy：数值运算

NumPy 是 Numerical Python 的简称，是高性能计算和数据分析的基础包。ndarray 是 NumPy 的核心功能，其含义为 n-dimensional array，即多维数组。数组与列表之间的主要区别为：数组是同类的，即数组的所有元素必须具有相同的类型；相反，列表可以包含任意类型的元素。使用 NumPy 的函数可以快速创建数组，远比使用基本库的函数节省运算时间。NumPy 在使用前需要导入，约定俗成的导入方法为：

import numpy as np

2.1.1 数组的创建

数组（ndarray）由实际数据和描述这些数据的元素组成，可以使用*.shape 查看数组的形状，使用*.dim 查看数组的维数。而向量（vector）即一维数组，也是最常用的数组之一。通过 NumPy 的函数创建一维向量与二维数组常用的方法如表 2-1-1 所示。数组可由列表构造，也可以通过*.tolist 方法转换列表。

表 2-1-1 数组 array 的创建

输入	输出	描述
np.array([1,2,3],dtype=float)	array([1., 2., 3.])	创建一维数组
np.array([[1,2,3],[3,5,1]])	array([[1, 2, 3], [3, 5, 1]])	创建二维数组
np.arange(0,3,1)	array([0, 1, 2])	步长为 1 的等差数列
np.linspace(0,3,4)	array([0., 1., 2., 3.])	总数为 4 个元素的等差数列
np.repeat([1,2],2)	array([1, 1, 2, 2])	数组元素的连续重复复制
np.tile([1,2],2)	array([1, 2, 1, 2])	数组元素的连续重复复制
np.ones((2,3))	array([[1., 1., 1.], [1., 1., 1.]])	类似的还有 np.ones_like()
np.zeros((2,3))	array([[0., 0., 0.], [0., 0., 0.]])	类似的还有 np.zeros_like()
np.random.random(3)	array([0.24, 0.74, 0.95])	0~1 之间的随机数
np.random.randn(3)	array([-1.44, 0.39, 1.8])	标准正态分布
np.random.normal(loc=0,scale=1,size=3)	array([0.55, -2.03, -0.21])	均值为 0，标准差为 1 的正态分布

NumPy 支持的数据类型有：bool（布尔）、int8（-128~127 的整数）、int16、int32、int64、uint8

(0~255 的无符号整数)、uint16、uint32、uint64、float16(5 位指数 10 位尾数的半精度浮点数)、float32、float64 等。可以使用*.astype()函数实现对数组数据类型的转换。

2.1.2 数组的索引与变换

Python 数组的索引与切片使用中括号"[ ]"选定下标来实现，同时采用":"分割起始位置与间隔，用","表示不同维度，用"…"表示遍历剩下的维度（见表 2-1-2）。使用 reshape()函数可以构造一个 3 行 2 列的二维数组：

a=np.arange(6).reshape(3,2)
a=np.reshape(np.arange(6),(3,2))

表 2-1-2 数组的索引与变换

语句	示例	语句	示例
数组的构建： a=np.arange(6).reshape(3,2)	(3×2 数组 0,1/2,3/4,5)	选取某一列： a[:,1]	(列1：1,3,5)
选取多列： a[:,[0,1]]	(整个数组)	选取某一行： a[1,:]	(行1：2,3)
选取多行： a[[0,1],:]	(行0,1)	选取某个元素： a[1,1]	(元素3)
单条件过滤： a[a[:,1]>2,]	(行1,2)	多条件过滤： a[(a[:,1]>2) & (a[:,1]<4),]	(行1)
数组维度的改变： a.reshape(2,3)	(2×3：0,2,4/1,3,5)	数组的转置： a.T np.transpose(a)	(2×3：0,2,4/1,3,5)
数组的平铺展开： a.flatten()	(0,1,2,3,4,5)	数组的平铺展开： a.ravel()	(0,1,2,3,4,5)

其中，NumPy 的 ravel()和 flatten()函数所要实现的功能是一致的，都是将多维数组降为一维数组。两者的区别在于返回拷贝（copy）还是返回视图（view），numpy.flatten()返回一份拷贝，对拷贝所做的修改不会影响原始矩阵，而 numpy.ravel()返回的是视图，会影响原始矩阵。

数组的排序也尤为重要。NumPy 提供了多种排序函数，比如 sort（直接返回排序后的数组）、argsot（返回数组排序后的下标）、lexsort（根据键值的字典序排序）、msort（沿着第一个轴排序）、sort_complex（对复数按照先实后虚的顺序排序）等。具体如表 2-1-3 所示。

表 2-1-3　数组的排序

语句	示例	语句	示例
一维数组： a= np.array([3,2,5,4])		二维数组： b=np.array([[1,4,3], [4,5,1], [2,3,2]])	
数组的排序： np.sort(a) a.sort()		数组排序后的下标： np.argsort(a)	
数组的降序： a[np.argsort(-a)]		axis=0 表示按列排序 axis=1 表示按行排序 b.sort(axis=0)	

2.1.3　数组的组合

NumPy 数组的组合可以分为：水平组合（hstack）、垂直组合（vstack）、深度组合（dstack）、列组合（colume_stack）、行组合（row_stack）等（见表 2-1-4）。其中，水平组合就是把所有参加组合的数组拼接起来，各数组行数应该相等，对于二维数组，列组合和水平组合的效果相同。垂直组合就是把所有组合的数据追加在一起，各数组列数应该一样，对于二维数组，行组合和垂直组合的效果一样。

表 2-1-4　数组的组合

语句	示例	语句	示例
数组 a 的构造： a=np.arange(6).reshape(3,2)		数组的水平组合： np.hstack((a,b)) np.concatenate((a,b),axis=1) np.append(a,b,axis=1)	

续表

语句	示例	语句	示例
数组 b 的构造： b=np.arange(9).reshape(3,3)	(3×3 数组：0 1 2 / 3 4 5 / 6 7 8)	数组的垂直组合： np.vstack((b,c)) np.concatenate((b,c),axis=0) np.append(b,c,axis=0)	(5×3 数组：0 1 2 / 3 4 5 / 6 7 8 / 0 1 2 / 3 4 5)
数组 c 的构造： c=np.arange(6).reshape(2,3)	(2×3 数组：0 1 2 / 3 4 5)	二维数组的一维组合： np.append(a,c)	(12×1 数组：0,1,2,3,4,5,0,1,2,3,4,5)

2.1.4 数组的统计函数

有时候，我们需要对数组进行简单的统计分析，包括数组的均值、中值、方差、标准差、最大值、最小值等。图 2-1-1 所示为 3 种不同数据分布的统计直方图分析：均值（红色实线）、中值（蓝色实线）、最大值（桔色圆圈）、最小值（绿色圆圈）。NumPy 的简单统计函数如表 2-1-5 所示。示例数据：ary=np.arange(6)，则数组 ary 为 array([0, 1, 2, 3, 4, 5])。

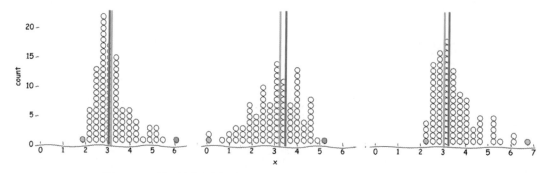

图 2-1-1　不同数据分布的统计直方图分析：均值、中值、最大值、最小值

表 2-1-5　简单统计函数

函数	输出	示例	结果
np.mean, np.average	计算平均值、加权平均值	np.mean(ary)	2.5
np.var	计算方差	np.var(ary)	2.917

续表

函数	输出	示例	结果
np.std	计算标准差	np.std(ary)	1.707
np.min,np.max	计算最小值、最大值	np.min(ary) np.max(ary)	0 5
np.argmin,np.argmax	返回最小值、最大值对的索引	np.argmin(ary) np.argmax(ary)	0 5
np.ptp	计算全距，即最大值与最小值的差	np.ptp(ary)	5
np.percentile	计算百分位在统计对象中的值	np.percentile (ary,90)	4.5
np.median	计算统计对象的中值	np.median(ary)	2.5
np.sum	计算统计对象的和	np.sum(ary)	15

2.2 Pandas：表格处理

Pandas 提供了 3 种数据类型，分别是 Series、DataFrame 和 Panel。其中，Series 用于保存一维数据，DataFrame 用于保存二维数据，Panel 用于保存三维或者可变维数据，其提供的数据结构使得 Python 做数据处理变得非常快速与简单。平常的数据分析最常用的数据类型为 Series 和 DataFrame，而 Panel 较少用到。在 Python 中调用 Pandas 往往使用如下约定俗成的方式：

```
import pandas as pd
```

2.2.1 Series 数据结构

Series 本质上是一个含有索引的一维数组，看起来，其包含一个左侧可以自动生成（也可以手动指定）的 index 和右侧的 values 值，分别使用 s.index s.values 进行查看。index 返回一个 index 对象，而 values 则返回一个 array（见表 2-2-1）。

Series 就是一个带有索引的列表，为什么我们不使用字典呢？一个优势是，Series 更快，其内部是向量化运行的，和迭代相比，使用 Series 可以获得显著的性能上的优势。

表 2-2-1 Series 的创建与属性

	语句 1	语句 2
代码	s=pd.Series([1,3,2,4])	s=pd.Series([1,3,2,4],index=['a', 'b','c','d'])
s.values	array([1, 3, 2, 4], dtype=int64)	array([1, 3, 2, 4], dtype=int64)
s.index	RangeIndex(start=0, stop=4, step=1)	Index(['a', 'b', 'c', 'd'], dtype='object')

2.2.2 数据结构：DataFrame

DataFrame（数据框）类似于 Excel 电子表格，也与 R 语言中 DataFrame 的数据结构类似。创建类 DataFrame 实例对象的方式有很多，包括如下几种（见表 2-2-2）。

- 使用 list 或者 ndarray 对象创建 DataFrame：

```
df=pd.DataFrame([['a', 1, 2], ['b', 2, 5], ['c', 3, 3]], columns=['x','y','z'])
df=pd.DataFrame(np.zeros((3,3)), columns=['x','y','z'])
```

- 使用字典创建 DataFrame：使用字典创建 DataFrame 实例时，利用 DataFrame 可以将字典的键直接设置为列索引，并且指定一个列表作为字典的值，字典的值便成为该列索引下所有的元素。

```
df=pd.DataFrame({'x': ['a', 'b','c'],'y':range(1,4), 'z':[2,5,3]})
df=pd.DataFrame(dict(x=['a', 'b','c'],y=range(1,4), z=[2,5,3]))
```

需要注意的是：数据框的行索引默认是从 0 开始的。

表 2-2-2 数据框数据的选取

语句	示例	语句	示例
数据框的构建： df=pd.DataFrame({'x': ['a', 'b','c'], 'y':range(1,4), 'z':[2,5,3]})	x y z a 1 2 b 2 5 c 3 3	选取某一列： df['y'] df.y df.loc[:,['y']] df.iloc[:,[1]]	x y z a 1 2 b 2 5 c 3 3
选取多列： df[['x','y']] df.loc[:,['x','y']] df.iloc[:,[0,1]]	x y z a 1 2 b 2 5 c 3 3	选取某一行： df.loc[1,:] df.iloc[1,:]	x y z a 1 2 b 2 5 c 3 3
选取多行： df.loc[[0,1],:] df.iloc[[0,1],:]	x y z a 1 2 b 2 5 c 3 3	选取某个元素： df.loc[1,'y'] df.loc[[1],['y']] df.iloc[1,1]	x y z a 1 2 b 2 5 c 3 3
单条件过滤： df[df.z>=3]	x y z a 1 2 b 2 5 c 3 3	多条件过滤： df[(df.z>=3) & (df.z<=4)] df.query('z>=3 & z<=4')	x y z a 1 2 b 2 5 c 3 3

- 获取数据框的行数、列数和维数：df.shape[0] 或 len(df)、df.shape[1]、df.shape。
- 获取数据框的列名或行名：df.columns、df.index。

- 重新定义列名：df.columns =["X", "Y", "Z"]。
- 重新更改某列的列名：df.rename(columns={'x':'X'},inplace=True)。注意，如果缺少 inplace 选项，则不会更改，而是增加新列。
● 观察数据框的内容。
- df.info()：info 属性表示打印 DataFrame 的属性信息。
- df.head()：查看 DataFrame 前五行的数据信息。
- df.tail()：查看 DataFrame 最后五行的数据信息。

数据框的多重索引：通常 DataFrame（数据框）只有一列索引，但是有时候要用到多重索引。表 2-2-3 中的 df.set_index(['X','year'])就有两层索引，第 0 级索引为 "X"，第 1 级索引为 "year"，这时使用 loc 方法选择数据。

表 2-2-3　数据框的多重索引

语句	示例	语句	示例
#1.构造原始数据框 df=pd.DataFrame(dict(X=['A','B','C','A','B','C'], year=[2010,2010,2010, 2011,2011,2011], Value=[1,3,4,3,5,2]))	index, X, year, Value: 0, A, 2010, 1 1, B, 2010, 3 2, C, 2010, 4 3, A, 2011, 3 4, B, 2011, 5 5, C, 2011, 2	#2.设定 df 的索引为['X','year'] df=df.set_index(['X','year'])	X, year, Value: A, 2010, 1 B, 2010, 3 C, 2010, 4 A, 2011, 3 B, 2011, 5 C, 2011, 2
#3.选择某个元素，其中 'A'为 level0 索引对应的内容，2010 为 level1 索引对应的内容，'Value' 为 df 的指定列 df.loc[('A',2010),'Value']	X, year, Value: A, 2010, **1** B, 2010, 3 C, 2010, 4 A, 2011, 3 B, 2011, 5 C, 2011, 2	#4.选择 0 级索引下某类的所有元素，slice(None)是切片操作，用于选择任意的 id，要注意：不能使用冒号':'来指定任意索引 index df.loc[('A',slice(None)),'Value']	X, year, Value: A, 2010, **1** B, 2010, 3 C, 2010, 4 A, 2011, **3** B, 2011, 5 C, 2011, 2

空数据框的创建：空数据框的创建在需要自己构造绘图的数据框数据信息时，尤为重要。有时候，在绘制复杂的数据图表时，我们需要对现有的数据进行插值、拟合等处理时，再使用空的数据框存储新的数据，最后使用新的数据框绘制图表。创建空数据框的方法很简单：

df_empty= pd.DataFrame(columns=['x','y','z'])

网格分布型数据的创建：在三维插值展示时尤为重要。结合 np.meshgrid()函数可以创建网格分布型数据框，如下所示。np.meshgrid()函数就是用两个坐标轴上的点在平面上画网格（当传入的参数是两个的时候）。也可以指定多个参数，比如 3 个参数，那么就可以用三个一维的坐标轴上的点在三维平面上画网格（见表 2-2-4）。

表 2-2-4　网格分布型数据的创建

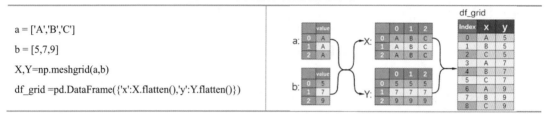

```
a = ['A','B','C']
b = [5,7,9]
X,Y=np.meshgrid(a,b)
df_grid =pd.DataFrame({'x':X.flatten(),'y':Y.flatten()})
```

2.2.3　数据类型：Categorical

Pandas 拥有特殊的数据结构类型：Categorical（分类）可以用于承载基于整数的类别展示或编码的数据，可分为类别型和有序型，类似于 R 语言里面的因子向量（factor）。分类数据类型可以看成是包含了额外信息的列表，这额外的信息就是不同的类别，可以称之为类别（categories）。分类数据类型在 Python 的 plotnine 包中很重要，因为它决定了数据的分析方式以及如何进行视觉呈现。

1. 分类数据的创建

一个分类数据不仅包括分类变量本身，还可能包括变量不同的类别（即使它们在数据中不出现）。分类函数 pd.Categorical()用下面的选项创建一个分类数据。对于字符型列表，分类数据的类别默认依字母顺序创建: [Fair,Good, Ideal, Premium, Very Good]。

```
Cut=["Fair","Good","Very Good","Premium","Ideal"]
Cut_Facor1=pd.Categorical(Cut)
```

很多时候，按默认的字母顺序排序的因子很少能够让人满意。因此，可以指定类别选项来覆盖默认排序。更改分类数据的类别为[Good, Fair, Very Good, Ideal, Premium]，可以在使用 pd.Categorical()函数创建分类数据的时候就直接设定好类别。

```
Cut_Facor2=pd.Categorical(["Fair","Good","Very Good","Premium","Ideal"],
                categories=["Good","Fair","Very Good","Ideal","Premium"],
                ordered= True)
```

2. 类别的更改

对于已经创建的分类数据或者数据框，可以使用*.astype()函数指定类别选项来覆盖默认排序，从而将分类数据的类别更改为[Good, Fair, Very Good, Ideal, Premium]。由于 Pandas 版本(1.0.3)的更新，原类别更改方法需要使用 pandas.api.types. CategoricalDtype 来定义 categories。

```
from pandas.api.types import CategoricalDtype
```

```
Cut=pd.Series(["Fair","Good","Very Good","Premium","Ideal"])
Cut_Facor2= Cut.astype(CategoricalDtype(categories=["Good","Fair","Very Good","Ideal","Premium"],ordered=True))
```

当 ordered=True 时，类别为有序的[Good < Fair < Very Good < Ideal < Premium]。

3. 类型的转换

有时，我们需要获得分类数据的类别（categories）和编码（codes），如表 2-2-5 所示。这样相当于将分类型数据转换成数值型数据。

表 2-2-5　因子类型的转换

语句：获取数据信息	输出
Cut_Facor1.codes	array([0, 1, 4, 3, 2], dtype=int8)
Cut_Facor1.categories	Index(['Fair', 'Good', 'Ideal', 'Premium', 'Very Good'], dtype='object')
Cut_Facor2.array.codes	array([1, 0, 2, 4, 3], dtype=int8)
Cut_Facor2.array.categories	Index(['Fair', 'Good', 'Ideal', 'Premium', 'Very Good'], dtype='object')

如果需要从另一个数据源获得分类编码数据，则可以使用 from_codes()函数构造。如下所示的 Cut_Factor3 输出结果为[Fair, Good, Ideal, Fair, Fair, Good]，其中 categories (3, object)为: [Fair, Good, Ideal]。

```
categories=["Fair","Good","Ideal"]
codes=[0,1,2,0,0,1]
Cut_Factor3=pd.Categorical.from_codes(codes,categories)
```

2.2.4　表格的变换

使用 Python 的 plotnine 包绘图或者做分组 groupby()计算处理时，通常是使用一维数据列表的数据框。但是如果导入的数据表格是二维数据列表，那我们需要使用 pd.melt ()函数，可以将二维数据列表的数据框转换成一维数据列表。我们首先构造数据框 df：

```
df=pd.DataFrame({'X': ['A', 'B','C'],'2010':[1,3,4], '2011':[3,5,2]})
```

（1）将宽数据转换为长数据。将多行聚集成列，从而二维表变成一维表（见图 2-2-1）：

```
df_melt=pd.melt(df,id_vars='X',var_name='year',value_name='value')
```

其中，id_vars='X'表示由标识变量构成的向量，用于标识观测的变量；var_name='year' 表示用于保存原始变量名的变量的名称；value_name='value'表示用于保存原始值的名称。

（2）将长数据转换为宽数据。将一列根据变量展开为多行，从而一维表变二维表：

```
df_pivot=df_melt.pivot_table(index='X', columns='year', values='value')
df_pivot=df_pivot.reset_index()
```

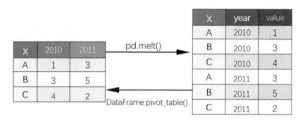

图 2-2-1　表格变换处理的示意案例

2.2.5　变量的变换

有时候，我们需要对数据框某列的每个元素都进行运算处理，从而产生并添加新的列。我们可以直接对数据框的某列进行加减乘除某个数值的运算，从而产生新列：

```
df_melt['value2']=df_melt['value']*2                                              #对应 dat1
```

使用 Python 的 apply() 函数，结合 lamdba 表达式可以为原数据框添加新的列，改变原变量列的值。同时结合条件语句的三元表达式 ifelse() 进行更加复杂的运算（见图 2-2-2）：

```
df_melt['value2']=df_melt.apply(lambda x: x['value']*2 if x['year']=="2011" else x['value'],axis=1) #对应 dat2
df_melt['value2']=df_melt.apply(lambda x: x['value']*2 if x['year']=="2011" else x['value'],axis=1)    #对应 dat2
```

图 2-2-2　变量变换的示意案例

apply、applymap 和 map 方法都可以向对象中的数据传递函数，主要区别如下：

- apply 的操作对象是 DataFrame 的某一列（axis=0）或者某一行（axis=1）；
- applymap 的操作对象是元素级，作用于每个 DataFrame 的每个数据；
- map 的操作对象也是元素级，但其是对 Series 中的每个数据调用一次函数。

2.2.6　表格的排序

我们可以使用 np.sort() 函数对向量进行排序处理。对于数据框，也可以使用 sort_values ()函数，根据数据框的某列数值对整个表进行排序。其中，ascending=False 表示根据 df 的 value 列做降序处理，如 dat_arrange2 数据框所示（见图 2-2-3）。

```
dat_sort1=df_melt.sort_values(by='value',ascending=True)
dat_sort2=df_melt.sort_values(by='value',ascending=False)
dat_sort3=df_melt.sort_values(by=['year','value'],ascending=True)
```

dat_sort1

X	year	value
A	2010	1
B	2011	2
C	2010	3
A	2011	3
B	2010	4
C	2011	5

dat_sort2

X	year	value
A	2011	5
B	2010	4
C	2011	3
A	2010	3
B	2011	2
C	2010	1

dat_sort3

X	year	value
A	2010	1
B	2010	3
C	2010	4
A	2011	2
B	2011	3
C	2011	5

图 2-2-3　表格排序的示意案例

2.2.7　表格的拼接

有时候，我们需要在已有数据框的基础上添加新的行/列，或者横向/纵向添加另外一个表格。此时我们需要使用 pd.concat()函数或者 append()函数实现该功能。先构造 3 个数据框，如下（见图 2-2-4）。

```
df1=pd.DataFrame(dict(x= ["a","b","c"], y=range(1,4)))
df2=pd.DataFrame(dict(z= ["B","D","H"], g =[2,5,3]))
df3=pd.DataFrame(dict(x= ["g","d"], y =[2,5]))
```

（1）数据框添加列或者横向添加表格：

```
dat_cbind=pd.concat([df1,df2],axis=1)
```

其中 axis 表示沿纵轴（axis=0）或者横轴（axis=1）方向连接。

（2）数据框添加行或者纵向添加表格：

```
dat_rbind=pd.concat([df1,df3],axis=0)
dat_rbind=df1.append(df3)
```

df1

x	y
a	1
b	2
c	3

df2

z	g
B	2
D	5
H	3

df3

x	y
g	2
d	5

dat_cbind

x	y	z	g
a	1	B	2
b	2	D	5
c	3	H	3

dat_rbind

x	y
a	1
b	2
c	3
g	2
d	5

图 2-2-4　表格拼接的示意案例

（3）可以添加行/列，也就可以删除某行/列，这时需要使用*.drop()函数. 比如要删除 df1 的"y"列：

```
df1.drop(labels="y",axis=1, inplace=True)
```

其中，labels 就是要删除的行/列的名字，用列表给定；axis 默认为 0，指删除行，因此删除 columns 时要指定 axis=1；index 直接指定要删除的行；columns 直接指定要删除的列；inplace=False，默认该删除操作不改变原数据，而是返回一个执行删除操作后的新 DataFrame；inplace=True，则会直接在原数据上进行删除操作，且删除后无法返回。

2.2.8 表格的融合

有时候，两个数据框并没有很好地保持一致。若不一致，则不能简单地直接拼接。所以它们需要一个共同的列（common key）作为融合的依据。在表格的融合中，最常用的函数是 pd.merge()函数。我们首先构造 4 个数据框如下（见图 2-2-5）：

```
df1=pd.DataFrame(dict(x= ["a","b","c"], y=range(1,4)))
df2=pd.DataFrame(dict(x= ["a","b","d"], z =[2,5,3]))
df3=pd.DataFrame(dict(g= ["a","b","d"], z =[2,5,3]))
df4=pd.DataFrame(dict(x= ["a","b","d"], y=[1,4,2],z =[2,5,3]))
```

df1

x	y
a	1
b	2
c	3

df2

x	z
a	2
b	5
d	3

df3

g	z
a	2
b	5
d	3

df4

x	y	z
a	1	2
b	4	5
d	2	3

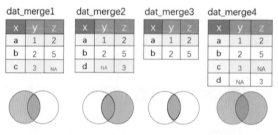

图 2-2-5　表格融合的示意案例

通过设定 pd.merge()函数的不同参数可以实现不同的表格融合效果。其中，两个表格融合会用缺失值 NA 代替不存在的值（见图 2-2-6 和图 2-2-7）。

dat_merge1

x	y	z
a	1	2
b	2	5
c	3	NA

dat_merge2

x	y	z
a	1	2
b	2	5
d	NA	3

dat_merge3

x	y	z
a	1	2
b	2	5

dat_merge4

x	y	z
a	1	2
b	2	5
c	3	NA
d	NA	3

图 2-2-6　pd.merge()函数融合表格的示意案例

dat_merge5

x	y	z
a	1	2
b	2	NA
c	3	NA

dat_merge6

x	y	z
a	1	2
b	2	5
c	3	NA

dat_merge7

x	y.1	y.2	z
a	1	1	2
b	2	4	5
c	3	NA	NA

图 2-2-7　复杂的 pd.merge()函数融合表格的示意案例

- 只保留左表的所有数据：

```
dat_merge1=pd.merge(left=df1,right=df2,how="left",on="x")
```

- 只保留右表的所有数据：

```
dat_merge2=pd.merge(left=df1,right=df2,how="right",on="x")
```

- 只保留两个表中公共部分的信息：

```
dat_merge3=pd.merge(left=df1,right=df2,how="inner",on="x")
```

- 保留两个表的所有信息：

```
dat_merge4=pd.merge(left=df1,right=df2,how="outer",on="x")
```

- on=["x","y"]表示多列匹配：

```
dat_merge5=pd.merge(left=df1,right=df4,how="left",on=["x","y"])
```

- left_on="x", right_on="g"可以根据两个表的不同列名合并：

```
dat_merge6=pd.merge(left=df1,right=df3,how="left", left_on="x", right_on="g")
```

- 如果在表合并的过程中，两个表有一列同名，但是值不同，合并时又都想保留下来，就可以用 suffixes 给每个表的重复列名增加后缀：

```
dat_merge7=pd.merge(left=df1,right=df4,how="left", on="x",suffixes=[".1",".2"])
```

2.2.9　表格的分组操作

数据框往往存在某列包含多个类别的数据，如 df.x 包含 A、B 和 C 三个不同类别的数据，df_melt.year 包含 2010 和 2011 两个类别的数据。我们有时需要对数据框的列或者行，亦或者按数据类别进行分类运算等，此时数据的分组操作就尤为重要。先构造两个数据框如下（见图 2-2-8）：

```
df = pd.DataFrame({'x': ['A','B','C', 'A', 'C'],'2010':[ 1,3,4,4,3], '2011':[3,5,2,8,9]})
df_melt=pd.melt(df,id_vars=['x'],var_name='year',value_name='value')
```

df

X	2010	2011	Sum (df_rowsum)
A	1	3	4
B	3	5	8
C	4	2	6
A	4	8	12
C	3	9	12
df_colsum	15	27	

df_melt

X	year	Value
A	2010	1
B	2010	3
C	2010	4
A	2010	4
C	2010	3
A	2011	3
B	2011	5
C	2011	2
A	2011	8
C	2011	9

图 2-2-8　对数据框按行或列求和

使用 df_melt.info()函数可查看 df_melt 的数据信息，如图 2-2-9 所示。可以发现 year 是 object 数

据类型，如果需要将 year 变成 int 格式，则需要：

df_melt[["year"]]= df_melt[["year"]].astype(int)

```
<class 'pandas.core.frame.DataFrame'>
RangeIndex: 10 entries, 0 to 9
Data columns (total 3 columns):
x        10 non-null object
year     10 non-null object
value    10 non-null int64
dtypes: int64(1), object(2)
memory usage: 320.0+ bytes
```

图 2-2-9　df_melt 的数据信息

1. 按行或列操作

- 按行求和：

df_rowsum= df[['2010','2011']].apply(lambda x: x.sum(), axis=1)

- 按列求和：

df_colsum= df[['2010','2011']].apply(lambda x: x.sum(), axis=0)

- 单列运算：在 Pandas 中，DataFrame 的一列就是一个 Series，可以通过 map 或者 apply 函数来对某一列进行操作。

df['2010_2'] = df['2010'].apply(lambda x: x + 2)

- 多列运算：要对 DataFrame 的多个列同时进行运算，可以使用 apply() 函数。

df['2010_2011'] = df.apply(lambda x: x['2010'] + 2 * x['2011'], axis=1)

2. 分组操作：groupby()函数

- 按 year 分组求均值，如图 2-2-10 所示：

df_group_mean1=df_melt.groupby('year').mean()

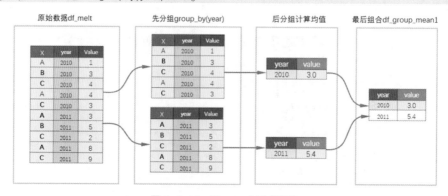

图 2-2-10　按 year 分组求均值

- 按 year 和 x 两列变量分组求均值，如图 2-2-11 所示：

```
df_group_mean2=df_melt.groupby(['year','x'],as_index=False).mean()
```

其中，as_index=False 不会将['year','x']两列设定为索引列。

- 按 year 分组求和：

```
df_group_sum= df_melt.groupby('year').sum()
```

- 按 year 分组求方差：

```
df_group_std= df_melt.groupby('year').std()
```

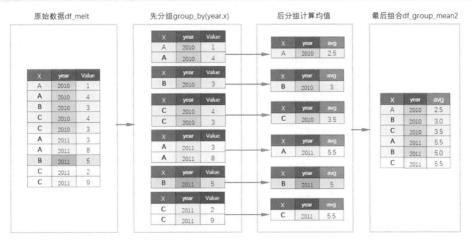

图 2-2-11　按 year 和 x 两列变量分组求均值

3．分组聚合：aggregate()函数

aggregate()函数结合 groupby()函数可以实现 SQL 中的分组聚合运算，如图 2-2-12 所示。aggregate()函数也可以简写为 agg()。

```
df_group1=df_melt.groupby(['x','year']).aggregate({ np.mean,    np.median})
df_group2=df_melt.groupby(['x','year']).agg(mean=('value','mean'), median=('value', 'median'))
df_group3=df_melt.groupby(['x','year'], as_index=False).agg(mean=('value','mean'), median=('value', 'median'))
```

df_group1/df_group2

Index		value	value
x	year	mean	median
A	2010	2.5	2.5
A	2011	5.5	5.5
B	2010	3	3
B	2011	5	5
C	2010	3.5	3.5
C	2011	5.5	5.5

df_group3

Index	x	year	value	value
			mean	median
0	A	2010	2.5	2.5
1	A	2011	5.5	5.5
2	B	2010	3	3
3	B	2011	5	5
4	C	2010	3.5	3.5
5	C	2011	5.5	5.5

图 2-2-12　aggregate 分组聚结果

4. 分组运算：transform()函数

transform()函数可以结合 groupby 来方便地实现类似 SQL 中的分组运算的操作。

df_melt['percentage'] = df_melt.groupby('x')['value'].transform(lambda x: x / x.sum())

5. 分组筛选：filter()函数

filter()函数可以结合 groupby 来方便地实现类似 SQL 中的分组筛选运算的操作。

df_filter=df_melt.groupby('x').filter(lambda x: x['value'].mean()>4)

2.2.10 数据的导入与导出

大部分时候我们都是直接导入外部保存的数据文件，再使用它来绘制图表。此时，就需要借助数据导入函数导入不同格式的数据，包括 CSV、TXT、Excel、SQL、HTML 等格式的文件。有时，我们也需要将处理好的数据从 Python 中导出保存。其中，我们在数据可视化中使用最多的就是前 3 种格式的数据文件。

（1）CSV 格式数据的导入与导出

使用 pd.read_csv ()函数，可以读入 CSV 格式的数据，并以 DataFrame 形式存储。根据所读取的数据文件编码格式设置 encoding 参数，如 utf8、ansi 和 gbk 等编码方式，当导入的数据存在中文字符时，要尤为注意。根据所读取的数据文件列之间的分隔方式设定 delimiter 参数，大于一个字符的分隔符被看作正则表达式，如一个或者多个空格（\s+）、tab 符号（\t）等。

df=pd.read_csv("Data.csv",sep=",", header=0, index_col=None, encoding="utf8")

使用 to_csv ()函数，可以将 DataFrame 的数据存储为 CSV 文件：

df.to_csv("Data.csv",index=False,header=True)

index=False，表示忽略索引信息；index=True，表示输出文件的第一列保留索引值。

CSV 文件的特点主要有以下几个：①文件结构简单，基本上和 TXT 文本文件的差别不大；②可以和 Excel 进行转换，这是一个很大的优点，很容易进行查看模式转换，但是其文件存储大小比 Excel 小。③简单的存储方式，可以减少存储信息的容量，有利于网络传输及客户端的再处理；同时由于是一堆没有任何说明的数据，具备基本的安全性。相比 TXT 和 Excel 数据文件，笔者推荐使用 CSV 格式的数据文件，进行导入与导出操作。

（2）TXT 格式数据的导入与导出

如果将电子表格存储在 TXT 文件中，可以使用 np.loadtxt()函数加载数据。需要注意的是：TXT 文本文件中的每一行必须含有相同数量的数据。使用 np.loadtxt()函数可以读取数据并存储为 ndarray 数组，再使用 pd.DataFrame()函数可以转换为 DataFrame 格式的数据。其中，np.loadtxt()函数中的参数 delimiter 表示分隔符，默认为空格。

```
df=pd.DataFrame(np.loadtxt(' Data.txt', delimiter=','))
```

使用 numpy.savetxt(fname,X)函数可以将 ndarray 数组保存为 TXT 格式的文件，其中参数 fname 为文件名，参数 X 为需要保存的数组（一维或者二维）。

（3）Excel 格式数据的导入与导出

我们可以使用 pd.read_excel()和 to_excel()函数分别读取与导出 Excel 格式的数据：

```
df= pd.read_excel("data.xlsx", sheetname='sheet_name', header=0)
```

其中，sheet_name 指定页面 sheet，默认为 0；header 指定列名行，默认为 0，即取第一行，数据为列名行以下的数据；若数据不含列名，则设定 header = None。

```
df.to_excel(excel_writer, sheet_name='sheet_name', index=False)
```

其中，excel_writer 表示目标路径；index=False 表示忽略索引列。

需要注意的是：使用 plotnine 包绘制图表或者 pandas 包处理数据时，通常使用一维数据列表的数据框。但是如果导入的数据表格是二维数据列表，那么我们需要使用 pd.melt()函数，可以将二维数据列表的数据框转换成一维数据列表。

一维数据列表和二维数据列表的区别

一维数据列表就是由字段和记录组成的表格。一般来说字段在首行，下面每一行是一条记录。一维数据列表通常可以作为数据分析的数据源，每一行代表完整的一条数据记录，所以可以很方便地进行数据的录入、更新、查询、匹配等，如图 2-2-13 所示。

二维数据列表就是行和列都有字段，它们相交的位置是数值的表格。这类表格一般是由分类汇总得来的，既有分类，又有汇总，所以是通过一维数据列表加工处理过的，通常用于呈现展示，如图 2-2-14 所示。

一维数据列表也常被称为流水线表格，它和二维数据列表做出的数据透视表最大的区别在于“行总计”。判断数据是一维数据列表还是二维数据列表的一个最简单的办法，就是看其列的内容：每一列是否是一个独立的参数。如果每一列都是独立的参数，那就是一维数据列表；如果每一列都是同类参数，那就是二维数据列表。

注意，为了后期更好地创建各种类型的数据透视表，建议用户在录入数据时，采用一维数据列表的形式，避免采用二维数据列表的形式。

Name	Subject	Grade
Peter	English	99
Peter	Math	84
Peter	Chinese	95
Jack	English	83
Jack	Math	93
Jack	Chinese	92
Jon	English	82
Jon	Math	90
Jon	Chinese	84

图 2-2-13　一维数据列表

Name	English	Math	Chinese
Peter	99	84	95
Jack	83	93	92
Jon	82	90	84

图 2-2-14　二维数据列表

2.2.11 缺失值的处理

导入的数据有时存在缺失值。另外，在统计与计算中，缺失值也不可避免，也起着至关重要的作用。Python 使用 np.nan 表示缺失值。Pandas 包也提供了诸多处理缺失值的函数与方法（见表 2-2-6）。

表 2-2-6　缺失值的处理

ID	代码	示意
1	直接删除带 NaN 的行： df_NA1=df.dropna(axis=0)	原表：(x,y)=(a,1),(b,NaN),(c,NaN),(d,3) → 结果：(a,1),(d,3)
2	使用最邻近的元素填充 NaN： df_NA2=df.fillna(method="ffill")	原表：(x,y)=(a,1),(b,NaN),(c,NaN),(d,3) → 结果：(a,1),(b,1),(c,1),(d,3)
3	使用指定的数值替代 NaN： df_NA3=df.fillna(2)	原表：(x,y)=(a,1),(b,NaN),(c,NaN),(d,3) → 结果：(a,1),(b,2),(c,2),(d,3)

第 3 章

数据可视化基础

所谓"一图抵千言"（A picture is worth a thousand words）。数据可视化，就是关于数据视觉表现形式的科学技术研究。其中，这种数据的视觉表现形式被定义为，一种以某种概要形式抽提出来的信息，包括相应信息单位的各种属性和变量。根据 Edward R. Tufte 在 *The Visual Display of Quantitative Information*[3]和 *Visual Explanations*[4]中的阐述，数据可视化的主要作用有两个方面。

（1）真实、准确、全面地展示数据；

（2）揭示数据的本质、关系、规律。

数据可视化的经典案例莫过于南丁格尔玫瑰图的故事。19 世纪 50 年代，英国、法国、奥斯曼帝国和俄罗斯帝国进行了克里米亚战争，英国的战地战士死亡率高达 42%。弗罗伦斯·南丁格尔主动申请，自愿担任战地护士。她率领 38 名护士抵达前线，在战地医院服务。当时的野战医院卫生条件极差，各种资源极度匮乏，她竭尽全力排除各种困难，为伤员解决必需的生活用品和食品问题，对他们进行认真的护理。仅仅半年左右，伤病员的死亡率就下降到 2.2%。每个夜晚，她都手执风灯巡视，伤病员们亲切地称她为"提灯女神"。战争结束后，南丁格尔回到英国，被人们推崇为民族英雄。

出于对资料统计的结果不受人重视的忧虑，她发展出一种色彩缤纷的图表形式，让数据能够更加让人印象深刻（见图 3-0-3）。这种图表形式有时也被称作"南丁格尔的玫瑰"，是一种圆形的直方图。南丁格尔自己常昵称这类图为鸡冠花（coxcomb）图，并且用以表示军队医院季节性的死亡率，对象是那些不太能理解传统统计报表的公务人员。她的方法打动了当时的高层，包括军方人士和维多利亚女王本人，于是医事改良的提案才得到支持。这就是数据可视化第一个主要作用的佐证。

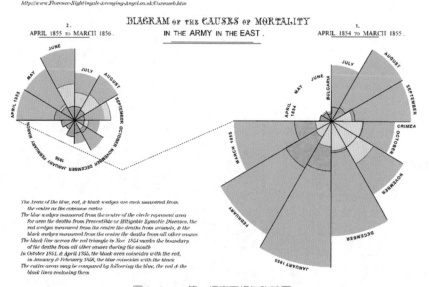

图 3-0-1　第一幅南丁格尔玫瑰图

Matthew O. Ward 也提出，可视化的终极目标是洞悉蕴含在数据中的现象和规律，这包括多重含义：发现、决策、解释、分析、探索和学习[3]。表 3-0-1 所示的原始数据是 31 组 x-y 的二维数据。仅仅只从数据的角度去观察，很难发现 x 与 y 之间的具体关系。将实际的数据分布情况使用二维可视化的方法呈现，如图 3-0-2 所示，则可以快速地从数据中发现数据内在的模式与规律。所以，有时使用数据可视化的方法也可以很好地帮助我们去分析数据。

表 3-0-1　四组二维数据点集（相同的 x 变量，不同的 y 变量：$y1$, $y2$, $y3$, $y4$）

x	1	2	3	4	5	6	7	8	9	10	11	12	13	14	15	16
$y1$	4.6	5.4	5.2	6.6	5.9	6.1	5.8	6.8	6.5	6.7	6.9	11.1	8.2	10.3	12.8	13
$y2$	6.1	11.6	16.6	19	22.7	31.8	34	33.7	35.6	34.5	39.6	58.3	39.6	57.7	72.9	68.4	82.6
$y3$	5.5	31.1	33.1	51.8	55.7	60.7	63.5	75.5	84.4	84.6	76.3	92.4	81.6	91	88.1	93.8
$y4$	1	3	4.9	7.9	9.8	12	18.9	24.7	28.9	28.6	39.3	33.2	42.1	54.4	43.3	90.2

x	17	18	19	20	21	22	23	24	25	26	27	28	29	30	31	-
$y1$	20.8	12.4	15.9	15.3	38.8	35.9	24.3	54.5	62.9	43.8	76.9	91	96.9	51.4	100	-
$y2$	84.5	82	89.1	102.1	68.1	96.3	108.5	76.7	107.6	103.4	116.5	106.4	142.5	115.1	110.5	-
$y3$	101.3	103	107.4	104.3	110.7	103.4	113.6	105.1	112.5	119.3	113.7	109.5	108.7	110.1	118.8	-
$y4$	81.2	90.8	70.9	66.8	67.5	88.6	116.9	141.6	104	161.4	101.8	137.1	175.3	119.5	257.1	-

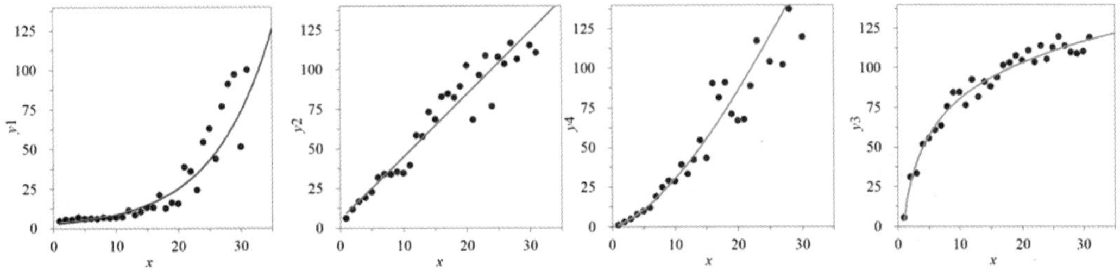

图 3-0-2　四个不同规律的二维数据点集的可视化案例

在数据可视化方面，Python 还是与 R 有一定差距的。但是，Python 也有 matplotlib、Seaborn 和 plotnine 等静态图表绘制包，可以在很大程度上实现 R 语言 ggplot2 及其拓展包的数据可视化效果。matplotlib 是 Python 数据可视化的基础包，Seaborn 和 plotnine 也都是基于 matplotlib 发展而来的。我们首先来对这 3 个包做一个对比，使用相同的数据集绘制的散点图、统计直方图和箱形图如图 3-0-3、图 3-0-4 和图 3-0-5 所示。通过图表参数的调整，三种不同风格的图表都可以转换。但是就默认的图表风格而言，plotnine 的美观程度优于 matplotlib 和 seaborn；而且，通过使用 theme_*() 函数，plotnine 可以轻松地转换不同图表风格，以适用于不同的应用场景。

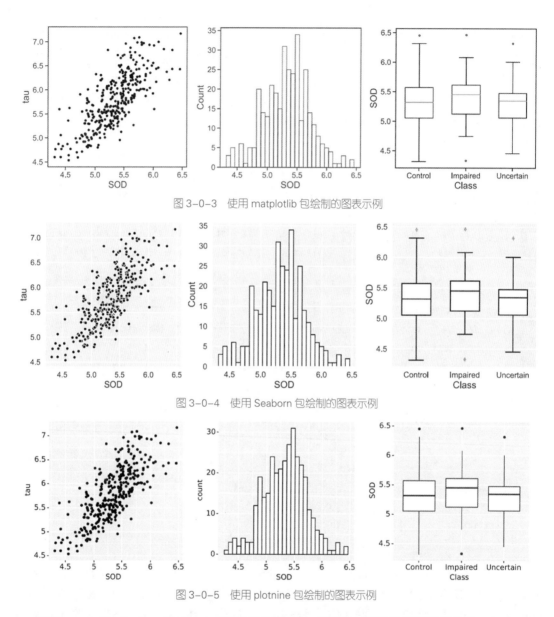

图 3-0-3 使用 matplotlib 包绘制的图表示例

图 3-0-4 使用 Seaborn 包绘制的图表示例

图 3-0-5 使用 plotnine 包绘制的图表示例

使用 matplotlib、Seaborn 和 plotnine 包绘制的散点图、统计直方图和箱形图的具体代码如表 3-0-2 所示。df 是一个包含 SOD、tau 和 Class（Control、Impaired 和 Uncertain）三列的数据框（DataFrame）。其中，matplotlib 图表绘制函数最大的问题就是参数繁多、条理不清，尤其在绘制多数据系列图表时语法尤为烦琐，但是可以实现不同的坐标系，包括二维、三维直角坐标系以及极坐标系；Seaborn 中各个图表绘制函数之间的参数不统一，难以梳理清晰，但是可以绘制更多的统计分析类图表。而

plotnine 的语法相对来说很清晰，可以绘制很美观的个性化图表，但暂时只能实现二维直角坐标系。本书将会以图表类型为导向，详细地介绍常用的图表绘制方法，包括 plotnine、matplotlib 和 Seaborn 等包的图形语法。

表 3-0-2 不同图形语法的代码示例

图形语法	散点图	统计直方图	箱形图
matplotlib	plt.scatter(df['SOD'], df['tau'], c='black', s=15, marker='o')	plt.hist(df['SOD'], 30, density= False, facecolor='w',edgecolor="k")	labels=np.unique(df['Class']) all_data = [df[df['Class']==label]['SOD'] for label in labels] plt.boxplot(all_data, widths=0.6, notch= False,labels=labels)
Seaborn	sns.relplot(x="SOD", y="tau", data=df,color='k')	sns.distplot(df['SOD'], kde=False, bins=30, hist_kws=dict(edgecolor="k", facecolor="w",linewidth=1,alpha=1))	sns.boxplot(x="Class", y="SOD", data= df, width =0.6,palette=['w'])
plotnine	(ggplot(df, aes(x='SOD',y='tau')) + geom_point())	(ggplot(df, aes(x='SOD')) + geom_histogram(bins=30,colour="black",fill="white"))	(ggplot(df, aes(x='Class',y='SOD'))+ geom_boxplot(show_legend=False))

3.1 matplotlib

matplotlib（见链接 1）中包含了大量的工具，你可以使用这些工具创建各种图形，包括简单的散点图、正弦曲线，甚至是三维图形。Python 科学计算社区经常使用它完成数据可视化工作。在 matplotlib 面向对象的绘图库中，pyplot 是一个方便的接口，其约定俗成的调用形式如下：

```
import matplotlib.pyplot as plt
```

3.1.1 图形对象与元素

matplotlib 图表的组成元素包括：图形（figure）、坐标图形（axes）、图名（title）、图例（legend）、主要刻度（major tick）、次要刻度（minor tick）、主要刻度标签（major tick label）、次要刻度标签（minor tick label）、Y 轴名（Y axis label）、X 轴名（X axis label）、边框图（line）、数据标记（markers）、网格（grid）线等。具体如图 3-1-1 所示。

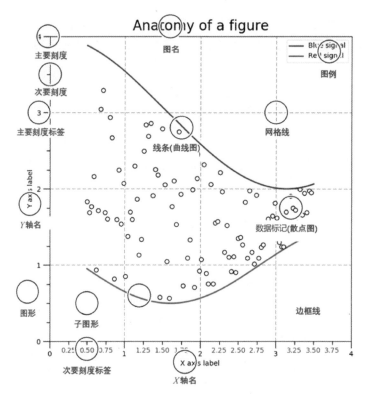

图 3-1-1　matplotlib 图表的组成元素

matplotlib 主要包含两类元素。

（1）基础（primitives）类：线（line）、点（marker）、文字（text）、图例（legend）、网格（grid）、标题（title）、图片（image）等；

（2）容器（containers）类：图形（figure）、坐标图形（axes）、坐标轴（axis）和刻度（tick）。

基础类元素就是我们要绘制的标准对象，容器类元素则可以包含许多基础类元素并将它们组织成一个整体，它们也有层级结构：图形（figure）→坐标图形（axes）→坐标轴（axis）→刻度（tick），其具体的区别如下：

- figure 对象：整个图形即是一个 figure 对象。figure 对象至少包含一个子图，也就是 axes 对象。figure 对象包含一些特殊的 artist 对象，如图名（title）、图例（legend）。figure 对象包含画布（canvas）对象。canvas 对象一般不可见，通常无须直接操作该对象，matplotlib 程序在实际绘图时需要调用该对象。
- axes 对象：字面上理解，axes 是 axis（坐标轴）的复数，但它并不是指坐标轴，而是子图对象。可以这样理解，每一个子图都有 X 轴和 Y 轴，axes 则用于代表这两个坐标轴所对应的一个子图对象。常用方法：set_xlim() 及 set_ylim()——设置子图 X 轴和 Y 轴对应的数据范围；set_title()——设置子图的图名；set_xlabel() 以及 set_ylable()——设置子图 X 轴和 Y 轴名。在绘制多个子图时，需要使用 axes 对象。

- axis 对象：axis 是数据轴对象，主要用于控制数据轴上的刻度位置和显示数值。axis 有 locator 和 formatter 两个子对象，分别用于控制刻度位置和显示数值。
- tick 对象：常见的二维直角坐标系（axes）都有两条坐标轴（axis），横轴（X axis）和纵轴（Y axis）。每个坐标轴都包含两个元素：刻度（容器类元素），该对象里还包含刻度本身和刻度标签；标签（基础类元素），该对象包含的是坐标轴标签。

当我们需要调整图表元素时，就需要使用图形的主要对象。matplotlib 有许多不同的样式可用于渲染绘图，可以用 plt.style.available 查看系统中有哪些可用的样式。虽然使用 plt 进行绘图很方便，但是有时候我们需要进行细微调整，一般需要获得图形不同的主要对象包括 axes 对象及其子对象、figure 对象等。

- plt.gca() 返回当前状态下的 axes 对象；
- plt.gca().get_children() 可以查看当前 axes 对象下的元素；
- plt.gcf() 返回当前状态下的 figure 对象，一般用以遍历多个图形的 axes 对象（plt.gcf().get_axes()）。

要画出一幅有内容的图，还需要在容器里添加基础元素，比如线（line）、点（marker）、文字（text）、图例（legend）、网格（grid）、标题（title）、图片（image）等。除图表数据系列的格式外，我们平时主要调整的图表元素，包括图表尺寸、坐标轴的轴名及其标签、刻度、图例、网格线等，如表 3-1-1 所示。

表 3-1-1　图表主要元素调整的函数说明

ID	函数	核心参数说明	功能
1	figure()	figsize（图表尺寸）、dpi（分辨率）	设置图表的大小与分辨率
2	title()	str（图名）、fontdict（文本格式，包括字体大小、类型等）	设置标题
3	xlabel()、ylabel()	xlabel（X 轴名）或 ylabel（Y 轴名）	设置 X 轴和 Y 轴的标题
4	axis()、xlim()、ylim()	xmin、xmax 或 ymin、ymax	设置 X 轴和 Y 轴的范围
5	xticks()、yticks()	ticks（刻度数值）、labels（刻度名称）、fontdict	设置 X 轴和 Y 轴刻度
6	grid()	b（有无网格线）、which（主/次网格线）、axis（X 轴和 Y 轴网格线）、color、linestyle、linewidth、alpha（透明度）	设置 X 轴和 Y 轴的主要和次要网格线
7	legend()	loc（位置）、edgecolor、facecolor、fontsize	控制图例显示

3.1.2 常见图表类型

matplotlib 可以绘制的常见二维图表如表 3-1-2 所示，包括曲线图、散点图、柱形图、条形图、饼图、直方图、箱形图等。matplotlib 绘图的最大的一个问题就是图表的控制参数没能实现很好地统一，比如折线图 plot()函数的线条颜色参数为 color，而散点图 scatter()函数的数据点颜色参数为 c。而在 plotnine 包中将该参数都统一为 color，而标记点的填充颜色参数为 fill。

表 3-1-2　matplotlib 常见二维图表的绘制函数

ID	函数	核心参数说明	图表类型
1	plot()	x、y、color（线条颜色）、linestyle（线条类型）、linewidth（线条宽度）、marker（标记类型）、markeredgecolor（标记边框颜色）、markeredgewidth（标记边框宽度）、markerfacecolor（标记填充颜色）、markersize（标记大小）、lable（线条标签）	折线图、带数据标记的折线图
2	scatter()	x、y、s(散点大小)、c(散点颜色)、label、marker(散点类型)、linewidths（散点边框宽度）、edgecolors（散点边框颜色）	散点图、气泡图
3	bar()	x、height（柱形高度）、width（柱形宽度）、align（柱形位置）、color（填充颜色）、edgecolor（柱形边框颜色）、linewidth（柱形边框宽度）	柱形图、堆积柱形图
4	barh	y、height（柱形高度）、width（柱形宽度）、align（柱形位置）、color（填充颜色）、edgecolor（柱形边框颜色）、linewidth（柱形边框宽度）	条形图、堆积条形图
5	fill_between	x、y1（下限）、y2（上限）、facecolor（填充颜色）、edgecolor（边框线颜色）、linewidth（边框线宽度）、interpolate、alpha	面积图
6	stackplot()	x、y、baseline（基准线）、colors（填充颜色）、labels（标签）	堆积面积图、量化波形图
7	pie()	x、colors（填充颜色）、labels（标签）	饼图
8	errorbar()	x、y、yerr（Y 轴方向误差范围）、xerr（X 轴方向误差范围）、fmt（数据点的标记和连接样式）、ecolor（误差棒颜色）、elinewidth（误差棒宽度）、ms（数据点大小）、mfc（数据点标记填充颜色）、mec（数据点标记边缘颜色）、capthick（误差棒横杠的粗细）、capsize（误差棒横杠的大小）	误差棒
9	hist()	x、bins（箱的总数）、range（统计范围）、density（是否为频率统计）、align（柱形位置）、color（颜色）、label（标签）	统计直方图
10	boxplot()	x、notch（有无凹槽）、sym（散点形状）、vert（水平或竖直方向）、widths（箱形宽度）、labels（数据标签）	箱形图
11	axhline() axvline()	y、xmin、xmax 或（x、ymin、ymax）、color、linestyle（线条类型）、linewidth（线条宽度）、label（数据标签）	垂直于 X 轴直线，垂直于 Y 轴直线

续表

ID	函数	核心参数说明	图表类型
12	axhspan() axvspan()	ymin、ymax 或（xmin、xmax）、alpha、facecolor（填充颜色）、edgecolor（边框颜色）、label、linestyle、linewidth	垂直于 X 轴矩形方块， 垂直于 Y 轴矩形方块
13	text()	x、y、s（文本）、fontdict	在指定位置放置文本
14	annotate()	s（文本）、xy（标注点的位置）、xytext（标注文本位置）、arrowprops（箭头属性）	在指定的数据点上添加带连接线的文本标注

下面我们以"MappingAnalysis_Data.csv"数据集为例（见图 3-1-2），讲解如何用 matplotlib 绘制散点标记的曲线图。我们先使用 pd.read_csv() 函数导入数据。其中 variable 有 4 个类别 ["0%(Control)", "1%","5%","15%"]（见图 3-1-3）。

df=pd.read_csv("MappingAnalysis_Data.csv")

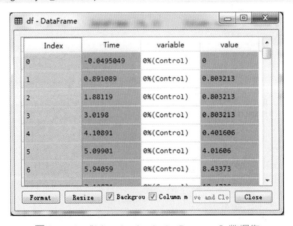

图 3-1-2 "MappingAnalysis_Data.csv" 数据集

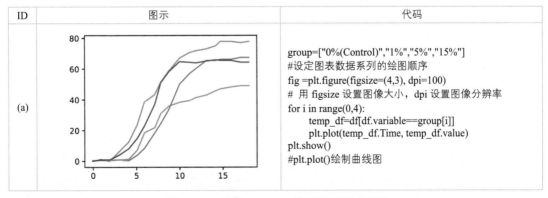

ID	图示	代码

(a)		group=["0%(Control)","1%","5%","15%"]
		#设定图表数据系列的绘图顺序
		fig =plt.figure(figsize=(4,3), dpi=100)
		# 用 figsize 设置图像大小，dpi 设置图像分辨率
		for i in range(0,4):
		    temp_df=df[df.variable==group[i]]
		    plt.plot(temp_df.Time, temp_df.value)
		plt.show()
		#plt.plot()绘制曲线图

图 3-1-3 使用 matplotlib 绘制带标记的曲线图

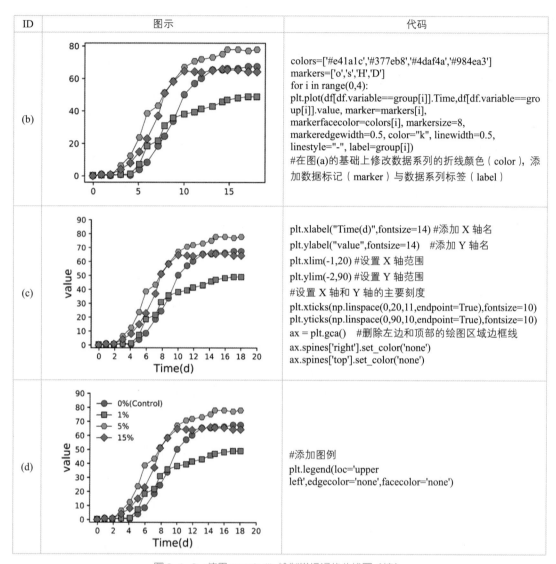

图 3-1-3 使用 matplotlib 绘制带标记的曲线图（续）

3.1.3 子图的绘制

　　一幅图中可以有多个坐标系（axes），那是不是就可以说一幅图中有多幅子图（sub plot），因此坐标系和子图是不是同样的概念？其实，这两者在绝大多数情况下是的，只是有一点细微差别：坐标系在母图中的网格结构可以是不规则的；子图在母图中的网格结构必须是规则的，其可以看成是坐标系的一个特例。所以，用 matplotlib 绘制多幅子图和坐标系主要有两种方式，pyplot 方式和 axes

面向对象的方式。如表 3-1-3 所示，matplotlib 主要有 7 种子图分区的方法，其中方法 1～方法 3 最为常用。

表 3-1-3　matplotlib 多幅子图和坐标系的添加方法

ID	方法	案例	效果
1	subplot()函数： subplot(nrows, ncols, index, **kwargs)	plt.figure() plt.subplot(221) plt.subplot(222) plt.subplot(212) plt.show()	
2	add_subplot()函数： add_subplot(nrows, ncols, index, **kwargs)	fig = plt.figure() ax1 = fig.add_subplot(221) ax2 = fig.add_subplot(222) ax3 = fig.add_subplot(212) plt.show()	
3	subplots()函数： fig, ax = plt.subplots(ncols=列数, nrows=行数[, figsize=图片大小, ...])	fig, ax = plt.subplots(ncols=2, nrows=2, figsize=(8, 6)) plt.show()	
4	subplot2grid()函数： add_subplot2grid(shape,loc, colspan, **kwargs)	plt.subplot2grid((2,3),(0,0),colspan=2) plt.subplot2grid((2,3),(0,2)) plt.subplot2grid((2,3),(1,0),colspan=3) plt.show()	
5	gridspec.GridSpec()函数： gridspec.GridSpec(nrows=列数, ncols=行数, **kwargs)	import matplotlib.gridspec as gridspec G = gridspec.GridSpec(2, 3) axes1 = plt.subplot(G[0, 0:2]) axes2 = plt.subplot(G[0,2]) axes3 = plt.subplot(G[1, :]) plt.show()	
6	axes()函数： axes([left, bottom, width, height], projection, sharex, sharey, **kwargs)	plt.axes([0.1,0.1,.8,.8]) plt.axes([0.2,0.2,.3,.3]) plt.show()	

续表

ID	方法	案例	效果
7	axes()函数： axes([left, bottom, width, height], projection, sharex, sharey, **kwargs)	plt.axes([0.1,0.1,.5,.5]) plt.axes([0.2,0.2,.5,.5]) plt.axes([0.3,0.3,.5,.5]) plt.axes([0.4,0.4,.5,.5]) plt.show()	

其中，subplot()函数的参数有 nrows（行）、ncols（列）、index（位置）、projection（投影方式）、polar（是否为极坐标）；当 projection='3d'时，表示绘制三维直角坐标系；当 polar=True 时，表示绘制极坐标系。plt.axes([left, bottom, width, height]) 函数的[left, bottom, width, height]可以定义坐标系 left，代表坐标系左边到 figure 左边的水平距离，bottom 代表坐标系底边到 figure 底边的垂直距离，width 代表坐标系的宽度，height 代表坐标系的高度。

图 3-1-4 所示是根据图 3-1-3 的数据，使用 matplotlib 绘制的两个子图的效果图。图 3-1-4 是使用 axes 方式的 subplots()函数构造的两个子图。其核心代码如下所示。

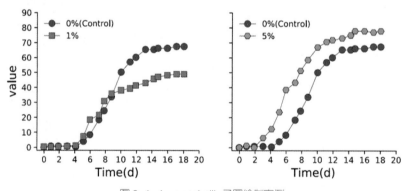

图 3-1-4　matplotlib 子图绘制案例

01	df1=df[df.variable=='0%(Control)']
02	df2=df[df.variable=='1%']
03	df3=df[df.variable=='5%']
04	
05	fig,(ax0,ax1)= plt.subplots(nrows=1,ncols=2,sharey=True,figsize=(8,3))
06	# sharey=True 表示共用 Y 轴，figsize 设定图像大小
07	ax0.plot(df1.Time, df1.value,
08	marker=markers[0], markerfacecolor=colors[0], markersize=8,markeredgewidth=0.5,
09	color="k", linewidth=0.5, linestyle="-",label=labels[0])
10	ax0.plot(df2.Time, df2.value,
11	marker=markers[1], markerfacecolor=colors[1], markersize=7,markeredgewidth=0.5,

```
12              color="k", linewidth=0.5, linestyle="-",label=labels[1])
13
14  ax1.plot(df1.Time, df1.value,
15              marker=markers[0], markerfacecolor=colors[0], markersize=8,markeredgewidth=0.5,
16              color="k", linewidth=0.5, linestyle="-",label=labels[0])
17  ax1.plot(df3.Time, df3.value,
18              marker=markers[2], markerfacecolor=colors[2], markersize=8,markeredgewidth=0.5,
19              color="k", linewidth=0.5, linestyle="-",label=labels[2])
```

3.1.4 坐标系的变换

在编码数据时，需要把数据系列放到一个结构化的空间中，即坐标系，它赋予 X、Y 坐标或经纬度以意义。图 3-1-5 展示了 3 种常用的坐标系，分别为直角坐标系 [也称为笛卡儿坐标系（rectangular coordinates）]、极坐标系（polar coordinates）和地理坐标系（geographic coordinates）。它们几乎可以满足数据可视化的所有需求。

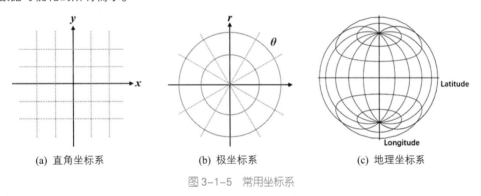

(a) 直角坐标系　　　　(b) 极坐标系　　　　(c) 地理坐标系

图 3-1-5　常用坐标系

1. 直角坐标系

直角坐标系（rectangular coordinates/ cartesian coordinates），也叫笛卡儿坐标系，是最常用的坐标系之一。我们经常绘制的条形图、散点图或气泡图，就是直角坐标系。坐标系所在平面叫作坐标平面，两坐标轴的公共原点叫作直角坐标系的原点。X 轴和 Y 轴把坐标平面分成四个象限，右上面的叫作第一象限，其他三个部分按逆时针方向依次叫作第二象限、第三象限和第四象限。象限以数轴为界，横轴、纵轴上的点不属于任何象限。通常在直角坐标系中的点可以记为 (x, y)，其中 x 表示 X 轴的数值，y 表示 Y 轴的数值。使用 matplotlib 绘制图表时默认为二维直角坐标系。

matplotlib 也可以实现三维直角坐标系，其投影方法默认为透视投影（perspective projection），添加三维直角坐标系的方法为：

```
from matplotlib import pyplot as plt
from mpl_toolkits.mplot3d import axes3d
```

```
fig = plt.figure()
ax = fig.gca(projection='3d')
```

matplotlib 可以使用不同的函数绘制三维散点图、折线图、柱形图、面积图和曲面图等,如表 3-1-4 所示。其中较为常用的是三维散点图和三维曲面图(见图 3-1-6)。使用 ax.view()函数可以调整图表的视角,即相机的位置,azim 表示沿着 Z 轴旋转,elev 表示沿着 Y 轴旋转。

```
ax.view_init(elev=elev,azim=azim)
```

表 3-1-4　matplotlib 三维图表绘制函数及其说明

ID	函数	核心参数说明	图表类型
1	plot()	xs、ys、zs、color(线条颜色)、linestyle(线条类型)、linewidth(线条宽度)、marker(标记类型)、markeredgecolor(标记边框颜色)、markeredgewidth(标记边框宽度)、markerfacecolor(标记填充颜色)、markersize(标记大小)、lable(线条标签)	三维曲线图
2	scatter3D()	xs、ys、zs、zdir、s(散点大小)、c(散点颜色)、label、marker(散点类型)、linewidths(散点边框宽度)、edgecolors(散点边框颜色)	三维散点图、气泡图
3	bar3d()	x、y、z、dx、dy、dz、color(填充颜色)、edgecolor(柱形边框颜色)、linewidth(柱形边框宽度)	三维柱形图
4	contour()	X、Y、Z、cmap(颜色映射主题)	三维等高线图
5	contourf()	X、Y、Z、cmap(颜色映射主题)	三维等高面图
6	plot_surface()	X、Y、Z、rstride、cstride、map(颜色映射主题)、vmin、vmax、shade、edgecolor(线条颜色)	三维曲面图
7	plot_wireframe()	X、Y、Z、cmap(颜色映射主题)、linestyles	三维网面图
8	voxels()	filled、x、y、z、facecolors、edgecolors	三维块状图

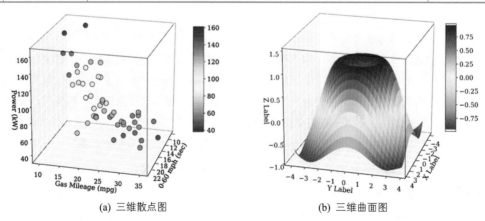

(a) 三维散点图　　　　　　　　(b) 三维曲面图

图 3-1-6　matplotlib 三维图表

直角坐标系还可以扩展到多维空间。例如，三维空间可以用（x, y, z）三个值对来表示三维空间中数据点的位置。如果再拓展到平行坐标系（parallel coordinates），则可以用于对高维几何和多元数据的可视化。

2. 极坐标系

极坐标系（polar coordinates）是指在平面内由极点、极轴和极径组成的坐标系。在平面上选定一点 O，称为极点。从 O 出发引一条射线 O_x，称为极轴。再定一个单位长度，通常规定角度取按时针方向为正。这样，平面上任一点 P 的位置就可以用线段 OP 的长度 ρ，以及从 O_x 到 OP 的角度 θ 来确定，有序数对(ρ, θ)就称为 P 点的极坐标，记为 $P(\rho, \theta)$；ρ 称为 P 点的极径，指数据点到圆心的距离，θ 称为 P 点的极角，指数据点距离最右边水平轴的角度。

极坐标系的最右边点是零度，角度越大，逆时针旋转越多。距离圆心越远，半径越大。极坐标系在绘图中没有直角坐标系用得多，但在角度和方向两个视觉暗示方面有很好的优势，往往可以绘制出出人意料的精美图表。matplotlib 可以通过如下语句将坐标系设置为极坐标系：

```
fig = figure()
ax = fig.gca( polar=True)
```

另外，通过如下语句可以进一步调整 matplotlib 极坐标系的默认设置：

```
ax.set_theta_offset(np.pi / 2)  #设置极坐标系的起始角度为 90°
ax.set_theta_direction(-1)      #设置极坐标系的方向为顺时针方向，direction=1 表示逆时针
ax.set_rlabel_position(0)       #设置极坐标系 Y 轴的标签位置为起始角度位置
```

选择合适的坐标系对数据的清晰表达也很重要，直角坐标系与极坐标系的转换如图 3-1-7 所示。使用极坐标系可以将数据以 365 天围绕圆心排列。极坐标系图可以让用户方便地看到数据在周期上、方向上的变化趋势，而对连续时间段变化趋势的显示不如直角坐标系。

极坐标系的表示方法为 $P(\rho, \theta)$，平面直角坐标系的表示方法为 $Q(x, y)$。极坐标系中的两个坐标 r 和 θ 可以由下面的公式转换为直角坐标系下的坐标值：

$$x=\rho\cos\theta$$

$$y=\rho\sin\theta$$

从直角坐标系中的 x 和 y 坐标可以计算出极坐标系下的坐标值：

$$\theta = \tan^{-1}(y/x)$$

$$r = \sqrt{(x^2+y^2)}$$

其中，要满足 x 不等于 0；在 $x = 0$ 的情况下：若 y 为正数，则 $\theta = 90°$ ($\pi/2$)；若 y 为负数，则 $\theta = 270°$ ($3\pi/2$)。

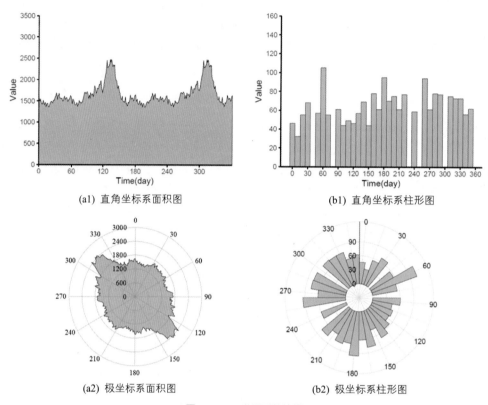

(a1) 直角坐标系面积图　　　　(b1) 直角坐标系柱形图

(a2) 极坐标系面积图　　　　(b2) 极坐标系柱形图

图 3-1-7　坐标系的转换

3.1.5　图表的导出

plt.savefig() 函数可以将 matplotlib 图表导出不同的格式，包括 PDF、PNG、JPG、SVG 等，其中导出 PDF 格式图表的代码如下所示。需要注意的是：要在 plt.show() 之前调用 plt.savefig()。

```
plt.savefig('filename.pdf',format='pdf')
```

3.2　Seaborn

Seaborn 同 matplotlib 一样，也是 Python 进行数据可视化分析的重要的第三方包。但是在 matplotlib 的基础上进行了更高级的 API 封装，从而使得作图更加容易，在大多数情况下，使用 Seaborn 能绘制具有吸引力的图表，而使用 matplotlib 却能绘制出具有更多特色的图表。应该把 Seaborn 视为 matplotlib 的补充，而不是替代物。Seaborn 的默认导入语句为：

```
import seaborn as sns
```

3.2.1 常见图表类型

Searborn 在 matplotlib 的基础上，侧重数据统计分析图表的绘制，包括带误差线的柱形图和散点图、箱形图、小提琴图、一维和二维的统计直方图和核密度估计图等（见链接 2）。另外，可以将多数据系列直接映射到颜色（hue）、大小（size）、数据标记（style）等，相比 matplotlib 绘图，这样可以很好地简化代码。Seaborn 常见图表类型及其核心参数说明如表 3-2-1 所示，主要包括数据分布型（一维和二维的统计直方图、核密度估计图等）、类别比较型（抖动散点图、蜂巢图、带误差棒的散点图、带误差棒的柱形图、箱形图、小提琴图等）、数据关系型（折线图、散点图以及带拟合线的散点图、热力图等）等图表。这些图表大部分也都能使用 plotnine 绘制实现，相对于 Seaborn，plotnine 的绘图语法更加简洁与人性化，所以推荐优先使用 plotnine 绘制。

表 3-2-1　Seaborn 常见图表类型及其核心参数说明

ID	函数	核心参数说明	图表类型
1	lineplot()	x、y、hue（颜色映射）、size（线条宽度映射）、style（线条宽度类型映射）、data（数据框格式的数据）、palette（颜色模板）、sizes（线条宽度）、markers（数据标记类型）	折线图、带数据标记的折线图
2	scatterplot()	x、y、hue（颜色映射）、size（数据标记大小映射）、style（数据标记类型映射）、data（DataFrame 格式的数据）、palette（颜色模板）、sizes（数标记大小）、markers（数据标记类型）	散点图、气泡图
3	stripplot()	x、y、hue（颜色映射）、data（DataFrame 格式的数据）、order（X 轴数据的显示顺序）、dodge（多数据系列是否分离展示）、orient（水平或竖直方向）、palette（颜色模板）、color、size、edgecolor、linewidth	抖动散点图
4	swarmplot()	x、y、hue（颜色映射）、data（DataFrame 格式的数据）、order（X 轴数据的显示顺序）、orient（水平或竖直方向）、palette（颜色模板）、color、size、edgecolor、linewidth	蜂巢图
5	pointplot()	x、y、hue（颜色映射）、data（DataFrame 格式的数据）、order（X 轴数据的显示顺序）、orient（水平或竖直方向）、palette（颜色模板）、color、markers、linewidth、errwidth（误差棒横杠的粗细）、capsize（误差棒横杠的大小）	带误差棒的散点图
6	barplot()	x、y、hue（颜色映射）、data（DataFrame 格式的数据）、order（X 轴数据的显示顺序）、orient（水平或竖直方向）、palette（颜色模板）、color、errcolor（误差棒颜色）、errwidth（误差棒横杠的粗细）、capsize（误差棒横杠的大小）、dodge（多数据系列是否分离展示）	带误差棒的柱形图

续表

ID	函数	核心参数说明	图表类型
7	countplot()	x、y、hue（颜色映射）、data（DataFrame 格式的数据）、order（X 轴数据的显示顺序）、orient（水平或竖直方向）、palette（颜色模板）、color	用于分类统计展示的柱形图
8	boxplot()	x、y、hue（颜色映射）、data（DataFrame 格式的数据）、order（X 轴数据的显示顺序）、orient（水平或竖直方向）、palette（颜色模板）、width（箱形宽度）、dodge（多数据系列是否分离展示）、notch（有无凹槽）	箱形图
9	violinplot()	x、y、hue（颜色映射）、data（DataFrame 格式的数据）、order（X 轴数据的显示顺序）、bw（核密度估计的宽度）、width（小提琴图的宽度）、inner（内部展示数据类型）、split（双数据系列的小提琴图是否分离）、orient（水平或竖直方向）、palette（颜色模板）	小提琴图
10	boxenplot()	x、y、hue（颜色映射）、data（DataFrame 格式的数据）、order（X 轴数据的显示顺序）、orient（水平或竖直方向）、palette（颜色模板）、width（箱形宽度）、dodge（多数据系列是否分离展示）	用于高维数据展示的箱形图
11	regplot()	x、y、data（DataFrame 格式的数据）、label、color、marker、{scatter,line}_kws（控制散点与拟合曲线格式的参数）	用于数据拟合展示的散点图
12	distplot()	a（Series 格式的数据）、bins（箱的总数）、hist（是否绘制统计直方图）、kde（是否绘制核密度估计图）、rug（是否绘制底部毯形图）、{hist, kde, rug, fit}_kws（控制统计直方柱形、核密度估计曲线、毯形图格式的参数）	统计直方与核密度估计的组合图
13	heatmap()	data（DataFrame 格式的数据）、vmin（颜色刻度条的最小值）、vmax（颜色刻度条的最大值）、cmap（颜色刻度条对应的颜色模板）、annot（是否显示每个单元格的数值）、fmt（数值显示的格式）、linewidths（分割线的线宽）、linecolor（分割线的颜色）	热力图

3.2.2 图表风格与颜色主题

相比 matplotlib，Seaborn 的另外一个优势就是可以快速设定图表颜色主题与风格。Seaborn 可以使用如下语句设置：

```
sns.set_palette("color_palette")    #设置绘图的颜色主题
sns.set_style("figure_ style")      #设置绘图的图表风格
sns.set_context("context_tyle")     #设置元素的缩放比例
```

Seaborn 将 matplotlib 图表的参数划分为两个独立的组合：第一组设置绘图的外观风格；第二组主要将绘图的各种元素按比例缩放，以使其可以嵌入不同的背景环境中。如果需要将图表风格重置到默认状态，则可以使用：sns.set()。

- Seaborn 可供选择的图表风格（figure_style）有 darkgrid、whitegrid、dark、white 和 ticks。如果需要定制 Seaborn 风格，则可以将一个字典参数传递给 set_style()或 axes_style()的参数 rc，具体参数设置方法可见 Seaborn 的官方教程。
- 缩放 Seaborn 的绘图元素，有 4 个预置的环境类型（context_tyle），按大小从小到大排列分别为：paper、notebook（默认）、talk、poster，还可以通过一个字典参数值来覆盖参数，具体参数设置方法可参见 Seaborn 的官方教程。

图表的颜色主题（color_palette）由 sns.set_palette()控制，其颜色主题主要分为多色系（qualitative）、双色渐变系（diverging）和单色渐变系（sequential）。有时候我们需要获取不同颜色主题方案的数值，可以使用如下语句：

palette = sns.color_palette("color_palette").as_hex()

R 语言 ggplot2 默认的颜色主题方案的颜色为：

palette_ggplot2 = sns.husl_palette(n_colors=8, s = 0.90, l = 0.65, h=0.0417) .as_hex()

其中，n_colors 表示欲获取的颜色数目，当 n_colors=8 时，颜色主题为 ▬▬▬▬▬。由于 Seaborn 只是对 matplotlib 的封装，所以通过 sns.*()函数设置的图表风格与颜色主题，对 matplotlib 绘图同样有效。关于颜色主题的选择与应用将在后面的章节详细讲解。图 3-2-1 展示了使用 Seaborn 绘制带标记的曲线图的案例，该案例使用了与图 3-1-3 例相同的数据源，方便可以读者对比两种绘图语法的区别。

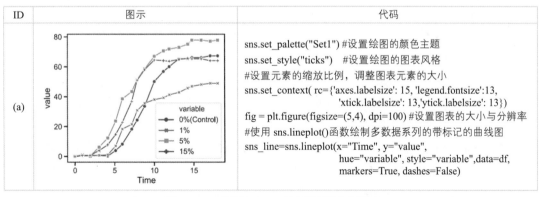

图 3-2-1　使用 Seaborn 绘制带标记的曲线图

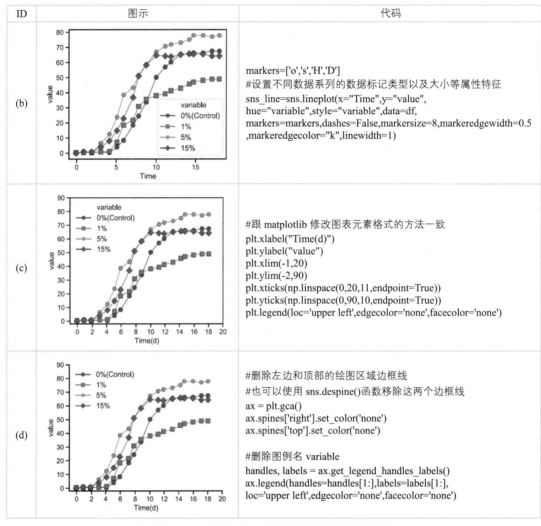

图 3-2-1 使用 Seaborn 绘制带标记的曲线图（续）

3.2.3 图表的分面绘制

相比 matplotlib，Seaborn 还有一个很好的优势，即图表的分面展示。Seaborn 常用的分面函数有 sns.FacetGrid()、sns. PairGrid()等。

- FacetGrid：当需要在数据集的子集中分别可视化变量的分布或多个变量之间的关系时，sns.FacetGrid()函数非常有用。FacetGrid 可以绘制多三个维度：row、col、hue（行、列、色调）。前两个与得到的轴阵列有明显的对应关系；将色调变量视为沿深度轴的第三个维度，其中不同的级别用不同的颜色绘制。在大多数情况下，使用图形级别功能，如 relplot()或 catplot() 函数，比直接使用 FacetGrid 更好。

- PairGrid：它可以使用相同的绘图类型快速绘制子图的网格，以可视化每个子图中的数据。在一个 PairGrid 中，每个行和列都分配给不同的变量，因此结果图显示数据集中的每个成对关系。特别适用于散点图矩阵，这是显示每种关系的最常用方式，但 PairGrid 不限于散点图。有时候，pairplot()函数可以使绘图更灵活，速度更快。

FacetGrid 与 PairGrid 的区别：在 FacetGrid 中，每个方面都表现出以不同级别的其他变量为条件的相同关系。在 PairGrid 中，每个图显示不同的关系（尽管上三角和下三角将具有镜像图）。使用 PairGrid 可以将数据集中的有趣关系非常快速、非常高级地展示。该类的基本用法与 FacetGrid 非常相似。首先初始化网格，然后将绘图函数传递给 map()方法，并在每个子图上调用它。图 3-2-2 所示是使用 sns.FacetGrid()函数实现的按"variable"分面的曲线图。

相比 Seaborn 的分面绘图，plotnine 可以与绘图函数结合，更加简洁地实现分面绘图。所以大部分情况下，推荐优先使用 plotnine 实现分面绘图。图 3-2-2 的实现代码如下所示。

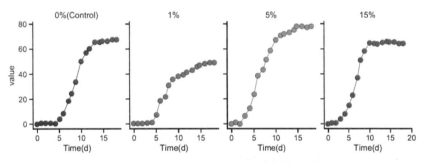

图 3-2-2　使用 Seaborn 绘制带标记的分面曲线图

```
01    g = sns.FacetGrid(df, col="variable", hue="variable",size=3, aspect=0.9,gridspec_kws={"wspace":0.1})
02    g.map(sns.lineplot, "Time", "value",marker='o',dashes=False, linewidth=1,
03                      markersize=8,markeredgewidth=0.5,markeredgecolor="k")
04    g.set_xlabels("Time(d)")
05    g.set_ylabels("value")
06    plt.xticks(np.linspace(0,20,5,endpoint=True))
07    plt.yticks(np.linspace(0,80,5,endpoint=True))
08
09    g.set_titles(row_template = '{row_name}', col_template = '{col_name}')
```

3.3 plotnine

R 语言数据可视化的强大之处在于 ggplot2（见链接 3），它是一个功能强大且灵活的 R 包，由 Hadley Wickham 编写，其用于生成优雅的图形。ggplot2 中的 gg 表示图形语法(grammar of graphics)，这是一个通过使用"语法"来绘图的图形概念。

plotnine（见链接 4）就是 Python 版的 ggplot2，语法与 R 语言的 ggplot2 基本一致。plotnine 主张模块间的协调与分工，整个 plotnine 的语法框架如图 3-3-1 所示，主要包括数据绘图部分与美化细节部分。plotnine 与 R 语言 ggplot2 的图形语法具有几乎相同的特点。

（1）采用图层的设计方式，有利于使用结构化思维实现数据可视化。有明确的起始（ggplot()开始）与终止，图层之间的叠加是靠"+"实现的，越往后，其图层越在上方。通常，一个 geom_×××()函数或 stat_×××()函数可以绘制一个图层。

（2）将表征数据和图形细节分开，能快速将图形表现出来，使创造性的绘图更加容易实现。而且可以通过 stat_×××()函数将常见的统计变换融入绘图中。

对于 Plotnine 包，可使用"pip install plotnine"语句安装，其他具体安装方法可见官方网站。在 Python 中默认的导入语句为：

```
from plotnine import *
```

如果要导入 plotnine 包自带的数据集，则可以使用如下语句：

```
from plotnine.data import *
```

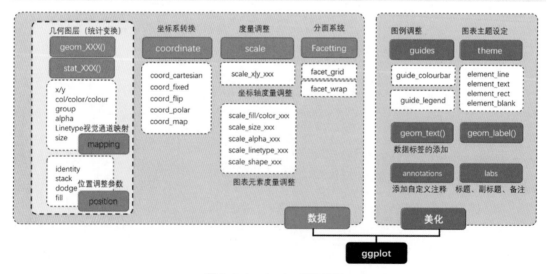

图 3-3-1 plotnine 语法框架

plotnine 绘图的基本语法结构与 R 语言的 ggplot2 基本一致，如图 3-3-2 所示。其中必需的图表输入信息如下。

（1）ggplot()：底层绘图函数。DATA 为数据集，主要是数据框（data.frame）格式的数据集；MAPPING 表示变量的映射，用来表示变量 X 和 Y，还可以用来控制颜色（color）、大小（size）或形状（shape）。

（2）geom_×××() | stat_×××()：几何图层或统计变换，比如常见的散点图 geom_point()、柱形图 geom_bar()、统计直方图 geom_ histogram()、箱形图 geom_ boxplot()、折线图 geom_line()等。我们通常使用 geom_×××()就可以绘制大部分图表，有时候通过设定 stat 参数可以先实现统计变换。

plotnine 中可选的图表输入信息包括如下 5 个部分，主要用于实现对图表的美化与变换等。

（1）scale_×××()：度量调整，调整具体的度量，包括颜色（color）、大小（size）或形状（shape）等，跟 MAPPING 的映射变量相对应。

（2）coord_×××()：笛卡儿坐标系，plotnine 暂时还不能实现极坐标系和地理空间坐标系，这是它最大的一块短板。

（3）facet_×××()：分面系统，将某个变量进行分面变换，包括按行、按列和按网格等形式分面绘图。

（4）guides()：图例调整，主要包括连续型和离散型两种类型的图例。

（5）theme()：主题设定，主要是调整图表的细节，包括图表背景颜色、网格线的间隔与颜色等。

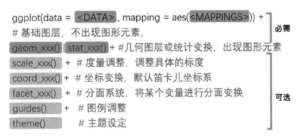

图 3-3-2　plotnine 绘图的基本语法结构

3.3.1　geom_×××()与 stat_×××()

1. 几何对象函数：geom_xxx()

plotnine 包中包含几十种不同的几何对象函数 geom_×××()和统计变换函数 stat_×××()。平时，我们主要是使用几何对象函数 geom_×××()，只有当绘制图表涉及统计变换时，才会使用统计变换函数 stat_×××()，比如绘制带误差线的均值散点图或柱形图等。geom_point()函数绘制的散点图与气泡图如

图 3-3-3 所示，plotnine 默认使用直角坐标系。

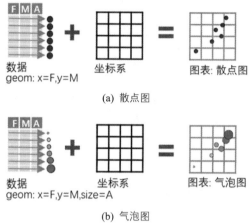

(a) 散点图

(b) 气泡图

图 3-3-3　geom_point()函数的绘制过程

根据函数输入的变量总数与数据类型（连续型或离散型），我们可以将大部分函数大致分成 3 个大类，6 个小类，如表 3-3-1 所示。每个 plotnine 函数的具体参数可以查看 plotnine（见链接 5）或者 ggplot2（见链接 6）的官方手册。

表 3-3-1　plotnline 绘图函数的分类

变量数	类型	函数	常用图表类型
1	连续型	**geom_histogram()**、**geom_density()**、geom_dotplot()、geom_freqpoly()、geom_qq()、geom_area()	统计直方图、核密度估计曲线图
	离散型	**geom_bar()**	柱形图系列
2	X-连续型 Y-连续型	**geom_point()**、**geom_area()**、**geom_line()**、**geom_jitter()**、**geom_smooth()**、**geom_label()**、**geom_text()**、**geom_bin2d()**、**geom_density2d()**、geom_step()、geom_quantile()、geom_rug()	散点图系列、面积图系列、折线图系列；散点抖动图、平滑曲线图；文本、标签、二维统计直方图、二维核密度估计图
	X-离散型 Y-连续型	**geom_boxplot()**、**geom_violin()**、**geom_dotplot()**、**geom_col()**	箱形图、小提琴图、点阵图、统计直方图
	X-离散型 Y-离散型	**geom_count()**	二维统计直方图
3	X, Y, Z-连续型	**geom_tile()**	热力图

有两类函数没有囊括在表 3-3-1 中，如下。

（1）图元（graphical primitives）系列函数：geom_curve()、geom_path()、geom_polygon()、geom_rect()、geom_ribbon()、geom_linerange()、geom_abline()、geom_hline()、geom_vline()、geom_segment()、geom_spoke()，这些函数主要用于绘制基本的图表元素，比如矩形方块、多边形、线段等，可以供用户创造新的图表类型。

（2）误差（error）展示函数：geom_crossbar()、geom_errorbar()、geom_errorbarh、geom_pointrange()可以分别绘制误差框、竖直误差线、水平误差线、带误差棒的均值点。这些函数需要先设置统计（stat）变换参数，才能自动根据数据计算得到均值与标准差。

2. 统计变换函数：stat_xxx()

统计变换函数（stat_xxx()）在数据被绘制出来之前对数据进行聚合和其他计算。stat_×××()确定了数据的计算方法。不同方法的计算会产生不同的结果，所以一个 stat_×××()函数必须与一个 geom_×××()函数对应进行数据的计算，如图 3-3-4 所示。在制作某些特殊类型的统计图形时（比如柱形图、直方图、平滑曲线图、概率密度曲线、箱形图等），数据对象在向几何对象的视觉信号映射过程中，会做特殊转换，也称统计变换过程。为了让作图者更好地聚焦于统计变换过程，将该图层以同效果的 stat_×××()命名可以很好地达到聚焦注意力的作用。

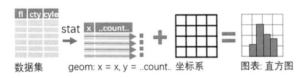

图 3-3-4　stat_count()函数的绘制过程

我们应将 geom_×××()（几何对象函数）和 stat_×××()（统计变换函数）都视作图层。大多成对出现的 geom_×××()和 stat_×××()完成的绘图效果是一样的，但是并非全部都一样。每一个图层都包含一个几何对象和一个统计变换，也即每一个 geom_×××开头的几何对象都含有一个 stat（统计变换）参数，同时每一个 stat_×××开头的几何对象都拥有一个 geom（几何对象）参数。但是为什么要分开命名呢，难道不是多此一举吗？

- 以 stat_×××()（统计变换函数）开始的图层，在制作这些特殊统计图形时，我们无须设定统计变换参数（因为函数开头名称已经声明），但需指定集合对象名称的图表类型 geom，这样能绘制与之对应的统计类型的图表。变换 geom_×××()函数，可以根据统计变换结果绘制不同的图表，使得作图过程更加侧重统计变换过程。
- geom_×××（几何对象函数）绘制的图层，更加侧重图表类型的绘制，而通过修改统计变换参数（stat），也可以实现绘图前数据的统计变换，比如绘制均值散点图，下面语句(a1)和语句(b1)实现的效果都是一样的，语句(a1)是使用指定 geom="point"（散点）的 stat_summary()语句，而语句(b1)是使用指定 stat="summary" 的 geom_point()语句。

(a1) (ggplot(mydata, aes(x='class',y="value",fill="class"))+
     stat_summary(fun_data="mean_sdl", fun_args = {'mult':1},geom="point", fill="w",color = "black",size = 5))
(b1) (ggplot(mydata, aes(x='class',y="value",fill="class"))+
     geom_point(stat="summary", fun_data="mean_sdl",fun_args = {'mult':1,fill="w",color = "black",size = 5))

下面代码为绘制带误差线的散点图，语句(a2)和语句(b2)实现的效果也是一样的，语句(a2)使用指定 geom="pointrange"（带误差线的散点）的 stat_summary()语句，语句(b2)使用指定 stat="summary" 的 geom_pointrange ()语句。

(a2) (ggplot(mydata, aes(x='class',y="value",fill="class"))+
     stat_summary(fun_data="mean_sdl", fun_args = {'mult':1},geom=" pointrange ", color = "black",size = 5))
(b2) (ggplot(mydata, aes(x='class',y="value",fill="class"))+
     geom_pointrange(s stat="summary", fun_data="mean_sdl",fun_args = {'mult':1},color = "black",size = 5))

其中，fun.data 表示指定完整的汇总函数，输入数字向量，输出数据框，常见 4 种为 mean_cl_boot、mean_cl_normal、mean_sdl、median_hilow。fun.y 表示指定对 y 的汇总函数，同样是输入数字向量，返回单个数字 median 或 mean 等，这里的 y 通常会被分组，汇总后是每组返回 1 个数字。

当绘制的图表不涉及统计变换时，我们可以直接使用 geom_×××()函数，也无须设定 stat 参数，因为会默认 stat="identity"（无数据变换）。只有涉及统计变换处理时，才需要使用更改 stat 的参数，或者直接使用 stat_×××()以强调数据的统计变换。

3.3.2 美学参数映射

plotnine 可用作变量的美学映射参数主要包括 color/col/colour、fill、size、angle、linetype、shape、vjust 和 hjust，其具体说明如下所示。需要注意的是，有些美学映射参数只适应于类别型变量，比如 linetype、shape。

（1）color/col/colour、fill 和 alpha，属性都是与颜色相关的美学参数。其中，color/col/colour 是指点（point）、线（line）和填充区域（region）轮廓的颜色；fill 是指定填充区域（region）的颜色；alpha 是指定颜色的透明度，数值范围是从 0（完全透明）到 1（不透明）。

（2）size 是指点（point）的尺寸或线的（line）宽度，默认单位为 mm，可以在 geom_point()函数绘制的散点图基础上，添加 size 的映射，从而实现气泡图。

（3）angle 是指角度，只有部分几何对象有，如 geom_text()函数中文本的摆放角度、geom_spoke()函数中短棒的摆放角度。

（4）vjust 和 hjust 都是与位置调整有关的美学参数。其中，vjust 是指垂直位置微调，在（0, 1）区间的数字或位置字符串：0="buttom", 0.5="middle", 1="top"，区间外的数字微调比例控制不均；hjust

是指水平位置微调，在（0，1）区间的数字或位置字符串：0="left"，0.5="center"，1="right"，区间外的数字微调比例控制不均。

（5）linetype 是指定线条的类型，包括白线（0="blank"）、实线（1="solid"）、短虚线（2="dashed"）、点线（3="dotted"）、点横线（4="dotdash"）、长虚线（5="longdash"）、短长虚线（6="twodash"）。

（6）shape 是指点（point）的形状，为[0, 25]区间的 26 个整数，分别对应方形、圆形、三角形、菱形等 26 种不同的形状，如图 3-3-5 所示。只有 21 到 26 号点型有填充颜色（fill）的属性，其他都只有轮廓颜色（color）的属性。

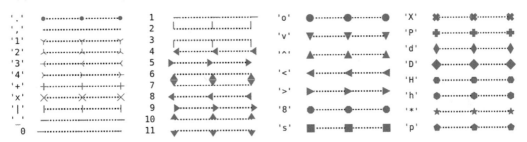

图 3-3-5　Python 中 plotnine 和 matplotlib 可供选择的形状

plotnine 中的 geom_×××()系列函数，其基础的展示元素可以分成 4 类：点（point）、线（line）、多边形（polygon）和文本（text），plotnine 常见函数的主要美学参数映射如表 3-3-2 所示。

表 3-3-2　plotnine 常见函数的主要美学映射参数

元素	geom_×××()函数	类别型美学映射参数	数值型美学映射参数
点 （point）	geom_point()、geom_jitter()、geom_dotplot()等	color、fill、shape	color、fill、alpha、size
线 （line）	geom_line()、geom_path()、geom_curve()、geom_density()、geom_linerange()、geom_step()、geom_abline()、geom_hline()等	color、linetype	color、size
多边形 （polygon）	geom_polygon()、geom_rect()、geom_bar()、geom_ribbon()、geom_area()、geom_histogram()、geom_violin()等	color、fill	color、fill、alpha
文本 （text）	geom_label()、geom_text()	color	color、angle、size、alpha

图 3-3-7 所示为同一数据集的不同美学映射参数效果。使用 pd.read_csv()函数：df=pd.read_csv("Facet_Data.csv")，可以读入数据集 df。df 有 4 列：tau、SOD、age 和 Class（Control、Impaired 和 Uncertain），其数据框前 6 行如图 3-3-6 所示。

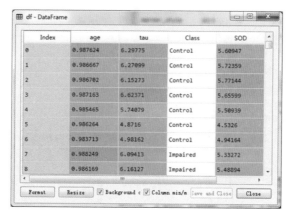

图 3-3-6

图 3-3-7 都是使用 geom_point()函数绘制的，其参数包括 x、y、alpha（透明度）、colour（轮廓颜色）、fill（填充颜色）、group（分组映射的变量）、shape（散点的形状）、size（散点的大小）、stroke（轮廓粗细）。图 3-3-7(a)是将离散数值型变量 age 映射到散点的大小（size），然后散点图转换成气泡图，气泡的大小对应 age 的数值；图 3-3-7(b)是将 age 映射到散点的大小（size）和填充颜色（fill），plotnine 会自动将填充颜色映射到颜色条（colorbar）；图 3-3-7 (c)是将离散类别型变量 Class 映射到点的填充颜色（fill），plotnine 会自动将不同的填充颜色对应类别的数据点，从而绘制多数据系列的散点图；图 3-3-7(d)是将离散数值型变量 age 和离散类别型变量 Class 分别映射到散点的大小（size）和填充颜色（fill）。

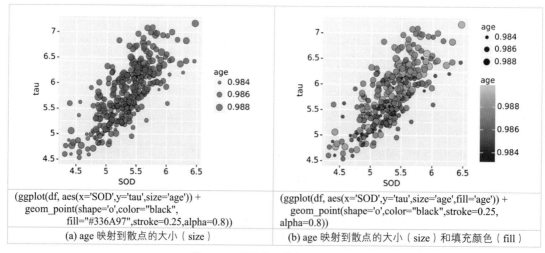

(ggplot(df, aes(x='SOD',y='tau',size='age')) + geom_point(shape='o',color="black", fill="#336A97",stroke=0.25,alpha=0.8))	(ggplot(df, aes(x='SOD',y='tau',size='age',fill='age')) + geom_point(shape='o',color="black",stroke=0.25, alpha=0.8))
(a) age 映射到散点的大小（size）	(b) age 映射到散点的大小（size）和填充颜色（fill）

图 3-3-6 不同的美学参数映射效果

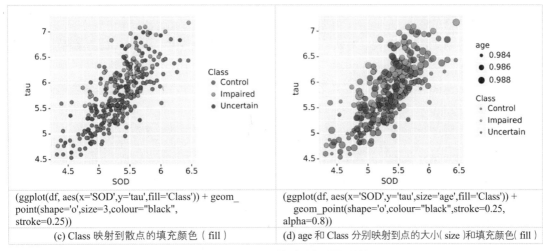

(ggplot(df, aes(x='SOD',y='tau',fill='Class')) + geom_point(shape='o',size=3,colour="black", stroke=0.25))	(ggplot(df, aes(x='SOD',y='tau',size='age',fill='Class')) + geom_point(shape='o',colour="black",stroke=0.25, alpha=0.8))
(c) Class 映射到散点的填充颜色（fill）	(d) age 和 Class 分别映射到散点的大小(size)和填充颜色(fill)

图 3-3-6　不同的美学参数映射效果（续）

另外，还有不用作变量，但又比较重要的美学映射参数：字体（family）和字型（fontface）。其中，字型分为 plain（常规体）、bold（粗体）、italic（斜体）、bold.italic（粗斜体），常用于 geom_text 等文本对象。字体内置的只有 3 种：sans、serif、mono，不同的字体（family）和字型（fontface）组合如图 3-3-8 所示。

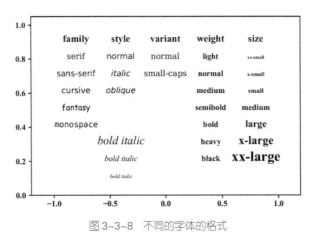

图 3-3-8　不同的字体的格式

图表中需要使用中文字符时，可以使用如下代码修改字体的显示。否则，绘制的图表可能会出现文本乱码。

```
import matplotlib.pyplot as plt
plt.rcParams['font.sans-serif']=['SimHei']  #用来正常显示中文标签
plt.rcParams['axes.unicode_minus']=False #用来正常显示负号
```

3.3.3 度量调整

度量用于控制变量映射到视觉对象的具体细节，比如：X 轴和 Y 轴、colour（轮廓颜色）、fill（填充颜色）、alpha（透明度）、linetype（线形状）、shape（形状）和 size（大小）等，它们都有相应的度量函数，如表 3-3-3 所示。根据美学映射参数的变量属性，将度量调整函数分成数值型和类别型两大类。plotnine 的默认度量为 scale_×××_identity()。需要注意的是：scale_*_manual() 表示手动自定义离散的度量，包括 color、fill、alpha、linetype、shape 和 size 等美学映射参数。

在表 3-3-3 plotnine 常见度量调整函数中，X 轴和 Y 轴度量用于控制坐标轴的间隔与标签的显示等信息。颜色作为数据可视化中尤为重要的部分，轮廓色度量 color 和填充颜色度量 fill 会在讲解 3.4 节进行详细介绍。在实际的图表绘制中，我们很少使用透明度度量 alpha，因为这很难观察到透明度的映射变化。

表 3-3-3 plotnine 常见度量调整函数

度量（scale）	数值型	类别型
x：X 轴度量 y：Y 轴度量	scale_x/y_continuous() scale_x/y_log10() scale_x/y_sqrt() scale_x/y_reverse() scale_x/y_date() scale_x/y_datetime() scale_x/y_time()	scale_x/y_discrete()
colour：轮廓颜色度量 fill：填充颜色度量	scale_fill_cmap() scale_color/fill_continuous() scale_fill_distiller() scale_color/fill_gradient() scale_color/fill_gradient2() scale_color/fill_gradientn()	scale_color/fill_hue() scale_color/fill_discrete() scale_color/fill_brewer() scale_color/fill_manual()
alpha：透明度度量	scale_alpha_continuous()	scale_alpha_discrete() scale_alpha_manual()
linetype：线形状		scale_linetype_discrete() scale_linetype_manual()
shape：形状度量		scale_shape() scale_shape_manual()

续表

度量（scale）	数值型	类别型
scale：大小度量	scale_size()	scale_size_manual()
	scale_size_area()	

图 3-3-9 所示为散点图的不同度量的调整效果，图 3-3-9(a)是将数值离散型变量 age 映射到散点的大小（size），再使用 **scale_size(range=(a,b))** 调整散点大小（size）的度量，range 表示美学映射参数变量转化后气泡面积的映射显示范围。图 3-3-9(b)是在图 3-3-9(a)的基础上添加了颜色的映射，使用 scale_fill_distiller(type='seq', palette='reds')函数将数值离散型变量 age 映射到红色渐变颜色条。图 3-3-9(c)是将类别离散型类别变量 Class 映射到不同的填充颜色（fill）和形状（shape），使用 scale_*_manual()手动自定义 fill 和 shape 的度量。图 3-3-9(d)是将数值离散型变量 age 和类别离散型变量 Class 分别映射到点的大小（size）和填充颜色（fill），然后 scale_size()和 scale_fill_manual()分别调整散点大小（size）的映射范围与填充颜色（fill）的颜色数值。

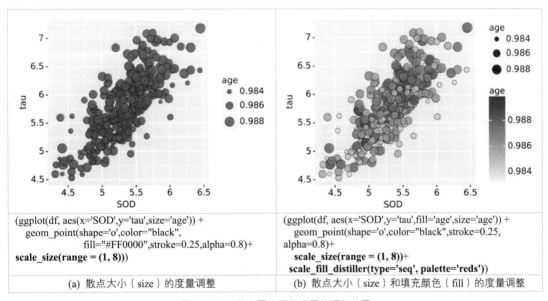

(ggplot(df, aes(x='SOD',y='tau',size='age')) +
  geom_point(shape='o',color="black",
             fill="#FF0000",stroke=0.25,alpha=0.8)+
  scale_size(range = (1, 8)))

(ggplot(df, aes(x='SOD',y='tau',fill='age',size='age')) +
  geom_point(shape='o',color="black",stroke=0.25,
             alpha=0.8)+
  **scale_size(range = (1, 8))+
  scale_fill_distiller(type='seq', palette='reds'))**

(a) 散点大小（size）的度量调整　　　　(b) 散点大小（size）和填充颜色（fill）的度量调整

图 3-3-9　散点图的不同度量的调整效果

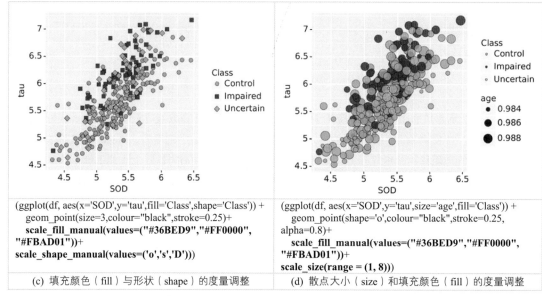

| (c) 填充颜色（fill）与形状（shape）的度量调整 | (d) 散点大小（size）和填充颜色（fill）的度量调整 |

图 3-3-9　散点图的不同度量的调整效果（续）

　　这里关键是要学会合理地使用美学映射参数，并调整合适的度量。可视化最基本的形式就是简单地把数据映射成彩色图形。它的工作原理就是大脑倾向于寻找模式，你可以在图形和它所代表的数字间来回切换。1985 年，AT&T 贝尔实验室的统计学家威廉·克利夫兰（William Cleveland）和罗伯特·麦吉尔（Robert McGill）发表了关于图形感知和方法的论文[1]。研究焦点是确定人们理解上述视觉暗示（不包括形状）的精确程度，最终得出如图 3-3-10 所示从最精确到最不精确的排序清单。图 3-3-10 展示了数值型数据使用不同视觉暗示的精确程度排序。

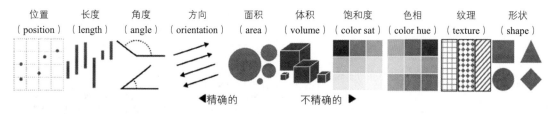

图 3-3-10　克利夫兰和麦吉尔的视觉暗示排序[1]

　　我们能用到的视觉暗示通常有长度、面积、体积、角度、位置、方向、形状和颜色。所以能否正确地选择视觉暗示就取决于你对形状、颜色、大小的理解，以及数据本身和目标。不同的图表类型应该使用不同的视觉暗示，合理的视觉暗示组合能更好地促进读者理解图表的数据信息。如图 3-3-11 所示，相同的数据系列采用不同的视觉暗示组合共有 6 种，分析结果如表 3-3-4 所示。

表 3-3-4　图 3-3-11 系列图表的视觉暗示组合分析结果

图表	视觉暗示组合	数据系列区分程度	美观程度	印刷适合类型
(a)	位置+方向	无法	较美	黑白
(b)	位置+方向+饱和度	较易	较美	黑白
(c)	位置+方向+形状	容易	较美	黑白
(d)	位置+方向+色相	容易	很美	彩色
(e)	位置+方向+饱和度+形状	很容易	较美	黑白
(f)	位置+方向+色相+形状	很容易	很美	彩色、黑白

根据表 3-3-4 可知，图 3-3-11(f)是最优的视觉暗示组合结果，既能保证很容易区分数据系列，也能保证图表美观，同时也适应于彩色与黑白两种印刷方式。当图 3-3-11(f)采用黑白印刷时，色相视觉暗示会消除，只保留位置+方向+形状，如图 3-3-11(c)所示，但是这样也能容易区分数据系列，保证读者对数据信息的正确、快读理解。表 3-3-5 展示了图 3-3-11 系列图表的视觉暗示组合代码与说明。

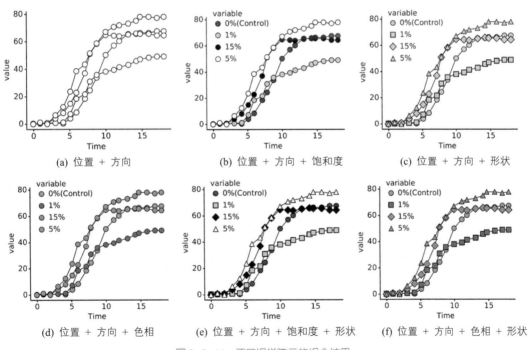

图 3-3-11　不同视觉暗示的组合结果

表 3-3-5　图 3-3-10 系列图表的视觉暗示组合代码与说明

图表	plotnine 代码	说明
(a)	(ggplot(df,aes(x='Time',y='value',group='variable')) + geom_line()+ geom_point(shape='o',size=4,colour="black",fill="white") + theme_classic())	group 表示根据类别型变量 variable 分组绘制，并先后使用 geom_line() 和 geom_point()添加折线和散点图层
(b)	(ggplot(df,aes(x='Time',y='value',fill='variable')) + geom_line()+ geom_point(shape='o',size=4,colour="black") + scale_fill_manual(values=("#595959","#BFBFBF","black","white"))+ theme_classic())	将类别型变量 variable 映射到散点的填充颜色（fill），并使用 scale_fill_manual()函数调整填充颜色度量为不同饱和度的颜色
(c)	(ggplot(df,aes(x='Time',y='value',shape='variable')) + geom_line()+ geom_point(size=4,colour="black",fill="#BFBFBF") + scale_shape_manual(values=('o','s','D','^'))+ theme_classic())	将类别型变量 variable 映射到散点的形状（shape），并使用 scale_shape_manual()函数指定散点的形状
(d)	(ggplot(df,aes(x='Time',y='value',fill='variable')) + geom_line()+ geom_point(shape='o',size=4,colour="black") + scale_fill_manual(values=("#FF9641","#FF5B4E","#B887C3","#38C25D"))+ theme_classic())	将类别型变量 variable 映射到散点的填充颜色（fill），并使用 scale_fill_manual()函数调整填充颜色度量为不同色相的颜色
(e)	(ggplot(df,aes(x='Time',y='value',shape='variable',fill='variable')) + geom_line()+ geom_point(size=4,colour="black") + scale_fill_manual(values=("#595959","#BFBFBF","black","white"))+ scale_shape_manual(values=('o','s','D','^'))+ theme_classic())	同时将类别型变量 variable 映射到散点的填充颜色（fill）和形状（shape），并使用 scale_fill_manual()和 scale_shape_manual()函数设定不同饱和度的填充颜色与形状
(f)	(ggplot(df,aes(x='Time',y='value',shape='variable',fill='variable')) + geom_line()+ geom_point(size=4,colour="black") + scale_fill_manual(values=("#FF9641","#FF5B4E","#B887C3","#38C25D"))+ scale_shape_manual(values=('o','s','D','^'))+ theme_classic())	同时将类别型变量 variable 映射到散点的填充颜色（fill）和形状（shape），并使用 scale_fill_manual()和 scale_shape_manual()函数设定不同色相的颜色填充与形状

在表 3-3-5 中，我们需要重点理解 fill、color、size、shape 等美学映射参数位置何时应该在 aes()

内部，何时应该在 aes()外部：

- 当我们指定的美学映射参数需要进行个性化映射时（即——映射），应该写在 aes()函数内部，即每一个观测值都会按照指定的特定变量值进行个性化设定。典型情况是需要添加一个维度，将这个维度按照颜色、大小、线条等方式针对维度向量中的每一个记录值进行一一设定。
- 当我们需要统一设定某些图表元素对象（共性、统一化）时，此时应该将其参数指定在 aes()函数外部，即所有观测值都会按照统一属性进行映射，例如 size=5，linetype="dash"，color="blue"。典型情况是需要统一所有的点大小、颜色、形状、透明度或者线条颜色、粗细、形状等。这种情况下不会消耗数据源中的任何一个维度或者度量指标，仅仅是对已经呈现出来的图形图素的外观属性做了统一设定。

高手必备

特别强调的是，要想熟练使用 **plotnine** 绘制图表，就必须深入理解 **ggplot** 与 **geom** 对象之间的关系。在实际绘图语句中存在如表 3-3-7 所示的 3 种情况。表中的案例为数据集使用向量排序函数 sort()和正态分布随机数生成函数 rnorm()构造的 df1 和 df2，主要代码如下：

```
N=20
df1 =pd.DataFrame(dict(x=np.sort(np.random.randn(N)),y=np.sort(np.random.randn(N))))
df2 =pd.DataFrame(dict(x=df1.x+0.3*np.sort(np.random.randn(N)),y=df1.y+0.1*np.sort(np.random.randn(N))))
```

在 **plotnine** 中，**ggplot** 与 **geom** 对象之间的关系主要体现在如下两点。

- ggplot(data=NULL,mapping = aes())：ggplot 内有 data、mapping 两个参数，具有全局优先级，可以被之后的所有 geom 对象继承（前提是 geom 内未指定相关参数）。
- geom_×××(data=NULL,mapping = aes())：geom 对象内同样有 data 和 mapping 参数，但 geom 内的 data 和 mapping 参数属于局部参数，仅作用于 geom 对象内部。

表 3-3-7　plotnine 中 ggplot 与 geom 对象之间的关系情况

	1	2	3
类型	所有图层共享数据源和美学映射参数	所有图层仅共享数据源	各图层对象均使用独立的数据源与美学映射参数
图例	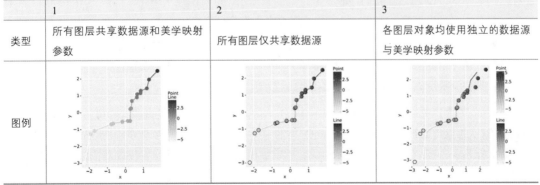		

续表

	1	2	3
代码	(ggplot(**df1**,aes('**x**','**y**',**colour**='**x+y**'))+ geom_line(size=1)+ geom_point(shape='o',size=5)+ scale_color_distiller(name="Line", palette="Blues")+ guides(color=guide_colorbar(title="Point\nLine")))	(ggplot(**df1**,aes('**x**','**y**'))+ geom_line(aes(**colour**='**x+y**'), size=1)+ geom_point(aes(**fill**='**x+y**'),color="black",shape='o', size=5)+ scale_fill_distiller(name="Point",palette="YlOrRd")+ scale_color_distiller(name="Line", palette="Blues"))	(ggplot()+ geom_line(aes('**x**','**y**',**colour**='**x+y**'),**df1**,size=1)+ geom_point(aes('**x**','**y**',**fill**='**x+y**'),df2,color="black",shape='o', size=5)+ scale_fill_distiller(name="Point",palette="YlOrRd")+ scale_color_distiller(name="Line", palette="Blues"))
说明	所有 geom 对象都使用相同的 data 和 mapping（x、y、size、alpha、linetype、colour、fill、angle 等），根据参数继承规则，data 和 mapping 指定在 ggplot 函数内，无论之后有多少个图层需要指定 data 和 mapping，都仅需在 ggplot 内指定一次即可，后续 geom 会自动继承	根据参数继承规则，将共享的数据源（data）写在 ggplot 内，将不同图层单独使用的美学映射参数指定在各自的 geom 内，在遇到多图层时，data 参数仅需在 ggplot 内指定一次，之后的 geom 对象都会自动继承，不必一一指定，但是那些 geom 内部使用的各自美学映射属性则需一一指定	此为特殊情况，仅在涉及高级制图或者复杂地理信息多图层图表时才会接触，此时因为各图层没有共享任何 data 和 mapping，假设有 N 个图层需要映射，此时所有的 data 和 mapping 参数都需要在各自 geom 内进行一一指定，因为在 geom 内指定毫无意义
应用	简单图表	较为复杂的图表	高级图表与地理信息图表

3.3.4 坐标系及其度量

直角坐标系（rectangular coordinates/ cartesian coordinates），也叫作笛卡儿坐标系，是最常用的坐标系，如图 3-3-12 所示。我们平时经常绘制的条形图、散点图或气泡图，就是直角坐标系。坐标系所在平面叫作坐标平面，两坐标轴的公共原点叫作直角坐标系的原点。X 轴和 Y 轴把坐标平面分成四个象限，右上面的叫作第一象限，其他三个部分按逆时针方向依次叫作第二象限、第三象限和第四象限。象限以数轴为界，横轴、纵轴上的点不属于任何象限。通常在直角坐标系中的点可以记为 (x, y)，其中 x 表示 X 轴的数值，y 表示 Y 轴的数值。

plotnine 的直角坐标系包括 coord_cartesian()、coord_fixed()、coord_flip()和 coord_trans()四种类型。plotnine 默认为直角坐标系 coord_cartesian()，其他坐标系都是通过直角坐标系画图，然后变换过来的。在直角坐标系中，可以使用 coord_fixed()函数固定纵横比笛卡儿坐标系，在绘制华夫饼图和复合型散点饼图时，需要使用纵横比为 1 的笛卡儿坐标系：coord_fixed(ratio = 1);

在绘制条形图或者水平箱形图时,需要使用 coord_flip() 函数翻转坐标系。它会将 X 轴和 Y 轴对换,从而可以将竖直的柱形图转换成水平的条形图。

在原始的笛卡儿坐标系上,坐标轴上的刻度比例尺是不变的,而 coord_trans() 坐标系的坐标轴刻度比例尺是变化的,这种坐标系应用很少,但不是没用,可以将曲线变成直线显示,如果数据点在某个轴方向的密集程度是变化的,则不便于观察,可以通过改变比例尺来调节,使数据点集中显示。

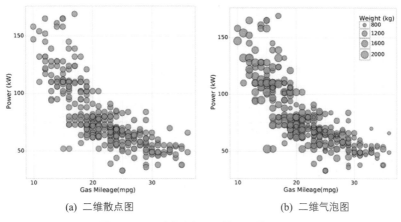

图 3-3-12　直角坐标系下的散点图和气泡图

坐标系指定了可视化的维度,而坐标轴的度量则指定了在每一个维度里数据映射的范围。坐标轴的度量有很多种,你也可以用数学函数定义自己的坐标轴度量,但是基本上都属于图 3-3-13 所示的坐标轴度量。这些坐标轴度量主要分为 3 类,包括数字(侧重数据的对数变化)坐标轴度量、分类坐标轴度量和时间坐标轴度量。其中,数字坐标轴度量包括线性坐标轴度量、对数坐标轴度量、百分比坐标轴度量,而分类坐标轴度量包括分类坐标轴度量和顺序坐标轴度量。

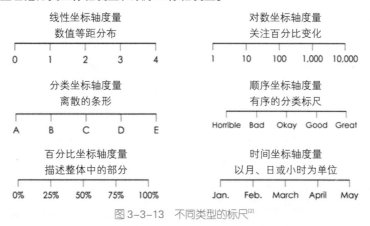

图 3-3-13　不同类型的标尺[2]

在 plotnine 的绘图系统中，数字坐标轴度量包括 scale_x/y_continuous()、scale_x/y_log10()、scale_x/y_sqrt()、scale_x/y_reverse()；分类坐标轴度量包括 scale_x/y_discrete()；时间坐标轴度量包括 scale_x/y_date()、scale_x/y_datetime()、scale_x/y_time()。这些度量的主要参数包括：① name 表示指定坐标轴名称，也将作为对应的图例名；② breaks 表示指定坐标轴刻度位置，即粗网格线位置；③ labels 表示指定坐标轴刻度标签内容；④ limits 表示指定坐标轴显示范围，支持反区间；⑤ expand 表示扩展坐标轴显示范围；⑥ trans 表示指定坐标轴变换函数，自带有 exp、log、log10 等，还支持 scales 包内的其他变换函数，如 scales::percent()百分比刻度、自定义等。图 3-3-14(b)就是在图 3-3-14(a)的基础上添加了 scale_x_continuous()和 scale_y_continuous()以调整 X 轴和 Y 轴的刻度与轴名。

X 轴度量：scale_x_continuous(name="Time(d)",breaks=np.arange(0,21,2),limits=(0,20))
Y 轴度量：scale_y_continuous(breaks=np.arange(0,91,10),limits=(0,90),expand =(0, 1))

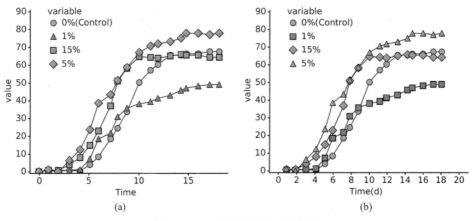

图 3-3-14　直角坐标系度量的调整

线性坐标轴度量（linear scale）上的间距处处相等，无论其处于坐标轴的什么位置。因此，在尺度的低端测量两点间的距离，和在尺度高端测量的结果是一样的。然而，**对数坐标轴度量**（logarithmic scale）是一个非线性的测量尺度，用在数量有较大范围的差异时。像里氏地震震级、声学中的音量、光学中的光强度及溶液的 pH 值等。对数尺度以数量级为基础，不是一般的线性尺度，因此每个刻度之间的商为一定值。若数据有以下特性时，用对数尺度来表示会比较方便：

（1）数据有数量级的差异时，使用对数尺度可以同时显示很大和很小的数据信息。

（2）数据有指数增长或幂定律的特性时，使用对数尺度可以将曲线变为直线表示。

图 3-3-15(a)的 X 轴和 Y 轴都为线性尺度，而图 3-3-15(b)的 X 轴仍为线性尺度，将 Y 轴转变为对数尺度，可以很好地展示很大和很小的数据信息。

图 3-3-15(a): scale_y_continuous(breaks=np.arange(0,2.1,0.5),limits=(0,2))
图 3-3-15(b): scale_y_log10(name='log(value)',limits=(0.00001,10))

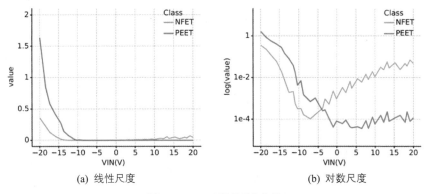

图 3-3-15 坐标标尺的转换

分类坐标轴度量（categorical scale）：数据不仅仅包括数值，有时候还包括类别，比如不同实验条件、实验样品等测试得到的数据。分类标尺通常和数字标尺一起使用，以表达数据信息。条形图就是水平 X 轴为数字标尺、垂直 Y 轴为分类标尺；而柱形图是水平 X 轴为分类标尺、垂直 Y 轴为数字标尺，如图 3-3-16 所示。plotnine 使用语句 coord_flip() 就可以对换 X 轴和 Y 轴。条形图和柱形图一个重要的视觉调整参数就是分类间隔，但是它和数值没有关系（如果是多数据系列，则还包括一个视觉参数：系列重叠）。

> **注意** 对于柱形图、条形图和饼图，最好将数据先排序后再进行展示。对于柱形图和条形图，将数据从大到小排序，最大的位置放置在最左边或者最上边。而饼图的数据要从大到小排序，最大的从 12 点位置开始。

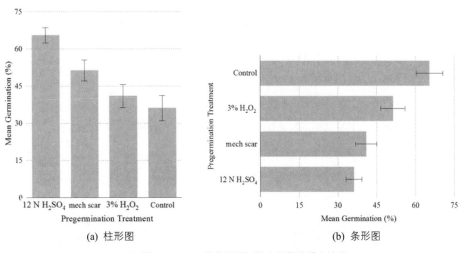

图 3-3-16 分类标尺与数字标尺的组合使用

常见的相关系数图的 X、Y 轴都为分类标尺，如图 3-3-17 所示。相关系数图一般都是三维及以上的数据，但是使用二维图表显示。其中，X、Y 列为都为类别数据，分别对应图表的 X、Y 轴；Z 列为数值信息，通过颜色饱和度、面积大小等视觉暗示表示。图 3-3-17(a)使用颜色饱和度和颜色色相综合表示 Z 列数据；图 3-3-17(b)使用方块的面积大小以及颜色综合表示 Z 列数据，从图中很容易观察到哪两组变量的相关性最好。

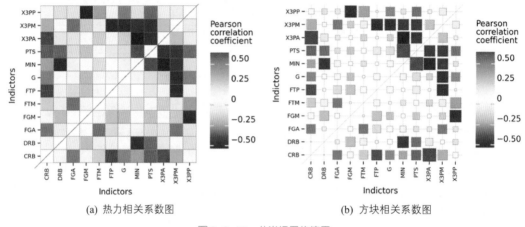

(a) 热力相关系数图　　　　　　　　(b) 方块相关系数图

图 3-3-17　分类标尺的使用

相关系数

　　相关系数（correlation coefficient）是用以反映变量之间相关关系密切程度的统计指标。它是一种非确定性的关系，相关系数是研究变量之间线性相关程度的量。由于研究对象的不同，相关系数有如下几种定义方式。

　　（1）简单相关系数：又叫相关系数或线性相关系数，一般用字母 r 表示，用来度量两个变量间的线性关系。图 3-3-17 中的相关系数图就是研究多个变量两两之间的简单相关关系的。

　　（2）复相关系数：又叫多重相关系数。复相关是指因变量与多个自变量之间的相关关系。例如，某种商品的季节性需求量与其价格水平、职工收入水平等现象之间呈现复相关关系。

　　（3）典型相关系数：是先对原来各组变量进行主成分分析，得到新的线性关系的综合指标，再通过综合指标之间的线性相关系数来研究原各组变量间的相关关系。

时间坐标轴度量（time scale）：时间是连续的变量，你可以把时间数据画到线性度量上，也可以将其分成时刻、星期、月份、季节或者年份，如图 3-3-18 所示。时间是日常生活的一部分。随着日出和日落，在时钟和日历里，我们每时每刻都在感受和体验时间。所以我们会经常遇见时间序列的数据，时间序列的数据常用柱形图、折线图或者面积图表示，有时候使用极坐标图也可以很好地展示数据，因为时间往往存在周期性，以天（day）、周（week）、月（month）、季（season）或年（year）为一个周期。

plotnine 的时间坐标轴度量函数主要有 scale_×××_date()、scale_×××_datetime() 和 scale_×××_timedelta()。

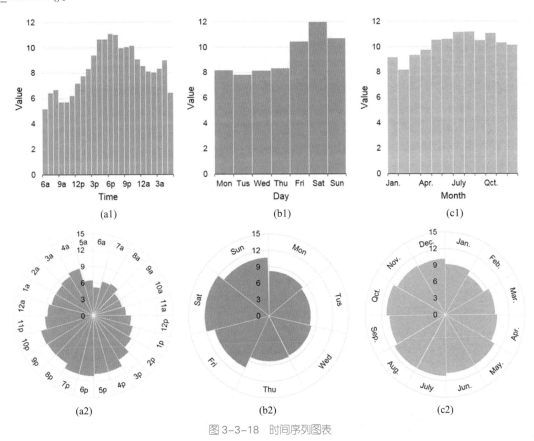

图 3-3-18　时间序列图表

3.3.5　图例

图例作为图表背景信息的重要组成部分，对图表的完整与正确表达尤为重要。plotnine 的 guide_colorbar()/guide_colourbar() 用于调整连续变量的图例；guide_legend() 用于离散型变量的图例，也可以用于连续型变量。

guides()将 guide_colorbar 和 guide_legend 两种图例嵌套进去,方便映射与处理,如 guides(fill = guide_colorbar()),对多个图例共同处理的时候尤为有效。另外,我们也可以在 scale_×××()度量中指定 guide 类型,guide = "colorbar"或 guide = "legend"。

其中,尤为重要的部分是图例位置的设定,plotnine 默认是将图例放置在图表的右边("right"),但是我们在最后添加的 theme()函数中,legend.position 设定图例的位置用。legend.position 可以设定为"right"、"left"、"bottom"和"top"。

在使用 plotnine 绘图网过程中,控制图例在图中的位置,利用 theme(legend.position)参数,该参数对应的设置为:"none"(无图例)、"left"(左边)、"right"(右边)、"bottom"(底部)、"top"(头部),legend.position 也可以用两个元素构成的数值向量来控制,如(0.9, 0.7),主要是设置图例在图表中间所在具体位置,而不是图片的外围。数值大小一般在 0~1 之间,超出数值往往导致图例隐藏。如果图例通过数值向量设定在图表的具体位置,那么最好同时设定图例背景(legend.background)为透明或者无。如图 3-3-19 所示,先使用 theme_classic()内置的图表系统主题,再使用 theme()函数调整图例的具体位置。图 3-3-19(a)图例的默认设定语句如下:

```
theme( legend_background = element_rect(fill="white"),
       legend_position="right")
```

上述语句表示将图例的背景设为白色填充的矩形,位置设定为图表的右边。图 3-3-19(b)将图例的位置设定为图表内部的左上角,并将图例背景(legend.background)设置为无。其中(0.32, 0.75)表示图例的位置放置在图表内部 X 轴方向 20%、Y 轴方向 80%的相对位置。

```
theme(legend_background = element_blank(),
      legend_position=(0.32,0.75))
```

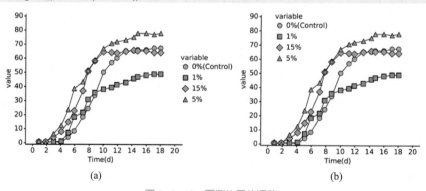

图 3-3-19　图例位置的调整

3.3.6 主题系统

主题系统包括绘图区背景、网格线、坐标轴线条等图表的细节部分，而图表风格主要是指绘图区背景、网格线、坐标轴线条等的格式设定所展现的效果。plotnine 图表的主题系统主要对象包括文本(text)、矩形(rect)和线条(line)三大类，对应的函数包括 element_text()、element_rect()、element_line()，另外还有 element_blank() 表示该对象设置为无，具体如表 3-3-6 所示。其中，我们使用比较多的系统对象是坐标轴的标签（axis_text_x、axis_text_y）、图例的位置与背景（legend_position 和 legend_background）。X 轴标签（axis_text_x）在绘制极坐标系柱形图和径向图时会用于调整 X 轴标签的旋转角度，Y 轴标签（axis_text_y）也会用于时间序列峰峦图的 Y 轴标签的替换等，具体可见后面图表案例的讲解。

表 3-3-6　主题系统的主要对象

对象	函数	图形对象整体	绘图区（面板）	坐标轴	图例	分面系统
text	element_text() 参数：family、face、Colour、size、hjust、vjust、angle、lineheight	plot_title plot_subtitle plot_caption		axis_title axis_title_x axis_title_y axis_text axis_text_x axis_text_y	legend_text legent_text_align legend_text_title legend_text_align	strip_text strip_text_x strip_text_y
rect	element_rect() 参数：colour、size、type	plot_background plot_sapcing plot_margin	panel_background panel_border panel_spacing		legend_background legend_margin legend_spacing legend_spacing_x legend_spacing_y	strip_background
line	element_line() 参数：fill、colour、size、type		panel_grid_major panel_grid_minor panel_grid_major_x panel_grid_major_x panel_grid_minor_x panel_grid_minor_y	axis_line axis_line_x axis_line_y axis_ticks axis_ticks_x axis_ticks_y axis_ticks_length axis_ticks_margin		

plotnine 自带的主题模板也有多种，包括 theme_gray()、theme_minimal()、theme_bw()、theme_light()、theme_matplotlib()、theme_classic() 等。相同的数据及数据格式，可以结合不同的图表风格，如图 3-3-20 所示。下面挑选几种具有代表性的图表风格进行讲解。

（1）图 3-3-20（a）是 R ggplot2 风格的散点图，使用 Set3 的颜色主题，绘图区背景填充颜色为

RGB（229,229,229）的灰色，以及白色的网格线［主要网格线的颜色为 RGB（255,255,255），次要网格线的颜色为 RGB（242,242,242）］。这种图表风格给读者清新脱俗的感觉，推荐在 PPT 演示中使用。

（2）图 3-3-20(d)的绘图区背景填充颜色为 RGB（255,255,255）的白色，无主要和次要网格线，没有过多的背景信息。当图表尺寸较小时，任然可以清晰地表达数据内容，不像图 3-3-20(b)会因为背景线条太多而显得凌乱，常应用在学术期刊的论文中展示数据。

（3）图 3-3-20(e)在图 3-3-20(d)的基础上，将绘图区边框设置为"无"，也没有主要和次要网格线，同样常应用在学术期刊的论文中展示数据。

所以，总地来说，图 3-3-20(a)和图 3-3-20(b)的风格适合用于 PPT 演示，图 3-3-20(d)和图 3-3-20(e)适合用于学术论文展示。其实，不管使用 R 语言、Python，还是 Origin、Excel，都可以通过调整绘图区背景、主要和次要网格线、坐标轴线条等的格式，实现如图 3-3-20 所示的 6 种不同的图表风格。

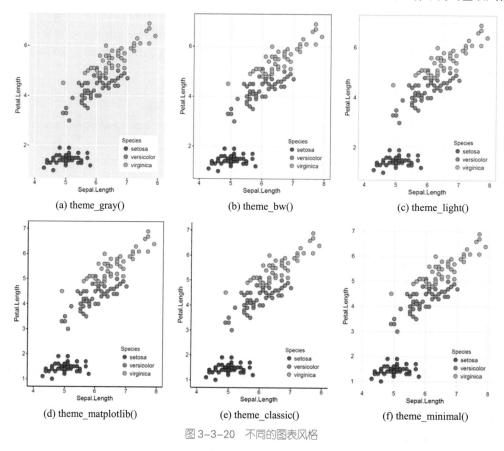

图 3-3-20　不同的图表风格

3.3.7 分面系统

我们用三维图表表示三维或者四维数据时，可能不容易清晰地观察数据规律与展示数据信息。所以，可以引入分面图的形式展示数据。plotnine 有两个很有意思的函数：facet_wrap()和 facet_grid()，这两个函数可以根据类别属性绘制一些系列子图，类似于邮票图（small multiples），大致可以分为：矩阵分面图（见图 9-2-4 矩阵分面气泡图）、行分面图（见图 5-5-2 行分面的带填充的曲线图）、列分面图（见图 9-2-2 列分面的散点图和图 9-2-3 列分面的气泡图）。分面图就是根据数据类别按行或者列，使用散点图、气泡图、柱形图或者曲线图等基础图表展示数据，揭示数据之间的关系，可以适应 4~5 种数据结构类型。分面函数 facet_grid()和 facet_wrap()的核心语法如下所示。

```
facet_grid(rows = NULL, cols = NULL, scales = "fixed", labeller = "label_value", facets)
facet_wrap(facets, nrow = NULL, labeller = "label_value",strip.position = "top")
```

上述代码中，rows 表示要进行行分面的变量，如 rows = vars(drv)表示将变量 drv 作为维度进行行分面，可以使用多个分类变量；cols 表示要进行列分面的变量，如 cols = vars(drv)表示将变量 drv 作为维度进行列分面，可以使用多个分类变量；scales 表示分面后坐标轴适应规则，其中，"free" 表示调整 X 轴和 Y 轴，"free_x"表示调整 X 轴，"free_y"表示调整 Y 轴，"fixed"表示 X 轴和 Y 轴的取值范围统一；facets 表示将哪些变量作为维度进行分面，在网格分面中，尽量不使用，而使用 rows 和 cols 参数。plotnine 分面系统的说明如表 3-3-8 所示，其中 t 的绘图内容为 mpg 数据集的多数据系列散点图，具体实现代码如下所示。

```
from plotnine import *
from plotnine.data import mpg
t=(ggplot(mpg, aes('cty', 'hwy',fill='fl'))
+ geom_point(size=3,stroke=0.3,alpha=0.8,show_legend=False)
+ scale_fill_hue(s = 0.90, l = 0.65, h=0.0417,color_space='husl'))
```

表 3-3-8 plotnine 分面系统的说明

ID	代码	示意图	效果图
1	(t + facet_grid('.~ fl')) #根据变量按列排布		
2	(t + facet_grid('year ~ .')) #根据变量按行排布		

续表

ID	代码	示意图	效果图
3	(t + facet_grid('year ~ fl')) #根据两个变量按行列矩阵排布		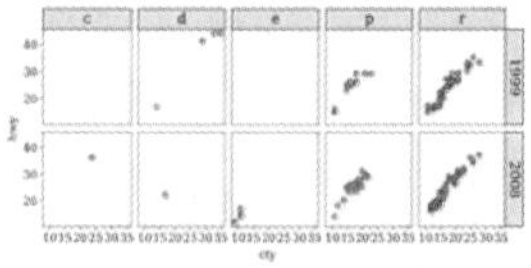
4	(t + facet_wrap('~ fl')) #根据变量按矩形排布	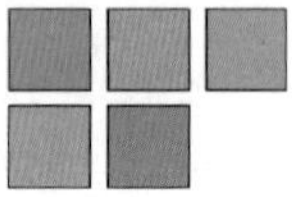	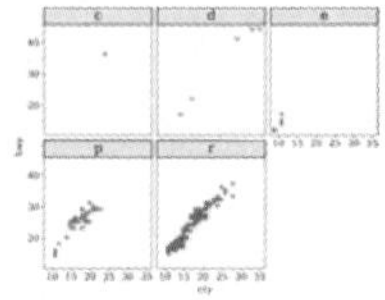
5	(t + facet_grid('drv ~ fl', scales = "free")) #调整 X 轴和 Y 轴的取值范围		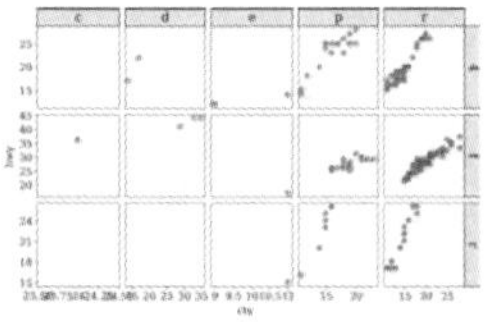

3.3.8 位置调整

在 geom_×××()函数中，参数 position 表示绘图数据系列的位置调整，默认为"identity"（无位置调整），这个参数在绘制柱形图和条形图系列时经常用到，以绘制簇状柱形图、堆积柱形图和百分比堆积柱形图等。plotnine 的位置调整参数如表3-3-9所示。在柱形图和条形图系列中，position 的参数有 4 种——① identity：不做任何位置的调整，该情况在多分类柱形图中不可行，序列间会存在遮盖问题，但是在多序列散点图、折线图中可行，不存在遮盖问题；② stack：垂直堆叠放置（堆积柱形图）；③ dodge：水平并列放置（簇状柱形图，position=position_dodge()）；④ fill：百分比填充（垂直堆叠放置，如百分比堆积面积图、百分比堆积柱形图等）。

表 3-3-9　plotnine 绘图语法中的位置调整参数

函数	功能	参数说明
position_dodge()	水平并列放置	position_dodge(width=NULL, preserve=("total","single"))，作用于簇状柱形图、箱形图等
position_identity()	位置不变	对于散点图和折线图，可行，默认为 identity，但对于多分类柱形图，序列间会存在遮盖问题
position_stack()	垂直堆叠放置	position_stack(vjust=1, reverse=False) 柱形图和面积图默认堆积（stack）
position_fill()	百分比填充	position_fill(vjust=1, reverse=False)垂直堆叠，但只能反映各组百分比

续表

函数	功能	参数说明
position_jitter()	扰动处理	position_jitter(width=NULL, height=NULL)部分重叠，作用于散点图
position_jitterdodge()	并列抖动	position_jitterdodge(jitter_width=NULL,jitter_height=0, dodge_width=0.75)，仅仅用于箱形图和点图在一起的情形，且有顺序，必须箱子在前，点图在后，抖动只能用在散点几何对象中
position_nudge()	整体位置微调	position_nudge(x=0, y=0)，整体向 x 和 y 方向平移的距离，常用于geom_text()文本对象

图 3-3-21 显示了箱形图和抖动散点图的位置调整语法，主要调整参数：position，涉及的函数包括 position_dodge() 和 position_jitterdodge()。其数据集的构造如下所示。

```
01  import pandas as pd
02  import numpy as np
03  N=100
04  df=pd.DataFrame(dict(group=np.repeat([1,2], N*2),
05                       y=np.append(np.append(np.random.normal(5,1,N),np.random.normal(2,1,N)),
06                                   np.append(np.random.normal(1,1,N),np.random.normal(3,1,N))),
07                       x=np.tile(["A","B","A","B"], N)))
```

ID	语法	图表
1	#未调整箱形图和抖动散点图的间距 (ggplot(df, aes(x='x', y='y',fill='factor(group)')) +geom_boxplot(outlier_size = 0,colour='k') +geom_jitter(aes(group='factor(group)'), shape = 'o', alpha = 0.5))	
2	#调整抖动散点图的间距 (ggplot(df, aes(x='x', y='y',fill='factor(group)')) +geom_boxplot(outlier_size = 0,colour='k') +geom_jitter(aes(group='factor(group)'), shape = 'o', alpha = 0.5, position=position_jitterdodge()))	

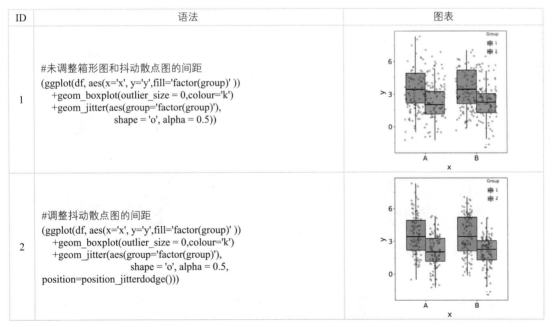

图 3-3-21 箱形图和抖动散点图的位置调整

ID	语法	图表
3	#同时调整箱形图和抖动散点图的间距 (ggplot(df, aes(x='x', y='y',fill='factor(group)')) 　+geom_boxplot(position = position_dodge(0.85), outlier_size = 0,colour='k') 　+geom_jitter(aes(group='factor(group)'), 　　shape = 'o', alpha = 0.5, 　　position=position_jitterdodge(dodge_width = 0.85)))	

图 3-3-21　箱形图和抖动散点图的位置调整（续）

3.4　可视化色彩的运用原理

3.4.1　RGB 颜色模式

我们先从颜色模式开始讲解图表的色彩运用原理。在图像处理中，最常用的颜色空间是 RGB 模式，常用于颜色显示和图像处理。RGB 颜色模式使用了红（red）、绿（green）和蓝（blue）来定义所给颜色中红色、绿色和蓝色的光的量。在 24 位图像中，每一种颜色成分都由 0 到 255 之间的数值表示。在位速率更高的图像中，如 48 位图像，值的范围更大。这些颜色成分的组合就定义了一种单一的颜色。RGB 颜色模式采用三维坐标的模型形式，非常容易被理解，如图 3-4-1(a)所示，原点到白色顶点的中轴线是灰度线，R、G、B 三分量相等，强度可以由三分量的向量表示。我们可以用 RGB 来理解色彩、深浅、明暗变化。

(a) RGB 颜色模式　　(b) HSL 颜色模式　　(c) HSV 颜色模式

图 3-4-1　颜色模式对比

（1）色彩变化：三个坐标轴 RGB 最大分量顶点与黄（yellow）、紫（magenta）、青（cyan）色顶点的连线。

（2）深浅变化：RGB 顶点和黄、紫、青顶点到原点和白色顶点的中轴线的距离。

（3）明暗变化：中轴线的点的位置，到原点，就偏暗，到白色顶点就偏亮。

RGB 模式也被称为加色法混色模式。它是以 RGB 三色光互相叠加来实现混色的方法，因而适合于显示器等发光体的显示。其混色规律是：以等量的红、绿、蓝基色光混合。我们平时在绘图软件中调整颜色主要就是通过修改 RGB 颜色的三个数值来实现，如图 3-4-3(b) 所示的 Windows 系统自带的选色器的右下角。

3.4.2 HSL 颜色模式

大家平时在颜色选择中还会遇到一种颜色模式：HSL（色相、饱和度、亮度），如图 3-4-1(b) 所示，在这里也给大家做简要的介绍。HSL 色彩模式是基于人眼的一种颜色模式，是普及型设计软件中常见的色彩模式，具体如下。

（1）色相 H（hue）：代表的是人眼所能感知的颜色范围，这些颜色分布在一个平面的色相环上，取值范围是 0°到 360°的圆心角，每个角度可以代表一种颜色，如图 3-4-2(a) 所示。色相值的意义在于，当不改变光感时，可以通过旋转色相环来改变颜色。在实际应用中，可用作基本参照的色相环的六大主色为：360°/0°红、60°黄、120°绿、180°青、240°蓝、300°洋红，它们在色相环上按照 60°圆心角的间隔排列。

（2）饱和度 S（saturation）：是指色彩的饱和度，它用 0 至 100% 的值描述了相同色相、明度下色彩纯度的变化。数值越大，颜色中的灰色越少，颜色越鲜艳，呈现一种从理性（灰度）到感性（纯色）的变化，如图 3-4-2(b) 所示。

（3）亮度 L（lightness）：是色彩的明度，作用是控制色彩的明暗变化。通常是从 0（黑）~100%（白）的百分比来度量的，数值越小，色彩越暗，越接近于黑色；数值越大，色彩越亮，越接近于白色，如图 3-4-2(c) 所示。

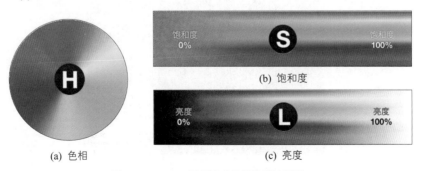

图 3-4-2　HSL 颜色模式分量的具体示例

与 HSL 颜色模式类似的还有：HSB［色相（hue）、饱和度（saturation）、亮度（brightness）］，

有时也被称作 HSV［色相（hue）、饱和度（saturation）、色调（value）］，如图 3-4-1(c)所示。比起 RGB 系统，HSL 使用了更贴近人类感官直觉的方式来描述色彩，可以指导设计者更好地搭配色彩，在色彩搭配中经常被用到，如图 3-4-3 所示。

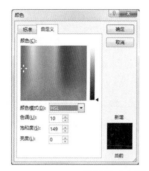
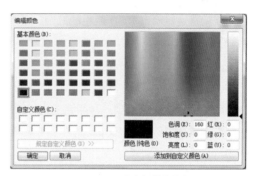

(a) Microsoft Office 默认的选色器　　　　　(b) Windows 系统自带的选色器

图 3-4-3　HSL 颜色模式的应用场景

我们使用颜色时参考的色轮（色相轮）就是来源于 HSB、HSL 颜色模式或 LUV 颜色模式。配色网就是基于 HSL 颜色空间模型自动生成高级配色方案的在线网站，如图 3-4-4 所示。HSL 色彩空间可以更加直观地表达颜色。HSL 是色相、饱和度和亮度这三个颜色属性的简称。色相是色彩的基本属性，就是人们平常所说的颜色名称，如紫色、青色、品红等。我们可以在一个圆环上表示出所有的色相。它不仅基于常用的场景给出合适的配色方案，而且还允许用户使用配色工具自行配置出极具个人风格又不失美观的方案，功能完备且实用。色彩搭配基本理论方法除了图 3-4-5 所说的三种外，还有类似色（analogous）搭配、分裂互补色（split complement）搭配、矩形（rectangle）搭配和正方形（square）搭配等（见链接 7）。

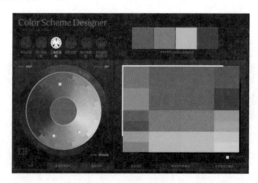

图 3-4-4　配色网推出的高级配色工具（见链接 8）

色环又称作色轮，是一种按照色相将色彩排列的呈现方式。当我们开始进行色环排列时，需要把原色按照等距关系排列，如图 3-4-5 所示为 12 色 5 轮色轮。

（1）单色（monochromatic）搭配：色相由暗、中、明3种色调组成的单色。单色搭配并没有形成颜色的层次，但形成了明暗的层次。这种搭配在设计中应用时，效果永远不错，其重要性也可见一斑。

（2）互补色（complement）搭配：如果颜色方案只包括两种颜色，就会选择色环上对立的两种颜色（在色轮上直线相对的两种颜色称为互补色，比如红色和绿色），如图 3-4-5(b)所示。互补色搭配在正式的设计中比较少见，主要是因为色彩之间强烈对比所产生的特殊性和不稳定，但是很显然的是，在各种色相搭配中，互补色搭配无疑是一种最突出的搭配，所以如果你想让你的作品特别引人注目，那互补色搭配或许是一种最佳选择。

（3）三角形（triad）搭配：如果颜色方案只包括3种颜色，那么就会以120°的间隔选择3种颜色，如图 3-4-5(c)所示。三角形搭配是一种能使画面生动的搭配方式，即使使用了低饱和度的色彩也是如此。在使用三角形搭配时一定要选出一种颜色作为主色，另外两种颜色作为辅助色。

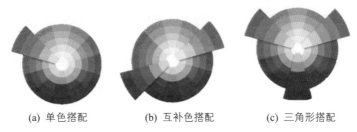

(a) 单色搭配　　(b) 互补色搭配　　(c) 三角形搭配

图 3-4-5　三种不同颜色选择的色相环

3.4.3　LUV 颜色模式

LUV 色彩空间全称为 CIE 1976（L*,u*,v*）（也称作 CIELUV）色彩空间，L*表示物体亮度，u*和 v*是色度，如图 3-4-6(a)所示。1976 年由国际照明委员会（International Commission on Illumination）提出，由 CIE XYZ 颜色空间经简单变换得到，具有视觉统一性。对于一般的图像，u*和 v*的取值范围为-100 到+100，亮度为 0 到 100。类似的色彩空间有 CIELAB，如图 3-4-6(b)所示。

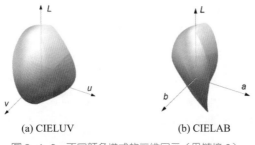

(a) CIELUV　　　　(b) CIELAB

图 3-4-6　不同颜色模式的三维展示（见链接 9）

R 语言 ggplot2 包绘图默认的颜色主题方案如图 3-4-7 所示，色轮为 HSL$_{uv}$ 颜色模式。HSL$_{uv}$ 是相对于 HSL 颜色空间模式更加人性化的选择。当把 CIELUV 颜色空间转换到极坐标系时，就类似于 HSL 颜色空间模式。它拓展了 CIELUV 颜色模式，从而新的饱和度（saturation）分量可以允许用户间隔选择色度（chroma）（见链接 10）。

但是，HSL$_{uv}$ 颜色模式又不同于 CIELUV LCh 颜色模式。CIELUV LCh 颜色模式有一部分颜色不能显示，比如饱和度高的深黄色（见链接 11）。图 3-4-7 离散的颜色主题（Hex 颜色码）也可以通过 seaborn.husl_palette(n_colors=6, h=0.01, s=0.9, l=0.65)函数获取，其中 n_colors 表示输出的颜色总数，h 表示起始的颜色色相（hue），s 表示颜色的饱和度（saturation），l 表示颜色的亮度（lightness），代码如下：

```
import seaborn as sns
pal_husl = sns.husl_palette(n_colors=6,h=15/360, l=.65, s=1).as_hex()
```

这种类型的颜色主题是由一个圆环形的颜色提取出来的，所以在 matplotlib 里这种颜色主题属于环状循环型颜色主题（cyclic colormaps）。Seaborn 里有还有 1 个环状循环型颜色主题函数：seaborn.hls_palette(n_colors=6, h=0.01, l=0.6, s=0.65)，这个函数基于 HSL［色相（hue）、饱和度（saturation）、L（lightness）］颜色模型。另外，matplotlib 还有 3 种环状循环型颜色主题：'twilight'、'twilight_shifted'、'hsv'。

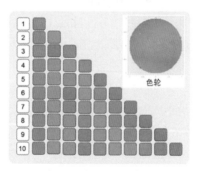

图 3-4-7　R 语言 ggplot2 包默认颜色主题（HSLuv 颜色空间）

3.4.4　颜色主题的搭配原理

我们对相同的数据图表对比不同的颜色效果，如图 3-4-8 所示的带散点分布的箱形图。图 3-4-8(a)~图 3-4-8(c)的颜色主题方案分别对应的软件为 Excel、Origin 和 R ggplot2，图 3-4-8(c)使用的就是图 3-4-7 所示的 4 种颜色的颜色主题方案。所谓"人靠衣装，佛靠金装"，符合美学规律设计的颜色主题方案往往能在很大程度上提高图表的美观程度，如图 3-4-8(c)所示。所以，我们很有必要研究与讲解颜色主题方案的搭配。

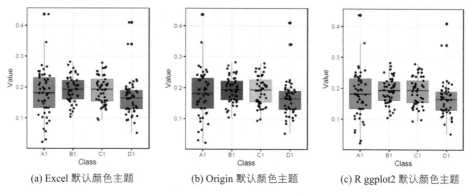

(a) Excel 默认颜色主题　　　　(b) Origin 默认颜色主题　　　　(c) R ggplot2 默认颜色主题

图 3-4-8　不同颜色主题的图表效果

Seaborn 和 plotnine 的颜色主题方案基本都是基于 matplotlib 的颜色主题方案。matplotlib 除了环状循环型颜色主题外，还有三种常见的颜色主题：单色系、多色系和双色渐变系（见链接 13），如图 3-4-9 所示（见链接 12）。或许你不知道，其实 R ColorBrewer 包的颜色主题方案系列来源于一个颜色主题方案搭配网站：ColorBrewer 2.0（见链接 14），如图 3-4-10 所示。该网站提供了大量的颜色搭配主题方案，可以供用户学习与使用。强烈建议大家登录这个网站，自己操作与观看这里面的配色方案，由于版面有限不能全面地介绍 ColorBrewer 2.0 配色的各个系列与功能。从另一个角度说，可以将图 3-4-10 看成 ColorBrewer 2.0 网页颜色主题系列方案的精华版。

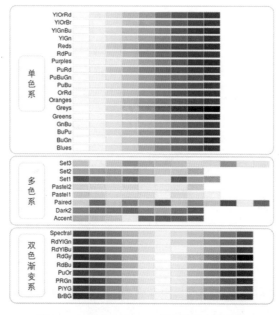

图 3-4-9　RColorBrewer 包的颜色主题方案

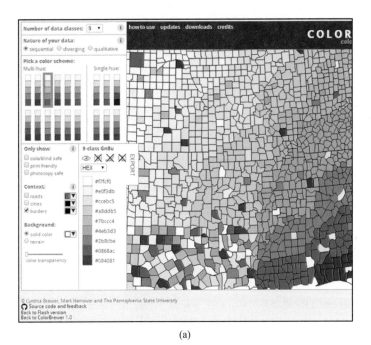

图 3-4-10　ColorBrewer 2.0 网页界面（见链接 15）

ColorBrewer 2.0 的配色功能如此强大，它的颜色搭配原理又是什么呢？如图 3-4-11 所示，通过排列组合实现二值色系、单色系、双色渐变系和多色系等颜色主题方案。其中，最为常用的 3 种颜色搭配方法如图 3-4-12 所示。圆形分布的多色系（circular color system）是一类特殊的多色系配色方案，如 Python Seabron 的 HLS 颜色主题方案。这类颜色主题方案适合时间类的周期性数据，如小时、天、月、年等有关的时序数据。

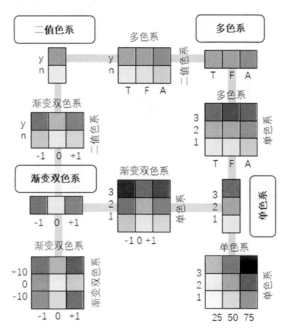

图 3-4-11　图表绘制的颜色搭配原理（见链接 16）

单色系 （sequential）	双色渐变系 （dsiverging）	多色系 （qualitative）
色相基本相同，饱和度呈单调递增的变化。有序数据一般从大到小排列，对应的颜色亮度也逐渐增加。小数值通常使用较亮的颜色表示，而大数值通常使用较暗的颜色表示。单色系颜色搭配方案中可能存在颜色的色相不同的情况，但它的主要特征还是颜色从亮到暗的亮度变化。比如地区的人口密度等通常使用单色系搭配方案	两个不同的色系使用于不同的两类情况，如正值与负值。双色渐变系搭配方案主要强调数据基于一个关键中间数值（midpoint）的级数分布情况。把关键的中间数值作为中间点，使用一个较亮的颜色表示，然后两端逐步变化到两个不同色相的颜色。比如基于某疾病平均死亡率的分布情况，就可以使用双色渐变系搭配方案	数据为非数值情况，不同色系的颜色用于表示不同类别，尤其是使用色相最轻或最暗的颜色强调关键的类别。多色系颜色搭配方案使用不同色相值的颜色，表示不同类别或数值的差异。这些颜色的亮度不一定要完全相等，但是要基本差不多。多色系还包括圆形分布的多色系
[-A, 0]、[0, A]、或者[A, B]	[A, 0, B]或者[A, C, B] （C 为 mean、medium 等）	类别、特征、 时间类的周期性数据

图 3-4-12　图表绘制的颜色搭配三原则

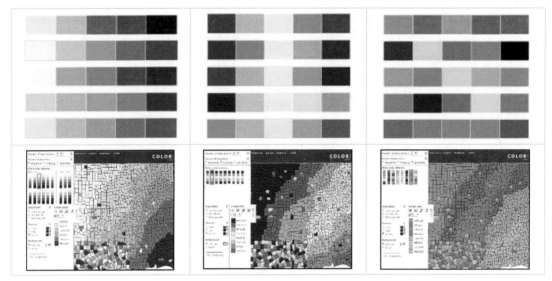

图 3-4-12　图表绘制的颜色搭配三原则（续）

3.4.5　颜色主题方案的拾取使用

1．使用 plotnine 获取颜色主题方案

结合以上颜色主题方案的获取方法：我们可以使用 matplotlib 和 plotnine 的颜色包获取颜色主题方案，或者使用颜色拾取软件获得颜色值。根据数据映射变量的类型，可以将颜色度量调整 scale_color/fill_*()函数的应用主要分成离散型和连续型，具体如图 3-4-13 和图 3-4-14 所示。

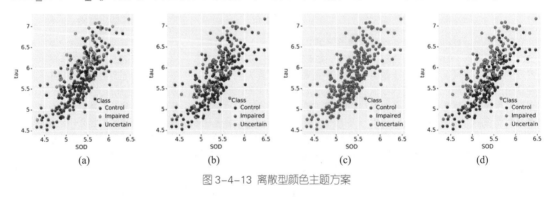

图 3-4-13　离散型颜色主题方案

图 3-4-13 的数据集是 df，df 是总共有 4 列的数据集：tau、SOD、age 和 Class（Control、Impaired 和 Uncertain），其数据映射代码如下所示。

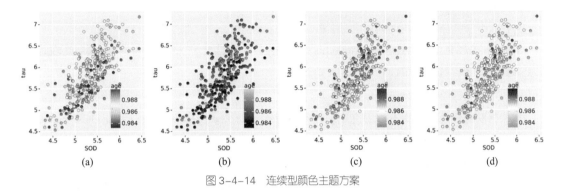

图 3-4-14　连续型颜色主题方案

```
p =(ggplot(df, aes(x='SOD',y='tau',fill='Class'))
    +geom_point(shape='o',color="black",size=3, stroke=0.25,alpha=1))
```

将离散型的类别型变量 Class 映射的数据点到填充颜色（fill），具体的图 3-4-13 离散型颜色主题方案的代码如表 3-4-1 所示。

表 3-4-1　图 3-4-13 离散型颜色主题方案代码

图	颜色度量语句	说明
3-4-13 (a)	(p+scale_fill_discrete())	plotnine 默认配色方案
3-4-13 (b)	(p+scale_fill_brewer(type='qualitative', palette='Set1'))	使用 Set1 的多色系颜色主题方案
3-4-13 (c)	(p+scale_fill_hue(s = 1, l = 0.65, h=0.0417,color_space='husl'))	使用 HSLuv 的离散型颜色主题方案
3-4-13 (d)	(p+scale_fill_manual(values=("#E7298A","#66A61E","#E6AB02")))	使用 Hex 颜色码自定义填充颜色

图 3-4-14 的数据集 df，其数据映射代码如下所示。

```
p=(ggplot(df, aes(x='SOD',y='tau',fill='age'))
    +geom_point(shape='o',color="black",size=3, stroke=0.25,alpha=1))
```

将连续型的数值型变量 age 映射到数据点的填充颜色（fill），具体的图 3-4-14 离散型颜色主题方案的代码如表 3-4-2 所示。

表 3-4-2　图 3-4-14 连续型颜色主题方案代码

图	颜色度量语句	说明
3-4-14 (a)	(p+scale_fill_distiller(type='div',palette="RdYlBu"))	使用双色渐变系"RdYlBu"颜色主题方案
3-4-14 (b)	(p+scale_fill_cmap(name='viridis'))	使用'viridis'颜色主题方案
3-4-14 (c)	(p+scale_fill_gradient2(low="#00A08A",mid="white", high="#FF0000",midpoint = np.mean(df.age)))	自定义连续的颜色条，np.mean(df.age)表示 age 均值对应中间色"white"
3-4-14 (d)	(p++scale_fill_gradientn(colors=("#82C143","white","#CB1B81")))	使用 Hex 颜色码自定义填充颜色

2. 使用 Seaborn 获取颜色主题方案

Seaborn 的颜色主题也是基于 matplotlib 的颜色主题（见链接 17），使用 Seaborn 绘制图表时，如果需要修改图表的颜色主题，则可以通过如下语句完成：

sns.set_palette("color_palette")

如果想获得颜色主题的 Hex 颜色码，则可以使用 sns.color_palette()函数或者 sns.husl_palette()函数，n_colors 为想获取的颜色数目：

pal_Set1 = sns.color_palette("Set1, n_colors).as_hex()

#当 n_colors=3，pal_Set1 = ['#e41a1c', '#377eb8', '#4daf4a']时，具体颜色为：

pal_husl = sns.husl_palette(n_colors,h=15/360, l=.65, s=1).as_hex()

#当 n_colors=3，pal_Set1 = ['#fe6e63', '#0ab450', '#639bfe']时，具体颜色为：

或者使用 matplotlib 的函数也可以获得不同颜色主题的 Hex 颜色编码：

from matplotlib import cm,colors
pal_Set1=[colors.rgb2hex(x) for x in cm.get_cmap('Set1',n_colors)(np.linspace(0, 1, n_colors))]

当 n_colors=3，pal_Set1 = ['#e41a1c', '#377eb8', '#4daf4a']时，具体颜色为：

3. 颜色的拾取

有时我们需要获取颜色主题方案中每个颜色的 RGB 数值或者 Hex 颜色码，比如在 Excel、AI 等其他软件中使用这些颜色主题方案，可以通过图 3-4-15 所示的几种方式获得相关颜色数值。

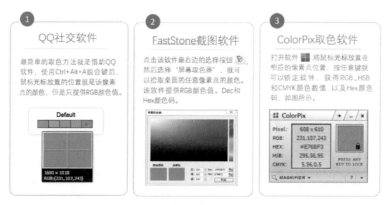

图 3-4-15　不同颜色拾取方案

手动调整数据系列的 RGB 颜色值有时会很麻烦，其实还有一种利用取色器的便捷方法，如 PowerPoint 和 Illustrator 软件都有取色器，但是 Excel、GraphPad Prism、Origin 等绘图软件没有取色器。对于 Excel 的图表，可以复制到 PowerPoint 中，使用 PowerPoint 的取色器修改图表的颜色。对于 GraphPad Prism、Origin 等绘图软件的图表，可以导出 SVG、EPS 等矢量格式的图片，然后使用 Illustrator 软件打开：① 选择图片，选择"对象（O）"→"剪切蒙版（M）"→"释放（R）"；② 再选择图片"对象（O）"→"复合路径（O）"→"释放（R）"；③ 选择要修改的图表元素，然后使用取色器调整"填充"和"描边（边框）"颜色；④ 导出相应的标量格式的图片，同时设置好图片的分辨率。

> **Hex 十六进制颜色码**
>
> 　　在软件中设定颜色值的代码通常使用十六进制颜色码（Hex color code）（见链接 18）。颜色一般可以使用 RGB 三个数值表示。十六进制颜色代码指定颜色的组成方式：前两位表示红色（red），中间两位表示绿色（green），最后两位表示蓝色（blue）。把三个数值依次并列起来，以#开头，就是我们平时使用的十六进制颜色码。如纯红：#FF0000，其中 FF 即十进制的 R（红）=255，00 和 00 即 G（绿）=0 和 B（蓝）=0；同样的原理，纯绿：#00FF00，即 R=0，G=255，B=0。

3.4.6　颜色主题的应用案例

　　关于颜色的基础知识讲解了这么多，下面带大家一起来应用各个颜色主题方案，以提升图表的美观性。对于多色系颜色主题方案的应用，大家很容易使用：直接选择一个颜色主题方案，然后修改数据系列的颜色即可。但是对于单色系和双色渐变系的颜色主题方案的应用，大家可能不是那么容易适应。所以，现在重点讲解单色系和双色渐变系的颜色主题方案的应用。

　　图 3-4-16 展示了不同颜色主题的饼图。不要使用多种阴影或者多种色相的饼图（见图 3-4-16(a)），因为这样会分散读者直接比较各部分的注意力。可以使用相同的颜色代表同一变量（见图 3-4-16(c)），或者使用单色渐变颜色主题（见图 3-4-16(b)），这样读者可以更好地集中注意力去比较数据。如果需要特别强调某个部分的数据，则并不建议使用将其从整个圆形饼图中分离出来的方法，而推荐使用较深的色彩或者不同的颜色强调焦点，如图 3-4-16(d)所示。

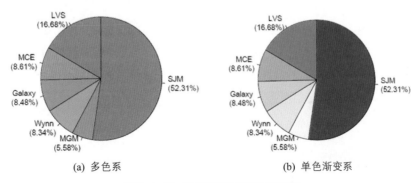

图 3-4-16　不同颜色主题方案的饼图

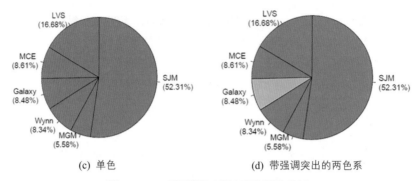

(c) 单色　　　　　　　　　　(d) 带强调突出的两色系

图 3-4-16　不同颜色主题方案的饼图（续）

图 3-4-17(a)是多色系颜色主题方案的带误差线柱形图，图 3-4-17(b)是使用单色系颜色主题方案（蓝色系列：　　　　　）改进的学术论文图表。不要使用多种阴影或者多种色素的柱形图和饼图，因为这样会分散读者直接比较各部分的注意力。可以使用相同的颜色代表同一变量，或者使用单色渐变系颜色主题，但是可以使用较深的色彩或者不同的颜色强调焦点。

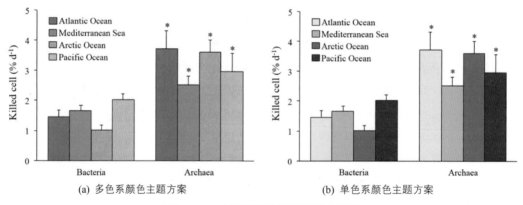

(a) 多色系颜色主题方案　　　　　　　(b) 单色系颜色主题方案

图 3-4-17　柱形图的颜色主题方案的应用

图 3-4-18(a)是多色系颜色主题方案的曲线散点图，图 3-4-18(b)是使用单色系颜色主题方案（橙色系列：　　　　　）改进的曲线散点图，单色系颜色主题方案是根据数据系列的数值类别设定的，亮度随数值从低到高。图 3-4-18(c)是使用单色系颜色主题方案再改进的曲线图，省去散点数据标记，只留下曲线以展示数据系列的规律。

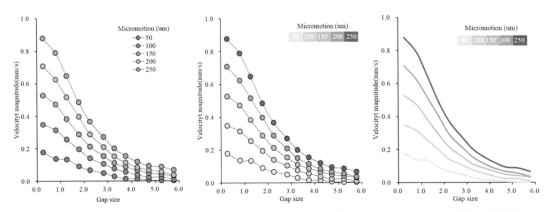

(a) 多色系颜色主题方案的曲线散点图　(b) 单色系颜色主题方案的曲线散点图　(c) 单色系颜色主题方案的曲线图

图 3-4-18　曲线散点图的颜色主题方案的应用

图 3-4-19(a)使用红色和蓝色两种不同颜色表示相关系数的数值，蓝色表示负值，圆圈越大表示负相关越大，红色表示正值，圆圈越大表示正相关越大。用双色渐变系颜色主题方案(　　　　)改进图表，如图 3-4-19(b)所示：借助圆圈填充颜色的深浅和圆圈的大小两个视觉暗示，更加清晰地表达了数据，更便于读者观察数据之间的关系。中间白色对应的数值就是相关系数的分界点 0。

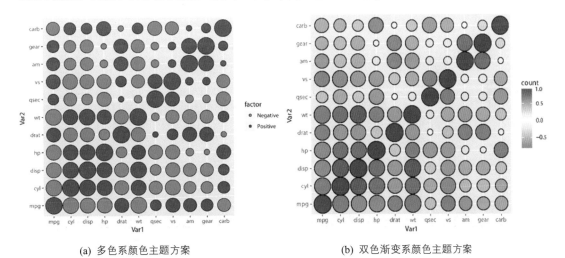

(a) 多色系颜色主题方案　　　　　　　(b) 双色渐变系颜色主题方案

图 3-4-19　相关系数图的颜色主题方案的应用

图 3-4-20 为时间序列的柱形图，图 3-4-20(a)使用蓝色填充柱形数据系列，仅仅使用长度视觉暗示表达数据。用双色渐变系颜色主题方案(　　　　)改进图表，如图 3-4-20(b)所示：中间白色对应的数值就是分界点的温度值 0，当温度越高时，红色更深；当温度越低时，蓝色更深。借助柱

形颜色的深浅和长度两个视觉暗示，更加清晰地表达了数据，更便于读者观察时序数据的变化规律。

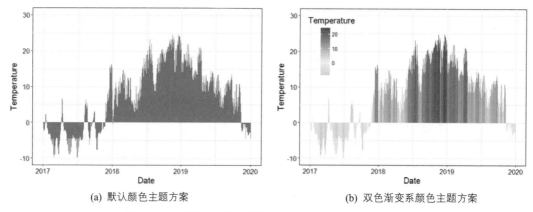

图 3-4-20　时间序列柱形图的双色渐变系颜色主题方案的应用

我们平时绘制图表除了要注意颜色主题，还要注意颜色的透明度（transparency）。颜色的透明度也是一个重要的设置参数，尤其在处理数据系列之间的遮挡问题时特别有效，如图 3-4-21 所示。绘图软件中基本都有颜色透明度的设置参数。颜色透明度的设置还适合用于高密度散点图的绘制，通过颜色深浅可以观察数据的分布情况。

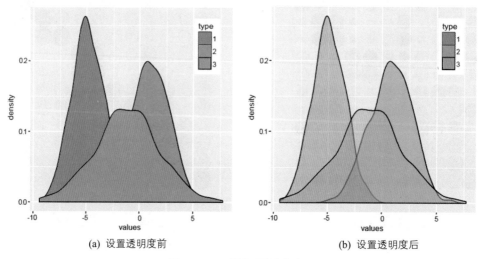

图 3-4-21　颜色透明度的应用

3.5 图表的基本类型

国外专家 Nathan Yau 总结了数据可视化的过程中一般要经历的 4 个过程，如图 3-5-1 所示[2]。不论是商业图表还是学术图表，要想得到完美的图表，在这 4 个过程中都要反复进行思索。

- 你拥有什么样的数据（What data do you have）？
- 你想表达什么样的数据信息（What do you want to know about your data）？
- 你应该采用什么样的数据可视化方法（What visualization methods should you use）？
- 你从图表中能获得什么样的数据信息（What do you see and does it makes sense）？

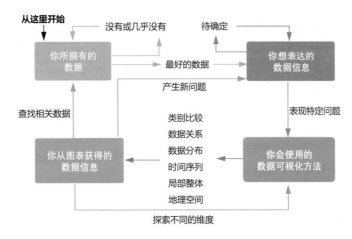

图 3-5-1 数据可视化的探索过程[2]

其中，你应该采用什么样的数据可视化方法尤为关键，所以我们需要了解有哪些图表类型。下面根据数据想侧重表达的内容，将图表类型分为 6 大类：类别比较、数据关系、数据分布、时间序列、局部整体和地理空间。注意：有些图表也可以归类于两种或多种图表类型。

3.5.1 类别比较

类别比较型图表的数据一般包含数值型和类别型两种数据类型（见图 3-5-2），比如在柱形图中，X 轴为类别型数据，Y 轴为数值型数据，采用位置+长度两种视觉元素。类别型数据主要包括柱形图、条形图、雷达图、坡度图、词云图等，通常用来比较数据的规模。有可能是比较相对规模（显示出哪一个比较大），也有可能是比较绝对规模（需要显示出精确的差异）。柱形图是用来比较规模的标准图表（注意：柱形图轴线的起始值必须为 0）。

图 3-5-2 类别比较型图表

3.5.2 数据关系

数据关系型图表分为数值关系型、层次关系型和网络关系型三种图表类型（见图 3-5-3）。

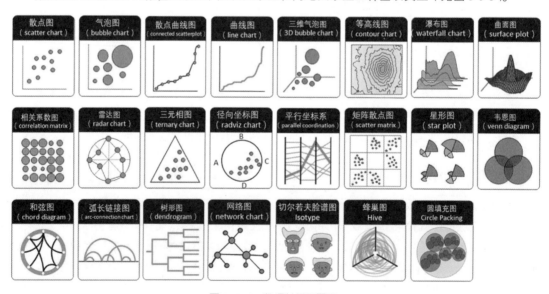

图 3-5-3 数据关系型图表

数值关系型图表主要展示两个或多个变量之间的关系，包括最常见的散点图、气泡图、曲面图、矩阵散点图等。该图表的变量一般都为数值型，当变量为 1~3 个时，可以采用散点图、气泡图、曲面图等；当变量多于 3 个时，可以采用高维数据可视化方法，如平行坐标系、矩阵散点图、径向坐标图、星形图和切尔诺夫脸谱图等。

层次关系型图表着重表达数据个体之间的层次关系，主要包括包含和从属两类，比如公司不同部门的组织结构，不同洲的国家包含关系等，包括节点链接图、树形图、冰柱图、旭日图、圆填充图、矩形树状图等。

网络关系型图表是指那些不具备层次结构的关系数据的可视化。与层次关系型数据不同，网络关系型数据并不具备自底向上或者自顶向下的层次结构，表达的数据关系更加自由和复杂，其可视化的方法常包括：桑基图、和弦图、节点链接图、弧长链接图、蜂箱图等。

3.5.3 数据分布

数据分布型图表主要显示数据集中的数值及其出现的频率或者分布规律，包括统计直方图、核密度曲线图、箱形图、小提琴图等（见图 3-5-4）。其中，统计直方图最为简单与常见，又称质量分布图，由一系列高度不等的纵向条纹或线段表示数据分布的情况。一般用横轴表示数据类型，纵轴表示分布情况。

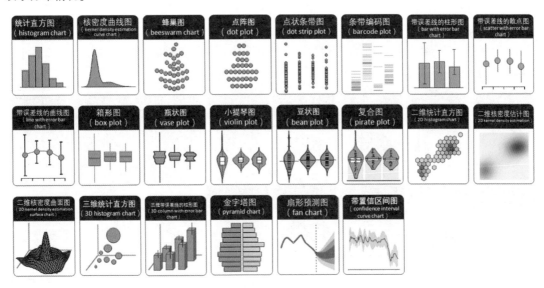

图 3-5-4 数据分布型图表

3.5.4 时间序列

时间序列型图表强调数据随时间的变化规律或者趋势，X 轴一般为时序数据，Y 轴为数值型数据，包括折线图、面积图、雷达图、日历图、柱形图等（见图 3-5-5）。其中，折线图是用来显示时间序列变化趋势的标准方式，非常适用于显示在相等时间间隔下数据的趋势。

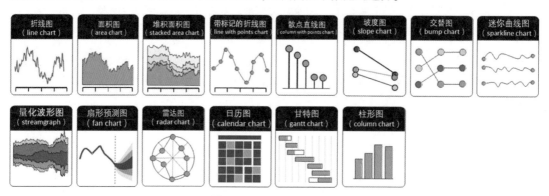

图 3-5-5 时间序列型图表

3.5.5 局部整体

局部整体型图表能显示出局部组成成分与整体的占比信息，主要包括饼图、圆环图、旭日图、华夫饼图、矩形树状图等（见图 3-5-6）。饼图是用来呈现部分和整体关系的常见方式，在饼图中，每个扇区的弧长（以及圆心角和面积）大小为其所表示的数量的比例。但要注意的是，这类图很难去精确比较不同组成的大小。

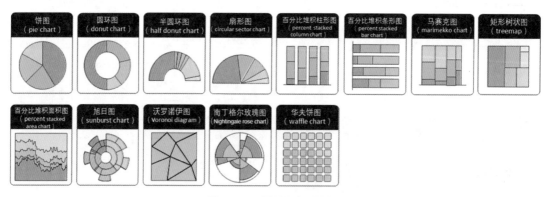

图 3-5-6 局部整体型图表

3.5.6 地理空间

地理空间型图表主要展示数据中的精确位置和地理分布规律，包括等值区间地图、带气泡的地图、带散点的地图等。地图用地理坐标系可以映射位置数据。位置数据的形式有许多种，包括经度、纬度、邮编等。但通常都是用纬度和经度来描述的。Python 的 GeoPandas 包可以读取 SHP 和 GEOJSON 等格式的地理空间数据，使用 plot() 函数或者 ggplot() 函数可以绘制地理空间型图表。

《地图管理条例》第十五条规定："国家实行地图审核制度。向社会公开的地图，应当报送有审核权的测绘地理信息行政主管部门审核。但是，景区图、街区图、地铁线路图等内容简单的地图除外。"本书原计划用专门的章节讲解使用 Python 如何绘制不同地理坐标投影下，从世界到不同国家与区域（包括中国）的实际地图，但是由于出版审核周期等原因已移除，所以只能以虚拟地图的数据为例讲解不同的地理空间型图表。读者须将绘图方法应用到实际的地理空间型图表中。

绘制这些不同类型的图表，主要使用 matplotlib、plotnine、Seaborn 等包。对于二维直角坐标系下的图表，主要使用 plotnine 和 Seaborn；对于极坐标系和三维直角坐标系下的图表，则需要使用 matplotlib 绘制以上不同类别的图表。这些图表的绘制方法在后面的章节都会进行详细的讲解。

第 4 章

类别比较型图表

4.1 柱形图系列

柱形图用于显示一段时间内的数据变化或显示各项之间的比较情况。在柱形图中，类别型或序数型变量映射到横轴的位置，数值型变量映射到矩形的高度。控制柱形图的两个重要参数是："系列重叠"和"分类间距"。"分类间距"控制同一数据系列的柱形宽度，数值范围为[0.0, 1.0]；"系列重叠"控制不同数据系列之间的距离，数值范围为[-1.0, 1.0]。图 4-1-1 为使用 plotnine 的 geom_bar()函数直接绘制的柱形图系列，包括单数据系列柱形图、多数据系列柱形图、堆积柱形图和百分比堆积柱形图共 4 种常见类型。但是，绘制柱形图和条形图系列的最大潜在问题就是排序。

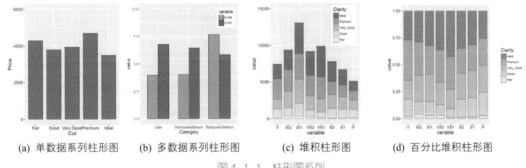

(a) 单数据系列柱形图　(b) 多数据系列柱形图　(c) 堆积柱形图　(d) 百分比堆积柱形图

图 4-1-1　柱形图系列

用 plotnine 绘制的柱形图，X 轴变量默认会按照输入的数据顺序绘制，Y 轴变量和图例变量默认按照字母顺序绘制。所以使用 Python 绘制柱形图系列图表时要注意：绘制图表前要对数据进行排序处理（见图 4-1-2）。在使用 geom_bar()函数绘制柱形图系列时，position 的参数有 4 种：① identity: 不做任何位置调整，该情况在多分类柱形图中不可行，各序列会互相遮盖，但是在多序列散点图、折线图中可行，不会存在遮盖问题；② stack: 垂直堆叠放置（堆积柱形图）；③ dodge: 水平抖动放置（簇状柱形图，position= position_dodge()）；④ fill: 百分比化（垂直堆叠放置，如百分比堆积面积图、百分比堆积柱形图等）。

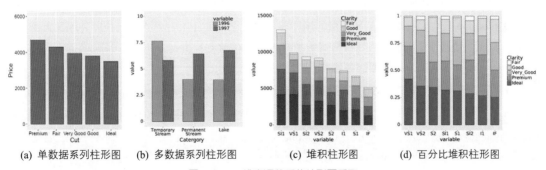

(a) 单数据系列柱形图　(b) 多数据系列柱形图　(c) 堆积柱形图　(d) 百分比堆积柱形图

图 4-1-2　排序调整后的柱形图系列

4.1.1 单数据系列柱形图

图 4-1-1(a)和图 4-1-2(a)分别对应排序调整前和调整后的单数据系列柱形图。如前面所说，数据类型大致可以分为：类别型、序数型和数值型。柱形图的 X 轴变量一般为类别型和序数型，Y 轴变量为数值型。对于 X 轴变量为序数型的情况，直接按顺序绘制柱形图，图 4-1-1(a)的 X 轴为 Fair、Good、Very Good、Premium 和 Ideal（一般、好、非常好、超级好、完美）的顺序。最常见的序数型数据还包括时序数据，如年、月（"January"、"February"、"March"、"April"、"May"、"June"、"July"、"August"、"September"、"October"、"November"、"December"）、日期等。

但是，如果 X 轴变量为类别型数据，则一般推荐先对数据进行降序处理，再展示图表，如图 4-1-2(a)所示（假定图 4-1-2(a)的 X 轴变量为类别型）。这样，更加方便观察数据规律，确定某个类别对应的数值在整个数据范围的位置。

对于 X 轴变量为类别型的数据，在使用 plotnine 包的函数绘图时，会默认把 X 轴类别按照字母顺序绘制柱形，如图 4-1-1(a)所示。这是因为绘图不是根据 X 轴变量的分类数据顺序排列展示的，而是根据分类数据的类别（categories）按顺序展示。分类数据包括列表和类别（categories）两个部分，比如：

```
Cut=pd.Categorical(["Fair","Good","Very Good","Premium","Ideal"])
```

最终的输出结果 Cut 为：列表部分[Premium, Fair, Very Good, Good, Ideal]；类别部分[Fair, Good, Ideal, Premium, Very Good]，其中类别部分会根据字母顺序自动排序。

需要注意的是，只排序数据框，而不改变 X 轴分类数据的类别（categories），并不会改变柱形图的绘制顺序。Python 的 dataframe.sort_values()函数可以对数据框（data.frame）根据某列数据排序，具体语句如下：

```
Sort_data=mydata.sort_values(by='Price', ascending=False)
```

通过上述语句可以得到图 4-1-3(b)所示的新表格，虽然对表格数据重新排序，但是并没有改变分类数据的类别（categories）。我们在使用 geom_bar()函数绘制时，还是根据类别的原有顺序绘制的柱形图，如图 4-1-1(a)所示。

在 plotnine 包中，要实现 X 轴变量的降序展示（见图 4-1-2(a)），需要通过控制并改变分类数据的类别实现。我们一定要先对表格或分类数据排序后，再改变其类别，才会使 X 轴的类别顺序根据 Y 轴变量的数值降序展示，具体语句如下：

```
Sort_data['Cut']=pd.Categorical(Sort_data['Cut'], categories=Sort_data['Cut'] ,ordered=True)
```

其中，Sort_data['Cut'].values.categories 为 Index(['Premium', 'Fair', 'Very Good', 'Good', 'Ideal'], dtype='object', name='Cut')；Sort_data['Cut'].values.codes 为 array([0, 1, 2, 3, 4], dtype=int8)。在这里，Sort_data['Cut']中原来的 categories 为[Fair, Good, Ideal, Premium, Very Good]，而使用上面的语句处理

后，新的 categories 为[Premium < Fair < Very Good < Good < Ideal]，绘制图表时会根据 Sort_data['Cut']中水平（level）的顺序绘制柱形数据系列，如图 4-1-2(a)所示。

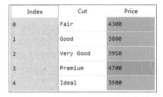
(a) 导入 Python 的原始数据

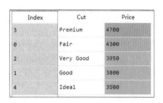
(b) 直接进行排序后的表格

图 4-1-3　Python 中原始数据的展示

技能　绘制单数据系列柱形图

plotnine 包提供了绘制柱形图系列图表的函数：geom_bar()。其中 stat 和 position 的参数都为 identity，width 控制柱形的宽度，范围为(0, 1)。柱形图中最重要的美学参数就是柱形的宽度。图 4-1-2(a)单数据系列柱形图的实现代码如下所示。

```
01  import pandas as pd
02  from plotnine import *
03  mydata=pd.DataFrame({'Cut':["Fair","Good","Very Good","Premium","Ideal"],'Price':[4300,3800,3950,
    4700,3500]})
04  Sort_data=mydata.sort_values(by='Price', ascending=False)
05  Sort_data['Cut']=pd.Categorical(Sort_data['Cut'],ordered=True, categories=Sort_data['Cut'])
06  base_plot=(ggplot(Sort_data,aes('Cut','Price'))
07  +geom_bar(stat = "identity", width = 0.8,colour="black",size=0.25,fill="#FC4E07",alpha=1))
08  print(base_plot)
```

使用 matplotlib 包绘制柱形图时，会直接按照表格中的数据系列顺序绘制，并不涉及分类数据的类别（categories）的处理，其具体代码如下所示。

```
01  import pandas as pd
02  import matplotlib.pyplot as plt
03  mydata=pd.DataFrame({'Cut':["Fair","Good","Very Good","Premium","Ideal"], 'Price':[4300,3800,3950,4700,
    3500]})
04  Sort_data=mydata.sort_values(by='Price', ascending=False)
05  fig =plt.figure(figsize=(6,7),dpi=70)
06  plt.bar(Sort_data['Cut'], Sort_data['Price'],width=0.6,align="center",label="Cut")
07  plt.show()
```

由于 plotnine 包不能实现极坐标系，所以 matplotlib 包的柱形图绘制方法还是需要掌握的，在后面讲解极坐标系下的柱形图系列图表的绘制时需要使用。

4.1.2 多数据系列柱形图

对于图 4-1-1(b)和图 4-1-2(b)所示的多数据系列柱形图，图表绘制的关键在于将原始数据的二维表（见图 4-1-4(a)）转换成一维表（见图 4-1-4(b)）。对于多数据系列柱形图，最好先将表格根据第 1 个数据系列的数值进行降序处理，再进行展示。在图 4-1-4(b)中，根据数据第 1 个系列“1996”降序展示表格，所以要使用 sort_values()函数和 melt()函数处理表格。

Index	Catergory	1996	1997
0	Temporary Stream	7.67	5.84
1	Permanent Stream	4.02	6.45
2	Lake	3.95	6.76

(a) 原始二维表

Index	Catergory	variable	value
0	Temporary Stream	1996	7.67
1	Permanent Stream	1996	4.02
2	Lake	1996	3.95
3	Temporary Stream	1997	5.84
4	Permanent Stream	1997	6.45
5	Lake	1997	6.76

(b) 数据处理后的二维表

图 4-1-4 表格类型的转换

技能 绘制多数据系列柱形图

plotnine 包提供了绘制柱形图系列的函数 geom_bar()，其中 width 控制柱形的宽度；position 设置为'dodge'，表示柱形并排展示；也可以通过设置 position_dodge（width =0.7），改变两个数据系列的间隔。图 4-1-2(b)多数据系列柱形图的具体实现代码如下所示。

```
df=pd.read_csv('MultiColumn_Data.csv')
df=df.sort_values(by='1996', ascending=False)
mydata=pd.melt(df, id_vars='Catergory')
mydata['Catergory']=pd.Categorical(mydata['Catergory'],ordered=True, categories=df['Catergory'])
base_plot=(ggplot(mydata,aes(x='Catergory',y='value',fill='variable'))
+geom_bar(stat="identity", color="black", position='dodge',width=0.7,size=0.25)
+scale_fill_manual(values=["#00AFBB", "#FC4E07", "#E7B800"]))
print(base_plot)
```

在 matplotlib 包中可以使用 plt.bar()函数绘制多数据系列柱形图。相比 plotnine 需要使用一维表数据绘制图表，matplotlib 则需要使用二维表数据绘制图表，所以需要依次使用 plt.bar()函数绘制多个数据系列的柱形。由于 matplotlib 的二维图表使用数值型坐标轴，所以需要先根据数值型坐标轴设定每个数据系列的位置，然后使用 plt.xticks()函数将数值型坐标轴的标签替换成类别文本型，从而构造类别型坐标轴。因此，在绘制多数据系列柱形图时，matplotlib 的语法就显得比 plotnine 冗余很多，具体实现代码如下所示。

```
df=pd.read_csv('MultiColumn_Data.csv')
df=df.sort_values(by='1996', ascending=False)
```

```
03    x_label=np.array(df["Catergory"])
04    x=np.arange(len(x_label))
05    y1=np.array(df["1996"])
06    y2=np.array(df["1997"])
07    fig=plt.figure(figsize=(5,5))
08    #调整 y1 轴位置、颜色，label 为图例名称，与下方 legend 结合使用
09    plt.bar(x,y1,width=0.3,color='#00AFBB',label='1996',edgecolor='k', linewidth=0.25)
10    #调整 y2 轴位置、颜色，label 为图例名称，与下方 legend 结合使用
11    plt.bar(x+0.3,y2,width=0.3,color='#FC4E07',label='1997',edgecolor='k', linewidth=0.25)
12    plt.xticks(x+0.15,x_label,size=12)        #设置 X 轴刻度、位置、大小
13    #显示图例，loc 设置图例显示位置（可以用坐标方法显示），ncol 设置图例显示几列（默认为 1 列），
      frameon 设置图形边框
14    plt.legend(loc=(1,0.5),ncol=1,frameon=False)
```

4.1.3 堆积柱形图

堆积柱形图显示单个项目与整体之间的关系，它比较各个类别的每个数值所占总数值的大小。堆积柱形图以二维垂直堆积矩形显示数值。在图 4-1-2(c)中，要注意以下三点：

（1）柱形图的 X 轴变量一般为类别型，Y 轴变量为数值型。所以要先求和得到每个类别的总和数值，然后对数据进行降序处理。

（2）如果图例的变量属于序数型，如 Fair、Good、Very Good、Premium 和 Ideal（一般、好、非常好、超级好、完美）属于有序型，则需要按顺序显示图例。

（3）如果图例的变量属于无序型，则最好根据其均值排序，使数值最大的类别放置在最下面，最靠近 X 轴，这样很容易观察每个堆积柱形内部的变量比例。

技能 绘制堆积柱形图

将 plotnine 中的柱形图系列图表绘制函数 geom_bar()的参数 position 设置为"stack"，就可以绘制堆积柱形图。图 4-1-2(c)堆积柱形图的具体实现代码如下所示。

```
01    df=pd.read_csv('StackedColumn_Data.csv')
02    Sum_df=df.iloc[:,1:].apply(lambda x: x.sum(), axis=0).sort_values(ascending=False)
03    meanRow_df=df.iloc[:,1:].apply(lambda x: x.mean(), axis=1)
04    Sing_df=df['Clarity'][meanRow_df.sort_values(ascending=True).index]
05    mydata=pd.melt(df,id_vars='Clarity')
06    mydata['variable']=mydata['variable'].astype(CategoricalDtype (categories= Sum_df.index,ordered=True))
07    mydata['Clarity']=mydata['Clarity'].astype(CategoricalDtype (categories= Sing_df,ordered=True))
08    base_plot=(ggplot(mydata,aes(x='variable',y='value',fill='Clarity'))
09    +geom_bar(stat="identity", color="black", position='stack',width=0.7,size=0.25)
10    +scale_fill_brewer(palette="YlOrRd"))
11    print(base_plot)
```

在 matplotlib 中可以使用 plt.bar() 函数绘制堆积柱形图。在绘制堆积柱形图时，matplotlib 的语法依旧显得比 plotnine 冗余很多，需要依次使用 plt.bar() 函数绘制每个数据系列，而且需要设置 bottom 参数（前几个数据系列的累加数值），语法极其麻烦，具体代码如下所示。

```
01  df=pd.read_csv('StackedColumn_Data.csv')
02  df=df.set_index("Clarity")
03  Sum_df=df.apply(lambda x: x.sum(), axis=0).sort_values(ascending=False)
04  df=df.loc[:,Sum_df.index]
05  meanRow_df=df.apply(lambda x: x.mean(), axis=1)
06  Sing_df=meanRow_df.sort_values(ascending=False).index
07  n_row,n_col=df.shape
08  x_value=np.arange(n_col)
09  cmap=cm.get_cmap('YlOrRd_r',n_row)
10  color=[colors.rgb2hex(cmap(i)[:3]) for i in range(cmap.N)]
11  bottom_y=np.zeros(n_col)
12  fig=plt.figure(figsize=(5,5))
13  for i in range(n_row):
14      label=Sing_df[i]
15      plt.bar(x_value,df.loc[label,:],bottom=bottom_y,width=0.5,color=color[i],label=label,edgecolor='k', linewidth=0.25)
16      bottom_y=bottom_y+df.loc[label,:].values
17  plt.xticks(x_value,df.columns,size=10)   #设置 X 轴刻度
18  plt.legend(loc=(1,0.3),ncol=1,frameon=False)
```

4.1.4 百分比堆积柱形图

百分比堆积柱形图和三维百分比堆积柱形图表达相同的图表信息。这些类型的柱形图比较各个类别的每一个数值所占总数值的百分比大小。百分比堆积柱形图以二维垂直百分比堆积矩形显示数值。在图 4-1-2(d) 中，要注意以下三点：

（1）柱形图的 X 轴变量一般为类别型，Y 轴变量为数值型。所以要先求出重点想展示类别的占比（如 Ideal 数据系列，一般推荐为占比最大的数据系列），然后对数据进行降序处理。

（2）如果图例的变量属于序数型，如 Fair、Good、Very Good、Premium 和 Ideal（一般、好、非常好、超级好、完美）即为有序型，则需要按顺序显示图例。

（3）如果图例的变量属于无序型，则最好根据其平均占比排序，使占比最大的类别放置在最下面，最靠近 X 轴，这样很容易观察每个类别间的变量占比变化。

技能 绘制百分比堆积柱形图

将 plotnine 包中的柱形图系列图表绘制函数 geom_bar() 的参数 position 设置为 "fill"，就可以绘制百分比堆积柱形图。图 4-1-2(d) 百分比堆积柱形图的具体实现代码如下所示。

```
01  df=pd.read_csv('StackedColumn_Data.csv')
02  SumCol_df=df.iloc[:,1:].apply(lambda x: x.sum(), axis=0)
03  df.iloc[:,1:]=df.iloc[:,1:].apply(lambda x: x/SumCol_df, axis=1)
04  meanRow_df=df.iloc[:,1:].apply(lambda x: x.mean(), axis=1)
05  Per_df=df.iloc[meanRow_df.idxmax(),1:].sort_values(ascending=False)
06  Sing_df=df['Clarity'][meanRow_df.sort_values(ascending=True).index]
07  mydata=pd.melt(df,id_vars='Clarity')
08  mydata['Clarity']=mydata['Clarity'].astype(CategoricalDtype (categories=Sing_df,ordered=True))
09  mydata['variable']=mydata['variable'].astype(CategoricalDtype (categories= Per_df.index,ordered=True))
10  base_plot=(ggplot(mydata,aes(x='variable',y='value',fill='Clarity'))
11  +geom_bar(stat="identity", color="black", position='fill',width=0.7,size=0.25)
12  +scale_fill_brewer(palette="GnBu"))
13  print(base_plot)
```

在 matplotlib 包中可以使用 plt.bar()函数绘制百分比堆积柱形图。在绘制百分比堆积柱形图时，matplotlib 的语法依旧显得比 plotnine 冗余很多，需要先计算多数据系列的数据，转换成每个类别的百分比数据，然后依次使用 plt.bar()函数绘制每个数据系列，而且需要设置 bottom 参数（前几个数据系列的累加数值）。最后还需要设置 Y 轴的标签格式为百分比形式，语法极其麻烦，具体代码如下所示。

```
01  df=pd.read_csv('StackedColumn_Data.csv')
02  df=df.set_index("Clarity")
03  SumCol_df=df.apply(lambda x: x.sum(), axis=0)
04  df=df.apply(lambda x: x/SumCol_df, axis=1)
05  meanRow_df=df.apply(lambda x: x.mean(), axis=1)
06  Per_df=df.loc[meanRow_df.idxmax(),:].sort_values(ascending=False)
07  Sing_df=meanRow_df.sort_values(ascending=False).index
08  df=df.loc[:,Per_df.index]
09  n_row,n_col=df.shape
10  x_value=np.arange(n_col)
11  cmap=cm.get_cmap('YlOrRd_r',n_row)
12  color=[colors.rgb2hex(cmap(i)[:3]) for i in range(cmap.N) ]
13  bottom_y=np.zeros(n_col)
14  fig=plt.figure(figsize=(5,5))
15  for i in range(n_row):
16      label=Sing_df[i]
17      plt.bar(x_value,df.loc[label,:],bottom=bottom_y,width=0.5,color=color[i],label=label,edgecolor='k', linewidth=0.25)
18      bottom_y=bottom_y+df.loc[label,:].values
19  plt.xticks(x_value,df.columns,size=10)   #设置 X 轴刻度
20  plt.gca().set_yticklabels(['{:.0f}%'.format(x*100) for x in plt.gca().get_yticks()])
21  plt.legend(loc=(1,0.3),ncol=1,frameon=False)
```

4.2 条形图系列

条形图与柱形图类似，几乎可以表达相同多的数据信息。在条形图中，类别型或序数型变量映射到纵轴的位置，数值型变量映射到矩形的宽度。条形图的柱形变为横向，从而导致与柱形图相比，条形图更加强调项目之间的大小对比。尤其在项目名称较长以及数量较多时，采用条形图可视化数据会更加美观、清晰，如图 4-2-1 所示。

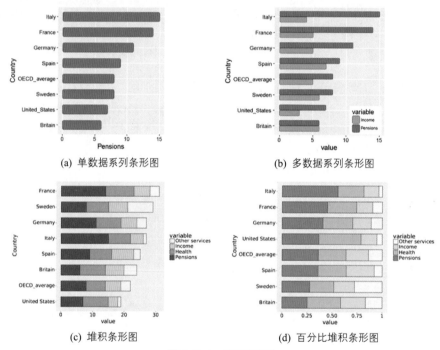

图 4-2-1　条形图系列

技能　绘制堆积条形图

在用 plotnine 包绘制的条形图中，Y 轴变量和图例变量默认按照字母顺序绘制，可以参照 4.1 节绘制柱形图系列的代码实现。只需要添加 plotnine 的 coord_flip() 语句，就可以将 X-Y 轴旋转，从而将柱形图转换成条形图，语法简单而易操作。其中，图 4-2-1(c) 堆积条形图的代码如下所示。

```
01  df=pd.read_csv('Stackedbar_Data.csv')
02  Sum_df=df.iloc[:,1:].apply(lambda x: x.sum(), axis=0).sort_values(ascending=True)
03  meanRow_df=df.iloc[:,1:].apply(lambda x: x.mean(), axis=1)
04  Sing_df=df['Country'][meanRow_df.sort_values(ascending=True).index]
05  mydata=pd.melt(df,id_vars='Country')
06  mydata['variable']=mydata['variable'].astype(CategoricalDtype (categories= Sum_df.index,ordered=True))
```

```
07  mydata['Country']=mydata['Country'].astype(CategoricalDtype (categories= Sing_df,ordered=True))
08  base_plot=(ggplot(mydata,aes('Country','value',fill='variable'))+
09      geom_bar(stat="identity", color="black", position='stack',width=0.65,size=0.25)+
10      scale_fill_brewer(palette="YlOrRd")+
11      coord_flip()+
12      theme(axis_title=element_text(size=18,face="plain",color="black"),
13          axis_text=element_text(size=16,face="plain",color="black"),
14          legend_title=element_text(size=18,face="plain",color="black"),
15          legend_text=element_text(size=16,face="plain",color="black"),
16          legend_background   =element_blank(),
17          legend_position = 'right',
18      aspect_ratio =1.15,
19        figure_size = (6.5, 6.5),
20        dpi = 50))
21  print(base_plot)
```

用 matplotlib 包绘制的条形图中，使用 plt.barh()函数替代柱形图绘制函数 plt.bar()，其他语法与柱形图的绘制基本一致，只是 X 轴变成数值型坐标，而 Y 轴变成类别型坐标。

4.3 不等宽柱形图

有时，我们需要在柱形图中同时表达两个维度的数据，除了每个柱形的高度表达了某个对象的数值大小（Y 轴纵坐标），还希望柱形的宽度也能表达该对象的另外一个数值大小（X 轴横坐标），以便直观地比较这两个维度。这时可以使用不等宽柱形图（variable width column chart）来展示数据，如图 4-3-1 所示。不等宽柱形图是常规柱形图的一种变化形式，它用柱形的高度反映一个数值的大小，同时用柱形的宽度反映另一个数值的大小，多用在市场调查研究、维度分析等方面。

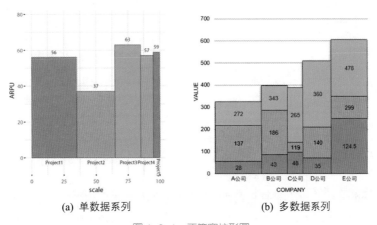

(a) 单数据系列   (b) 多数据系列

图 4-3-1 不等宽柱形图

> **技能** 绘制不等宽柱形图

plotnine 包提供了绘制矩形的函数：geom_rect()。geom_rect()函数可以根据右下角坐标(xmin, ymin)和左上角坐标(xmax, ymax)绘制矩形，矩形的宽度（width）为 xmax ~ xmin 对应 X 轴变量的数值大小，矩形的高度（height）为 ymax ~ ymin 对应 Y 轴变量的数值大小。图 4-3-1(a)单数据系列不等宽柱形图的具体实现代码如下所示。

```
01  import pandas as pd
02  import numpy as np
03  from plotnine import *
04  mydata=pd.DataFrame(dict(Name=['A','B','C','D','E'], Scale=[35,30,20,10,5], ARPU=[56,37,63,57,59]))
05
06  #构造矩形 X 轴的起点（最小点）
07  mydata['xmin']=0
08  for i in range(1,5):
09      mydata['xmin'][i]=np.sum(mydata['Scale'][0:i])
10
11  #构造矩形 X 轴的终点（最大点）
12  mydata['xmax']=0
13  for i in range(0,5):
14      mydata['xmax'][i]=np.sum(mydata['Scale'][0:i+1])
15
16  mydata['label']=0
17  for i in range(0,5):
18      mydata['label'][i]=np.sum(mydata['Scale'][0:i+1])-mydata['Scale'][i]/2
19
20  base_plot=(ggplot(mydata)+
21     geom_rect(aes(xmin='xmin',xmax='xmax',ymin=0,ymax='ARPU',fill='Name'),colour="black",size=0.25)+
22     geom_text(aes(x='label',y='ARPU+3',label='ARPU'),size=14,color="black")+
23     geom_text(aes(x='label',y=-4,label='Name'),size=14,color="black")+
24     scale_fill_hue(s = 0.90, l = 0.65, h=0.0417,color_space='husl'))
25  print(base_plot)
```

4.4 克利夫兰点图

图 4-4-1 所示的 3 种不同类型的图表，在本质上都可以看成是克利夫兰点图，所以此处就归纳为同一类别。

棒棒糖图（lollipop chart）：棒棒糖图传达了与柱形图或条形图相同的信息，只是将矩形转变成线条，这样可以减少展示空间，重点放在数据点上，从而看起来更加简洁与美观。相对于柱形图与条形图，棒棒糖图更加适合数据量比较多的情况。图 4-4-1(a)为横向棒棒糖图，对应条形图；而如果是纵向棒棒糖图，则对应于柱形图。

克利夫兰点图（Cleveland's dot plot）：也就是我们常用的滑珠散点图，非常类似于棒棒糖图，只是没有连接的线条，重点强调数据的排序展示以及互相之间的差距，如图 4-4-1(b)所示。克利夫兰点图一般都是横向展示，所以 Y 轴变量一般为类别型变量。

哑铃图（dumbbell plot）：可以看作多数据系列的克利夫兰点图，只是使用直线连接了两个数据系列的数据点。哑铃图主要用于：① 展示在同一时间段两个数据点的相对位置（增加或者减少）；② 比较两个类别之间的数据值差别。如图 4-4-1(c)所示，展示了男性（male）和女性（female）两个类别的数值差别，以女性（female）数据系列的数值排序显示。

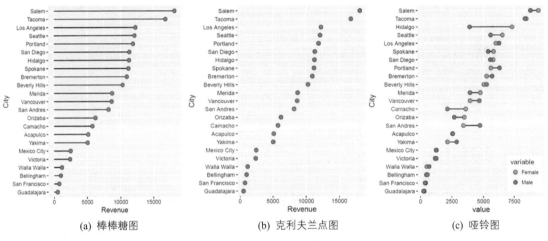

(a) 棒棒糖图　　(b) 克利夫兰点图　　(c) 哑铃图

图 4-4-1 克利夫兰点图系列

> **技能**　绘制棒棒糖图

plotnine 包提供了散点绘制函数 geom_point()及连接线函数 geom_segment()。其中，geom_segment()函数根据起点坐标(x, y)和终点坐标(xend, yend)绘制两者之间的连接线。棒棒糖图的连接线为平行于 X 轴水平绘制，其长度（length）对应于 X 轴变量的数值。图 4-4-1(a)棒棒糖图的具体实现代码如下所示。图 4-4-1(b)克利夫兰点图就是在棒棒糖图的基础上只保留散点。

```
01    df=pd.read_csv('DotPlots_Data.csv')
02    df['sum']=df.iloc[:,1:3].apply(np.sum,axis=1)
03    df=df.sort_values(by='sum', ascending=True)
04    df['City']=df['City'].astype(CategoricalDtype (categories= df['City'],ordered=True))
05
06    base_plot=(ggplot(df, aes('sum', 'City')) +
```

```
07      geom_segment(aes(x=0, xend='sum',y='City',yend='City'))+
08      geom_point(shape='o',size=3,colour="black",fill="#FC4E07"))
09   print(base_plot)
```

> **技能**　绘制哑铃图

plotnine 包提供了散点绘制函数 geom_point() 及连接线函数 geom_segment()。其中，geom_segment()的起点和终点分别对应数据系列 1 数据点 P(x,y) 和数据系列 2 数据点 Q(x,y)。图 4-4-1(c) 所示哑铃图的实现代码如下所示。

```
01   df=pd.read_csv('DotPlots_Data.csv')
02   df=df.sort_values(by='Female', ascending=True)
03   df['City']=df['City'].astype(CategoricalDtype (categories= df['City'],ordered=True))
04   mydata=pd.melt(df,id_vars='City')
05
06   base_plot=(ggplot(mydata, aes('value','City',fill='variable')) +
07      geom_line(aes(group = 'City')) +
08       geom_point(shape='o',size=3,colour="black")+
09      scale_fill_manual(values=("#00AFBB", "#FC4E07","#36BED9")))
10   print(base_plot)
```

4.5　坡度图

坡度图（slope chart）可以看作一种多数据系列的折线图，可以很好地用于比较在两个不同时间或者两个不同实验条件下，某些类别变量的数据变化关系。

图 4-5-1(a)展示了 1952 年和 1957 年两年的数据变化，直接使用直线连接这两个年份不同国家或地区的数据点，同时用绿色和红色标注增长和减少的数据，这样可以很清晰地对比不同国家或地区的数值变化情况。

图 4-5-1(b)展示了 2007 年到 2013 年总共 7 年的变化数据，使用曲线将每个国家或地区 7 年的数据连接，但是重点展示第一年（2007）和最后一年（2013）的数据点，同时用绿色和红色标注增长和减少的数据，这样可以很清晰地对比不同国家或地区的数值变化情况。

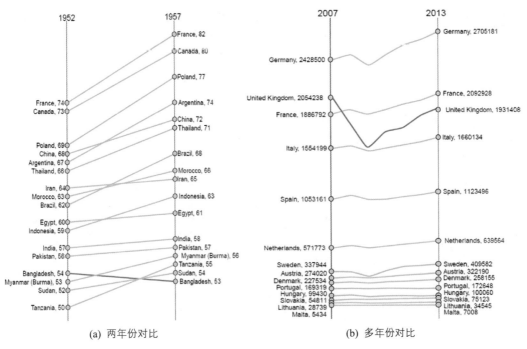

(a) 两年份对比　　　　　　　　　　　(b) 多年份对比

图 4-5-1　坡度图

技能　绘制坡度图

plotnine 包提供了 geom_segment()函数，可以绘制两点之间的直线，geom_point()函数可以绘制两根直线上的数据点。图 4-5-1(a)所示图表的具体实现代码如下所示。

```
01  import pandas as pd
02  from plotnine import *
03  df=pd.read_csv('Slopecharts_Data1.csv')
04  left_label=df.apply(lambda x: x['Contry']+','+ str(x['1970']),axis=1)
05  right_label=df.apply(lambda x: x['Contry']+','+ str(x['1979']),axis=1)
06  df['class']=df.apply(lambda x: "red" if x['1979']-x['1970']<0 else "green",axis=1)
07
08  base_plot=(ggplot(df) +
09     geom_segment(aes(x=1, xend=2, y='1970', yend='1979', color='class'), size=.75, show_legend=False) + #连接线
10     geom_vline(xintercept=1, linetype="solid", size=.1) + # 1952 年的垂直直线
11     geom_vline(xintercept=2, linetype="solid", size=.1) + # 1957 年的垂直直线
12     geom_point(aes(x=1, y='1970'), size=3,shape='o',fill="grey",color="black") + # 1952 年的数据点
13     geom_point(aes(x=2, y='1979'), size=3,shape='o',fill="grey",color="black") + # 1957 年的数据点
14     scale_color_manual(labels = ("Up", "Down"), values = ("#A6D854","#FC4E07")) +
15     xlim(.5, 2.5) )
16  # 添加文本信息
```

```
17    base_plot=( base_plot + geom_text(label=left_label, y=df['1970'], x=0.95,    size=10,ha='right')
18        + geom_text(label=right_label, y=df['1979'], x=2.05, size=10,ha='left')
19        + geom_text(label="1970", x=1, y=1.02*(np.max(np.max(df[['1970','1979']]))),    size=12)
20        + geom_text(label="1979", x=2, y=1.02*(np.max(np.max(df[['1970','1979']]))),    size=12)
21    +theme_void())
22    print(base_plot)
```

图 4-5-1(b)与图 4-5-1(a)所示图表的代码的主要区别有两个：① 先把读入的数据框 df，使用 melt() 函数根据 "continent" 列融合，再计算左标签（left_label）、右标签（right_label）和类别（class）；② 两点之间的多个数据点使用 geom_line() 函数实现折线连接。图 4-5-1(b)所示图表的具体实现代码如下所示。

```
01    df=pd.read_csv('Slopecharts_Data2.csv')
02    df['group']=df.apply(lambda x: "green" if x['2007']>x['2013'] else "red",axis=1)
03    df2=pd.melt(df, id_vars=["continent",'group'])
04    df2.value=df2.value.astype(int)
05    df2.variable=df2.variable.astype(int)
06    left_label =df2.apply(lambda x:    x['continent']+','+ str(x['value']) if x['variable']==2007 else "",axis=1)
07    right_label=df2.apply(lambda x:    x['continent']+','+ str(x['value']) if x['variable']==2013 else "",axis=1)
08    left_point=df2.apply(lambda x: x['value'] if x['variable']==2007 else np.nan,axis=1)
09    right_point=df2.apply(lambda x: x['value'] if x['variable']==2013 else np.nan,axis=1)
10
11    base_plot=( ggplot(df2) +
12        geom_line(aes(x='variable', y='value',group='continent', color='group'),size=.75) +
13        geom_vline(xintercept=2007, linetype="solid", size=.1) +
14        geom_vline(xintercept=2013, linetype="solid", size=.1) +
15        geom_point(aes(x='variable', y=left_point), size=3,shape='o',fill='grey',color="black") +
16        geom_point(aes(x='variable', y=right_point), size=3,shape='o',fill='grey',color="black") +
17        scale_color_manual(labels = ("Up", "Down"), values = ("#FC4E07",    "#A6D854")) +
18        xlim(2001, 2018) )
19
20    base_plot=( base_plot + geom_text(label=left_label, y=df2['value'], x=2007,    size=9,ha='right')
21        + geom_text(label=right_label, y=df2['value'], x=2013, size=9,ha='left')
22        + geom_text(label="2007", x=2007, y=1.05*(np.max(df2.value)),    size=12)
23        + geom_text(label="2013", x=2013, y=1.05*(np.max(df2.value)),    size=12)
24    +theme_void())
25    print(base_plot)
```

4.6 南丁格尔玫瑰图

南丁格尔玫瑰图（Nightingale rose chart，coxcomb chart，polar area diagram）即极坐标柱形图，是一种圆形的柱形图。由弗罗伦斯·南丁格尔所发明。普通柱形图的坐标系是直角坐标系，而极坐标柱形图的坐标系是极坐标系。南丁格尔玫瑰图是在极坐标下绘制的柱形图，使用圆弧的半径长短表示数据的大小（数量的多少）。每个数据类别或间隔在径向图上划分为相等分段，每个分段从中心延伸多远（与其所代表的数值成正比）取决于极坐标轴值。因此，从极坐标中心延伸出来的每一环可以当作标尺使用，用来表示分段大小并代表较高的数值，如图 4-6-1 所示。

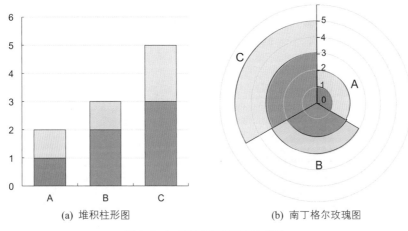

(a) 堆积柱形图　　　　　　　(b) 南丁格尔玫瑰图

图 4-6-1　南丁格尔玫瑰图的映射

（1）由于半径和面积的关系是平方的关系，南丁格尔玫瑰图会将数据的比例大小放大，所以适合对比大小相近的数值。

（2）由于圆形有周期的特性，所以南丁格尔玫瑰图特别适用于 X 轴变量是环状周期型序数的情况，比如月份、星期、日期等，这些都是具有周期性的序数型数据。

（3）南丁格尔玫瑰图是将数据以圆形排列展示的，而柱形图是将数据横向排列展示的。所以在数据量比较多时，使用南丁格尔玫瑰图更能节省绘图空间。

南丁格尔玫瑰图的主要缺点在于面积较大的外围部分会更加引人注目，这与数值的增量成反比。

技能　绘制南丁格尔玫瑰图系列

单数据系列：plotnine 暂不支持极坐标系的绘制，所以只能使用 matplotlib。当 ax = fig.add_axes(polar=True) 时，就可以把图表从二维直角坐标系转换成极坐标系。但是由于 matplotlib 默认的极坐标系的 X 轴起始位置、Y 轴标签位置等不符合常规视觉习惯，所以需要使用 ax.set_theta_offset(radian)、ax.set_theta_direction(-1)、ax.set_rlabel_position(angle)，其中 radian、angle 分别表示弧度制（0~2π）和角度制（0°~360°）下的数值。然后使用 plt.bar() 函数实现柱形的绘制，最后还需要使用 plt.xticks() 函数调整坐标轴的标签。图 4-6-2(b) 的 X 轴坐标为时间序列型，所以是根据 X 轴时间顺序展示数据的，其具体实现代码如下所示。

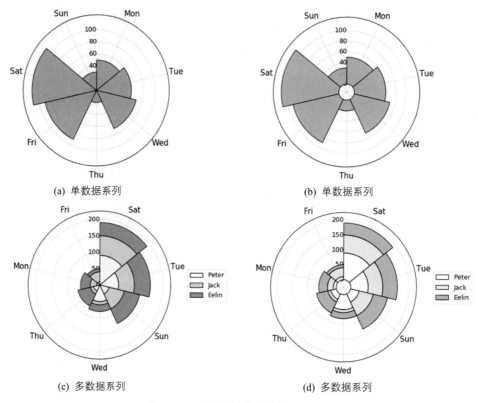

图 4-6-2 南丁格尔玫瑰图系列

```
01  import numpy as np
02  from matplotlib import cm,colors
03  from matplotlib import pyplot as plt
04  from matplotlib.pyplot import figure, show, rc
05  import pandas as pd
06  plt.rcParams["patch.force_edgecolor"] = True
07  plt.rc('axes',axisbelow=True)
08  mydata=pd.DataFrame(dict(day=["Mon","Tue","Wed","Thu","Fri","Sat","Sun"],Price=[50, 60, 70, 20,90,110,30]))
09  n_row= mydata.shape[0]
10  angle = np.arange(0,2*np.pi,2*np.pi/n_row)
11  radius = np.array(mydata.Price)
12  fig = figure(figsize=(4,4),dpi =90)
13  ax = fig.add_axes([0.1, 0.1, 0.8, 0.8], polar=True) #极坐标条形图，polar 为 True
14  ax.set_theta_offset(np.pi/2-np.pi/n_row)   #方法用于设置角度偏离，参数值为弧度数值
15  #当 set_theta_direction 的参数值为 1、'counterclockwise'或'anticlockwise'时，正方向为逆时针
16  #当 set_theta_direction 的参数值为-1 或'clockwise'时，正方向为顺时针
17  ax.set_theta_direction(-1)
```

```
18  ax.set_rlabel_position(360-180/n_row) #方法用于设置极径标签显示位置，参数为标签所要显示在的角度数值
19  plt.bar(angle,radius, color='#70A6FF',edgecolor="k",width=0.90,alpha=0.9)
20  plt.xticks(angle,labels=mydata.day)  #X 轴坐标轴标签
21  plt.ylim(-15,125)
22  plt.yticks(np.arange(0,120,20),verticalalignment='center',horizontalalignment='right')
23  plt.grid(which='major',axis ="x", linestyle='-', linewidth='0.5', color='gray',alpha=0.5)
24  plt.grid(which='major',axis ="y", linestyle='-', linewidth='0.5', color='gray',alpha=0.5)
25  plt.show()
```

多数据系列：图 4-6-2(c)多数据系列南丁格尔玫瑰图的 X 轴坐标（实际上是时间序列型变量）可以看作类别型变量，所以需要根据 Y 轴数值排序后展示数据，这个原理与堆积柱形图类似。根据处理后的数据绘制极坐标系下的堆积柱形图后，具体代码如下所示。

```
01  mydata=pd.DataFrame(dict(day=["Mon","Tue","Wed","Thu","Fri","Sat","Sun"],
02                           Peter=[10, 60, 50, 20,10,90,30], Jack=[20,50, 10, 10,30,60,50], Eelin=[30, 50, 20, 40,10,40,50]))
03  mydata['sum']=mydata.iloc[:,1:4].apply(np.sum,axis=1)
04  mydata=mydata.sort_values(by='sum', ascending=False)
05  n_row = mydata.shape[0]
06  n_col = mydata.shape[1]
07  angle = np.arange(0,2*np.pi,2*np.pi/n_row)
08  #绘制的数据
09  radius1 = np.array(mydata.Peter)
10  radius2 = np.array(mydata.Jack)
11  radius3 = np.array(mydata.Eelin)
12  cmap=cm.get_cmap('Reds',n_col)   #获取颜色主题 Reds 的 Hex 颜色编码
13  color=[colors.rgb2hex(cmap(i)[:3]) for i in range(cmap.N) ]
14  fig = figure(figsize=(4,4),dpi =90) #极坐标条形图，polar 为 True
15  ax = fig.add_axes([0.1, 0.1, 0.8, 0.8], polar=True)
16  ax.set_theta_offset(np.pi/2-np.pi/n_row)   #方法用于设置角度偏离，参数值为弧度值数值
17  ax.set_theta_direction(-1)
18  ax.set_rlabel_position(360-180/n_row)    #方法用于设置极径标签显示位置，参数为标签所要显示的角度
19  p1 = plt.bar(angle,radius1, color=color[0],edgecolor="k",width=0.90,alpha=0.9,label="Peter")
20  p2 = plt.bar(angle,radius2, color=color[1],edgecolor="k",width=0.90, bottom=radius1,alpha=0.9, label="Jack")
21  p3 = plt.bar(angle,radius3, color=color[2],edgecolor="k",width=0.90, bottom=radius1+radius2,alpha=0.9, label="Eelin")
22  plt.legend(loc="center",bbox_to_anchor=(1.25, 0, 0, 1))
23  plt.ylim(0,225)
24  plt.xticks(angle,labels=mydata.day)
25  plt.yticks(np.arange(0,201,50),verticalalignment='center',horizontalalignment='right')
26  plt.grid(which='major',axis ="x", linestyle='-', linewidth='0.5', color='gray',alpha=0.5)
27  plt.grid(which='major',axis ="y", linestyle='-', linewidth='0.5', color='gray',alpha=0.5)
```

4.7 径向柱图

径向柱图也称为圆形柱图或星图。这种图表使用同心圆网格来绘制条形图,如图 4-7-1 所示。每个圆圈表示一个数值刻度,而径向分隔线(从中心延伸出来的线)则用于区分不同类别或间隔(如果是直方图)。刻度上较低的数值通常由中心点开始,然后数值会随着每个圆形往外增加,但也可以把任何外圆设为零值,这样里面的内圆就可用来显示负值。条形通常从中心点开始向外延伸,但也可以以别处为起点,显示数值范围(如跨度图)。此外,条形也可以如堆叠式条形图般堆叠起来(见图 4-7-2)。

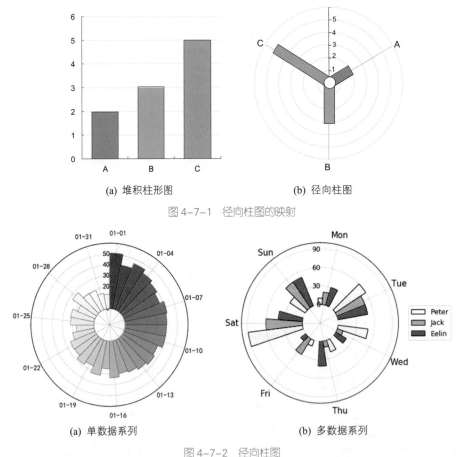

(a) 堆积柱形图　　　　　　(b) 径向柱图

图 4-7-1　径向柱图的映射

(a) 单数据系列　　　　　　(b) 多数据系列

图 4-7-2　径向柱图

> **技能**　绘制径向柱图

径向柱图的绘制其实与用 matplotlib 绘制极坐标柱形图的方法基本类似,也是将直角坐标系转换成极坐标系,只是使 Y 轴坐标不从 0 开始,关键的语句在于设定 Y 轴的坐标范围 ylim(ymin, ymax),ymin 和 ymax 分别表示 Y 轴的最小值和最大值。图 4-7-2(b)多数据系列的径向柱图就是将直角坐标系下的多数据系列柱形图,转换成极坐标系,然后将 Y 轴设定从负值开始,具体实现代码如下所示。

```
01  import numpy as np
02  from matplotlib import cm,colors
03  from matplotlib import pyplot as plt
04  from matplotlib.pyplot import figure, show, rc
05  import pandas as pd
06  plt.rcParams["patch.force_edgecolor"] = True
07  mydata=pd.DataFrame(dict(day=["Mon","Tue","Wed","Thu","Fri","Sat","Sun"],
08                Peter=[10, 60, 50, 20,10,90,30], Jack=[20,50, 10, 10,30,60,50], Eelin=[30, 50, 20, 40,10,40,50]))
09  n_row = mydata.shape[0]
10  n_col = mydata.shape[1]
11  angle = np.arange(0,2*np.pi,2*np.pi/n_row)
12  cmap=cm.get_cmap('Reds',n_col)
13  color=[colors.rgb2hex(cmap(i)[:3]) for i in range(cmap.N) ]
14  radius1 = np.array(mydata.Peter)
15  radius2 = np.array(mydata.Jack)
16  radius3 = np.array(mydata.Eelin)
17  fig = figure(figsize=(4,4),dpi =90)
18  ax = fig.add_axes([0.1, 0.1, 0.8, 0.8], polar=True) #方法用于设置角度偏离,参数值为弧度值数值
19  ax.set_theta_offset(np.pi/2)
20  ax.set_theta_direction(-1) #方法用于设置极径标签显示位置,参数为标签所要显示的角度
21
22  ax.set_rlabel_position(360)
23  barwidth1=0.2
24  barwidth2=0.2
25  plt.bar(angle,radius1,width=barwidth2, align="center",color=color[0],edgecolor="k",alpha=1,label="Peter")
26  plt.bar(angle+barwidth1,radius2,width=barwidth2,align="center", color=color[1],edgecolor="k",alpha=1,label ="Jack")
27  plt.bar(angle+barwidth1*2,radius3,width=barwidth2,align="center", color=color[2],edgecolor="k",alpha=1,label="Eelin")
28  plt.legend(loc="center",bbox_to_anchor=(1.2, 0, 0, 1))
29  plt.ylim(-30,100)
30  plt.xticks(angle+2*np.pi/n_row/4,labels=mydata.day)
31  plt.yticks(np.arange(0,101,30),verticalalignment='center',horizontalalignment='right')
32  plt.grid(which='major',axis ="x", linestyle='-', linewidth='0.5', color='gray',alpha=0.5)
33  plt.grid(which='major',axis ="y", linestyle='-', linewidth='0.5', color='gray',alpha=0.5)
```

极坐标跨度图:极坐标跨度图是一种常用的时间序列的波动范围图表,可以用于表示价格、温度等随时间的变化产生的波动,如图 4-7-3 所示。

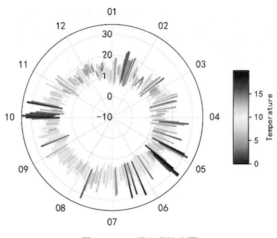

图 4-7-3 极坐标跨度图

技能 绘制极坐标跨度图

极坐标跨度图其实是一种特殊的堆积柱形图，只是将最底下的柱形填充设置为无——"none"，可以使用 plt.bar() 函数实现。其中柱形长度数值使用颜色渐变条的颜色映射，更加便于观察数据规律。图 4-7-3 极坐标跨度图的具体实现代码如下所示。

```
01  import numpy as np
02  from matplotlib import cm
03  from matplotlib import pyplot as plt
04  from matplotlib.pyplot import figure, show, rc
05  import pandas as pd
06  import matplotlib as mpl
07  df=pd.read_csv('PloarRange_Data.csv')
08  fig = figure(figsize=(5,5),dpi =90)
09  ax = fig.add_axes([0.1, 0.1, 0.6, 0.6], polar=True)
10  ax.set_theta_offset(np.pi / 2)
11  ax.set_theta_direction(-1)
12  ax.set_rlabel_position(0)
13  plt.xticks(np.arange(0,359,30)/180*np.pi,["%.2d" % i for i in np.arange(1,13,1)], color="black", size=12)
14  plt.ylim(-10,35)
15  plt.yticks(np.arange(-10,40,10),color="black", size=12,verticalalignment='center',horizontalalignment='right')
16  plt.grid(which='major',axis ="x", linestyle='-', linewidth='0.5', color='gray',alpha=0.5)
17  plt.grid(which='major',axis ="y", linestyle='-', linewidth='0.5', color='gray',alpha=0.5)
18
19  N = df.shape[0]
20  x_angles = [n / float(N) * 2 * np.pi for n in range(N)]
21  upperlimits =(df['max.temperaturec']-df['min.temperaturec']).values
```

```
22    lowerlimits = df['min.temperaturec'].values
23    colors = cm.Spectral_r(upperlimits / float(max(upperlimits)))
24    ax.bar(x_angles,lowerlimits, color='none',edgecolor='none',width=0.01,alpha=1)
25    ax.bar(x_angles,upperlimits, color=colors,edgecolor='none',width=0.02, bottom=lowerlimits,alpha=1)
26    ax2 = fig.add_axes([0.8, 0.25, 0.05, 0.3])
27    cmap = mpl.cm.Spectral_r
28    norm = mpl.colors.Normalize(vmin=0, vmax=20)
29    bounds = np.arange(0,20,0.1)
30    norm = mpl.colors.BoundaryNorm(bounds, cmap.N)
31    cb2 = mpl.colorbar.ColorbarBase(ax2, cmap=cmap,norm=norm,boundaries=bounds,
32    ticks=np.arange(0,20,5),spacing='proportional',label='Temperature')
33    plt.show()
```

4.8 雷达图

雷达图（radar chart），又称为蜘蛛图、极地图或星图，如图 4-8-1 所示。雷达图是用来比较多个定量变量的方法，可用于查看哪些变量具有相似数值，或者每个变量中有没有异常值。此外，雷达图也可用于查看数据集中哪些变量得分较高/低，是显示性能表现的理想之选。

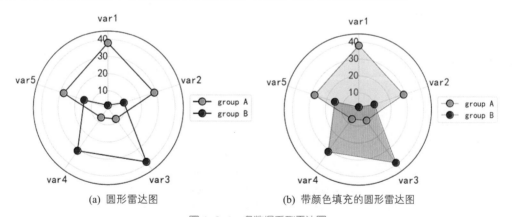

(a) 圆形雷达图　　　　　(b) 带颜色填充的圆形雷达图

图 4-8-1　多数据系列雷达图

每个变量都具有自己的轴（从中心开始）。所有的轴都以径向排列，彼此之间的距离相等，所有轴都有相同的刻度。轴与轴之间的网格线通常只是作为指引用途。每个变量数值会画在其所属轴线之上，数据集内的所有变量将连在一起形成一个多边形。

然而，雷达图有一些重大缺点：① 在一个雷达图中使用多个多边形，会令图表难以阅读，而且相当混乱。特别是如果用颜色填满多边形，那么表面的多边形会覆盖下面的其他多边形。② 过多变量也会导致出现太多的轴线，使图表难以阅读和变得复杂，故雷达图只能保持简单，因而限制了可用变量的数量。③ 它未能很有效地比较每个变量的数值，即使借助蜘蛛网般的网格指引，也没有直线轴上比较数值容易。

技能 绘制雷达图系列

在使用 matplotlib 绘制雷达图时，其实就是在极坐标系下绘制闭合的折线和面积图。由于要实现数据的闭合，所以会对 X 轴数据 angles 和 Y 轴数据 values 分别进行数据闭合处理：angles += angles[:1]、values += values[:1]，然后使用 ax.fill()和 ax.plot()函数绘制带填充颜色的折线图。图 4-8-1 所示的带填充颜色的圆形雷达图的具体实现代码如下所示。

```
01  import numpy as np
02  import matplotlib.pyplot as plt
03  import pandas as pd
04  from math import pi
05  from matplotlib.pyplot import figure, show, rc
06  plt.rcParams["patch.force_edgecolor"] = True
07  df = pd.DataFrame(dict(categories=['var1', 'var2', 'var3', 'var4', 'var5'], group_A=[38.0, 29, 8, 7, 28], group_B=[1.5, 10, 39, 31, 15]))
08  N = df.shape[0]
09  angles = [n / float(N) * 2 * pi for n in range(N)]
10  angles += angles[:1]
11  
12  fig = figure(figsize=(4,4),dpi =90)
13  ax = fig.add_axes([0.1, 0.1, 0.6, 0.6], polar=True)
14  ax.set_theta_offset(pi / 2)
15  ax.set_theta_direction(-1)
16  ax.set_rlabel_position(0)
17  plt.xticks(angles[:-1], df['categories'], color="black", size=12)
18  plt.ylim(0,45)
19  plt.yticks(np.arange(10,50,10),color="black", size=12,verticalalignment='center',horizontalalignment='right')
20  plt.grid(which='major',axis ="x", linestyle='-', linewidth='0.5', color='gray',alpha=0.5)
21  plt.grid(which='major',axis ="y", linestyle='-', linewidth='0.5', color='gray',alpha=0.5)
22  
23  values=df['group_A'].values.flatten().tolist()
24  values += values[:1]
25  ax.fill(angles, values, '#7FBC41', alpha=0.3)
26  ax.plot(angles, values, marker='o', markerfacecolor='#7FBC41', markersize=8, color='k', linewidth=0.25,label="group A")
27  
28  values=df['group_B'].values.flatten().tolist()
29  values += values[:1]
30  ax.fill(angles, values, '#C51B7D', alpha=0.3)
```

```
31    ax.plot(angles, values, marker='o', markerfacecolor='#C51B7D', markersize=8, color='k', linewidth=0.25,label="group B")
32    plt.legend(loc="center",bbox_to_anchor=(1.25, 0, 0, 1))
```

4.9 词云图

词云图（word cloud chart）是通过使每个字的大小与其出现频率成正比，显示不同单词在给定文本中的出现频率，然后将所有的字词排在一起，形成云状图案，也可以任何格式排列：水平线、垂直列或其他形状，如图 4-9-1 所示，也可用于显示获分配元数据的单词。在词云图上使用颜色通常都是毫无意义的，主要是为了美观，但我们可以用颜色对单词进行分类或显示另一个数据变量。词云图通常用于网站或博客上，用于描述关键字或标签，也可用来比较两个不同的文本。

词云图虽然简单易懂，但有着一些重大缺点：① 较长的字词会更引人注意；② 字母含有很多升部/降部的单词可能会更受人关注；③ 分析精度不足，较多时候是为了美观。

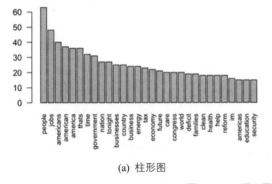 

(a) 柱形图   (b) 词云图

图 4-9-1　词云图的映射

技能　绘制词云图

词云图可以通过 wordcloud 包的 WordCloud() 函数实现，不仅可以实现方形的词云图，还能借助 PIL 包的 Image() 函数导入二值化的图像，从而实现不同形状的词云图。在做中文文本分析时，可以借助 jieba 包做分词处理，然后使用 WordCloud() 函数做文本的统计分析。其中，图 4-9-2(a) 白色背景的方形词云图的具体实现代码如下所示。

```
01    import chardet
02    import jieba
03    import numpy as np
04    from PIL import Image
05    import os
06    from os import path
```

```
07  from wordcloud import WordCloud,STOPWORDS,ImageColorGenerator
08  from matplotlib import pyplot as plt
09  from matplotlib.pyplot import figure, show, rc
10  d = path.dirname(__file__) if "__file__" in locals() else os.getcwd()    #获取当前文件路径
11  text = open(path.join(d,'WordCloud.txt')).read()#  获取文本（text）
12  # 生成词云
13  wc=WordCloud(font_path=None,   #  字体路径，英文不用设置路径，中文需要，否则无法正确显示图形
14      width=400, #  默认宽度
15      height=400, #  默认高度
16      margin=2, #  边缘
17      ranks_only=None,
18      prefer_horizontal=0.9,
19      mask=None,     #背景图形，如果想根据图片绘制，则需要设置
20      scale=2,
21      color_func=None,
22      max_words=100,    #最多显示的词汇量
23      min_font_size=4,    #最小字号
24      stopwords=None,    #停止词设置，修正词云图时需要设置
25      random_state=None,
26      background_color='white', #背景颜色设置，可以为具体颜色，比如 white 或者十六进制数值
27      max_font_size=None,    #最大字号
28      font_step=1,
29      mode='RGB',
30      relative_scaling='auto',
31      regexp=None,
32      collocations=True,
33      colormap='Reds', # matplotlib 颜色主题，可更改名称，进而更改整体风格
34      normalize_plurals=True,
35      contour_width=0,
36      contour_color='black',
37      repeat=False)
38  wc.generate_from_text(text)
39  fig = figure(figsize=(4,4),dpi =300)
40  plt.imshow(wc,interpolation='bilinear')
41  plt.axis('off')
42  plt.tight_layout()
43  plt.show()
```

(a) 白色背景的方形词云图

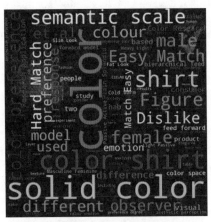
(b) 黑色背景的方形词云图

(c) 白色背景的圆形词云图

(d) 黑色背景的圆形词云图

图 4-9-2　不同效果的词云图

第 5 章

数据关系型图表

5.1 散点图系列

5.1.1 趋势显示的二维散点图

散点图（scatter graph，point graph，X-Y plot，scatter chart 或者 scattergram）是比较常见的图表类型之一，通常用于显示和比较数值。散点图使用一系列的散点在直角坐标系中展示变量的数值分布。在二维散点图中，可以通过观察两个变量的数据分析，发现两者的关系与相关性，如图 5-1-1 所示。散点图可以提供 3 类关键信息：① 变量之间是否存在数量关联趋势；② 如果存在关联趋势，那么是线性还是非线性的；③ 观察是否存在离群值，从而分析这些离群值对建模分析的影响。

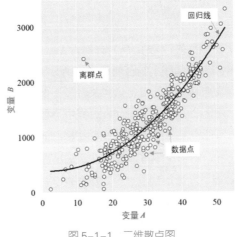

图 5-1-1　二维散点图

通过观察散点图上数据点的分布情况，我们可以推断出变量间的相关性。如果变量之间不存在相互关系，那么在散点图上就会表现为随机分布的离散的点，如果存在某种相关性，那么大部分的数据点就会相对密集并以某种趋势呈现。数据的相关关系主要分为：正相关（两个变量值同时增长）、负相关（一个变量值增加、另一个变量值下降）、不相关、线性相关、指数相关等，表现在散点图上的大致分布如图 5-1-2 所示。那些离点集群较远的点我们称为离群点或者异常点（outliers）。

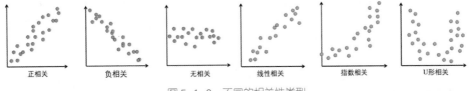

图 5-1-2　不同的相关性类型

作为自变量的因素与作为因变量的预测对象是否有关，相关程度如何，以及判断这种相关程度的把握性多大，就成为进行回归分析必须要解决的问题。进行相关分析，一般要求出相关关系，以相关系数的大小来判断自变量和因变量的相关程度：强相关、弱相关和无相关等（见图5-1-3）。

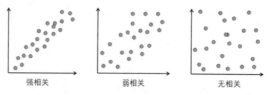

图 5-1-3　不同的相关性强度

$$\rho_{xy} = \frac{\mathrm{Cov}(X,Y)}{\sqrt{D(X)} \cdot \sqrt{D(Y)}} = \frac{\sum_{i=1}^{n}(x_i-\overline{x})(y_i-\overline{y})}{\sqrt{\sum_{i=1}^{n}(x_i-\overline{x})^2 \cdot \sum_{i=1}^{n}(y_i-\overline{y})^2}}$$

上式中，$\mathrm{Cov}(X, Y)$为X，Y的协方差，$D(X)$、$D(Y)$分别为X、Y的方差。散点图经常与回归线（line of best fit，就是最准确地贯穿所有点的线）结合使用，归纳分析现有数据实现曲线拟合，以进行预测分析。对于那些变量之间存在密切关系，但是这些关系又不像数学公式和物理公式那样能够精确表达的，散点图是一种很好的图形工具。但是在分析过程中需要注意，这两个变量之间的相关性并不等同于确定的因果关系，也可能需要考虑其他的影响因素。

回归分析构建检验因变量与一个或多个自变量的关系的数学模型。这些模型可以用于预测自变量的未观察值和/或未来值的响应。在简单情况下，从属变量y和独立变量x都是标量变量，给定对于$i = 1,2,\cdots,n$的观察值(x_i, y_i)，f是回归函数，e_i具有共同方差，σ^2的零均值独立随机误差。回归分析的目的是构建f的模型，并基于噪声数据进行估计。

1. 参数回归模型

参数回归模型假定f的形式是已知的。曲线拟合（curve fitting）是指选择适当的曲线类型来拟合观测数据，并用拟合的曲线方程分析两变量间的关系。绘图软件一般使用最小二乘法（least square method）实现拟合曲线的计算求取。回归分析（regression analysis）是对具有因果关系的影响因素（自变量）和预测对象（因变量）所进行的数理统计分析处理。只有当变量与因变量确实存在某种关系时，建立的回归方程才有意义。按照自变量的多少，可分为一元回归分析和多元回归分析；按照自变量和因变量之间的关系类型，可分为线性回归分析和非线性回归分析。比较常用的是多项式回归、线性回归和指数回归模型。

（1）指数回归模型：$y=ae^{bx}$，如图5-1-4(a)所示。

（2）线性回归模型：$y=ax+b$，如图5-1-4(b)所示。

（3）对数回归模型：$y=\ln x+b$，如图5-1-4(c)所示。

（4）幂回归模型：$y=ax^b$，如图 5-1-4(d)所示。

（5）多项式回归模型：$y=a_1x+a_2x^2+\cdots+a_nx^n+b$，其中 n 表示多项式的最高次项。回归曲线函数为：$y = 0.0447x^2 + 2.091x + 6.7531$，$R^2 = 0.8831$，如图 5-1-4(e)所示。

2. 非参数回归模型

非参数回归模型不采用预定义形式。相反，它对 f 的定性性质做出假设。例如，可以假设 f 是"平滑的"，其不会减少到具有有限数量的参数的特定形式。因此，非参数方法通常更灵活，可以揭示数据中可能被遗漏的结构。数据平滑（data smooth）通过建立近似函数尝试抓住数据中的主要模式，去除噪声数据、结构细节或瞬时现象，来平滑一个数据集。在平滑过程中，信号数据点被修改，由噪声数据产生的单独数据点被降低，低于毗邻数据点的点被提升，从而得到一个更平滑的信号。平滑有两种重要形式用于数据分析：① 若平滑的假设是合理的，则可以从数据中获得更多信息；② 提供灵活而且稳健的分析。

数据平滑的方法主要有：LOESS 局部加权回归（Locally Weighted Scatterplot Smoothing，LOWESS 或 LOESS）、广义可加模型（Generalised Additive Model，GAM）、Savitzky-Golay 平滑、样条（spline）数据平滑。

① LOESS 数据平滑，主要思想是取一定比例的局部数据，在这部分子集中拟合多项式回归曲线，这样就可以观察到数据在局部展现出来的规律和趋势。曲线的光滑程度与选取的数据比例有关：比例越小，拟合越不平滑，反之越平滑，如图 5-1-4(f)所示。

② GAM 数据平滑，其拟合通过一个迭代过程（向后拟合算法）对每个预测变量进行样条平滑，其算法要在拟合误差和自由度之间进行权衡，最终达到最优，如图 5-1-4(g)所示。

③ 样条数据平滑，回归样条法是最重要的非线性回归方法之一，为了克服多项式回归的缺点，它把数据集划分成多个连续的区间，并用单独的模型来拟合，如图 5-1-4(h)所示。

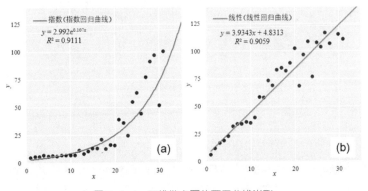

图 5-1-4　二维散点图的不同曲线类型

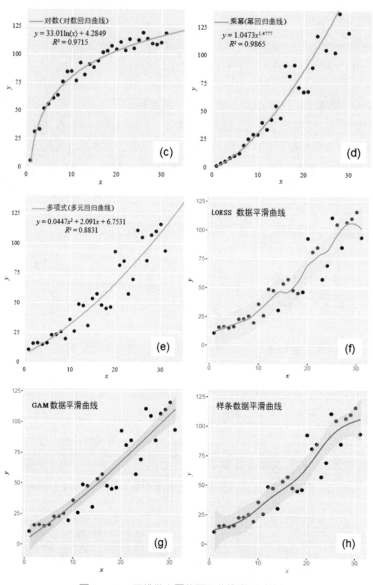

图 5-1-4 二维散点图的不同曲线类型（续）

技能 带趋势曲线的二维散点图的绘制方法

plotnine 包中的 geom_smooth() 函数可以实现线性回归曲线、LOESS 数据平滑曲线等的绘制，基本能满足平时的实验数据处理要求，其核心参数数据平滑方法 method 的参数选择包括 'lm'

（Levenberg-Marquardt 算法）、'ols'（最小二乘法，ordinary least squares）、'wls'（加权最小二乘法，weighted least squares）、'rlm'（稳健回归模型，robust linear model）、'glm'（广义线性模型，generalized linear model）、'gls'、'lowess'、'loess'、'mavg'、'gpr'，其中 LOESS 数据平滑曲线和线性回归曲线的核心代码如下所示。

```
01  import pandas as pd
02  import numpy as np
03  from plotnine import *
04  import skmisc #提供 loess smoothing，其安装方法：pip install scikit-misc （见链接 27）
05  df=pd.read_csv('Scatter_Data.csv')
06  #图 5-1-4(f)LOESS 数据平滑曲线
07  plot_loess=(ggplot( df, aes('x','y')) +
08      geom_point(fill="black",colour="black",size=3,shape='o') +
09      geom_smooth(method = 'loess',span=0.4,se=True,colour="#00A5FF",fill="#00A5FF",alpha=0.2)+
10      scale_y_continuous(breaks = np.arange(0, 150, 25)))
11  print(plot_loess)
12
13  #图 5-1-4(b)线性回归曲线
14  plot_lm=(ggplot( df, aes('x','y')) +
15      geom_point(fill="black",colour="black",size=3,shape='o') +
16      geom_smooth(method="lm",se=True,colour="red"))
17  print(plot_lm)
```

在 matplotlib 包中，可以借助 skmisc 包的 loess()函数和 np 包的 polyfit()函数实现 LOESS 数据平滑曲线和线性或多元回归曲线的绘制，具体代码如下所示。

```
01  import matplotlib.pyplot as plt
02  import pandas as pd
03  import numpy as np
04  from plotnine import *
05  from skmisc.loess import loess #提供 LOESS 数据平滑
06  df=pd.read_csv('Scatter_Data.csv')
07  #图 5-1-4(f)LOESS 数据平滑曲线
08  l = loess(df['x'], df['y'])
09  l.fit()
10  pred = l.predict(df['x'], stderror=True)
11  conf = pred.confidence()
12  y_fit = pred.values
13  ll = conf.lower
14  ul = conf.upper
15  fig=plt.figure(figsize=(5,5))
16  plt.scatter(df['x'], df['y'],s=30,c='black')
17  plt.plot(df['x'], y_fit, color='r',linewidth=2,label='polyfit values')
```

```
18   plt.fill_between(df['x'],ll,ul, facecolor='r', edgecolor='none',interpolate=True,alpha=.33)
19   plt.show()
20   #图 5-1-4(b)线性回归曲线
21   fun = np.polyfit(df['x'], df['y'], 1)
22   poly= np.poly1d(fun)    #print(poly): 打印出拟合函数
23   y_fit =poly(df['x'])
24   fig=plt.figure(figsize=(5,5))
25   plt.scatter(df['x'], df['y'],s=30,c='black')
26   plt.plot(df['x'], y_fit, color='r',linewidth=2,label='polyfit values')
27   plt.show()
```

回归方程拟合的数值和实际数值的差值就是残差。残差分析（residual analysis）就是通过残差所提供的信息，分析出数据的可靠性、周期性或其他干扰，是用于分析模型的假定正确与否的方法。所谓残差，是指观测值与预测值（拟合值）之间的差，即实际观测值与回归估计值的差。

在回归分析中，测定值与按回归方程预测的值之差，用 δ 表示。残差 δ 遵从正态分布 $N(0, \sigma^2)$。(δ–残差的均值）/残差的标准差，称为标准化残差，用 δ^* 表示。δ^* 遵从标准正态分布 $N(0, 1)$。实验点的标准化残差落在(-2, 2)区间以外的概率≤0.05。若某一实验点的标准化残差落在(-2, 2)区间以外，则可在 95%置信度将其判为异常实验点，不参与回归线拟合。

图 5-1-5 为使用 Python 绘制的残差图，分别对应图 5-1-4(b)线性回归曲线和图 5-1-4(e)多元回归曲线。采用黑色到红色渐变颜色和气泡面积大小两个视觉暗示对应残差的绝对值大小，用于实际数据点的表示；而拟合数据点则用小空心圆圈表示，并放置在灰色的拟合曲线上；用直线连接实际数据点和拟合数据点。残差的绝对值越大，颜色越红、气泡也越大，连接直线越长，这样可以很清晰地观察数据的拟合效果。

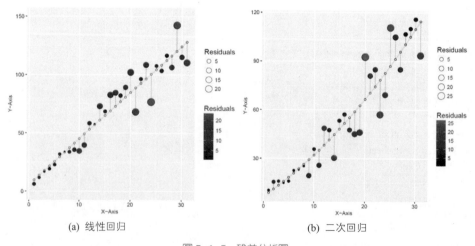

(a) 线性回归　　　　　　　(b) 二次回归

图 5-1-5　残差分析图

技能 残差分析图的绘制方法

先根据拟合曲线计算预测值和残差，再使用实际值与预测值绘制散点图，最后使用残差作为实际值的误差线长度，添加误差线。这样就可以实现实际值与预测值的连接，同时将实际值的气泡面积大小与颜色映射到该点的残差数值。Statsmodels 包的 sm.OLS()函数可以实现线性或多项式回归拟合方程的求解，根据方程，可以求取预测值。图 5-1-5(a)线性回归的残差分析图的核心代码如下所示。

```
01  import statsmodels.api as sm
02  df=pd.read_csv('Residual_Analysis_Data.csv')
03  results = sm.OLS(df.y2, df.x).fit()
04  df['predicted']=results.predict()     # 保存预测值
05  df['residuals']=df.predicted-df.y2    #保存残差（有正有负）
06  df['Abs_Residuals']=np.abs(df.residuals)   #保存残差的绝对值
07  #mydata 包含 x、y2、predicted、residuals、Abs_Residuals 共 5 列数值
08  base_Residuals=(ggplot(df, aes(x = 'x', y = 'y2')) +
09    geom_point(aes(fill ='Abs_Residuals', size = 'Abs_Residuals'),shape='o',colour="black") +
10    # 使用实际值绘制气泡图，并将气泡的颜色和面积映射到残差的绝对值 Abs_Residuals
11    geom_line(aes(y = 'predicted'), color = "lightgrey") +#添加空心圆圈的预测值
12    geom_point(aes(y = 'predicted'), shape = 'o') + #添加空心圆圈的预测值
13    geom_segment(aes(xend = 'x', yend = 'predicted'), alpha = .2) +#添加实际值和预测值的连接线
14    scale_fill_gradientn(colors = ["black", "red"]) + # 填充颜色映射到 red 单色渐变系
15    guides(fill = guide_legend(title="Rresidual"),
16           size = guide_legend(title="Rresidual")))
17  print(base_Residuals)
```

图片类型散点图：就是使用图片置换数据点，有时候可以更加形象化地表达数据内容。一般来说，数据信息为(x, y, image)或者(x, y, z, image)，其中 image 为数据点对应的图片，x 和 y 分别定义直角坐标系中的数据点位置，z 也可以定义数据点所展示的图片面积大小，类似于气泡图，如图 5-1-6 所示。

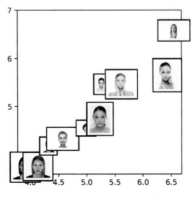

图 5-1-6　图片类型散点图

技能 绘制图片类型散点图

其实，图片类型散点图就是使用图片替代数据点的标志，可以使用 PIL 包的 Image() 函数读入图片，然后转换成 matplotlib 包的 OffsetImage 格式的图片，最终使用 ax.add_artist() 指令可以将图片添加到相应的位置(x,y)。图 5-1-6 所示图表的具体代码如下所示。

```
01  import numpy as np
02  import matplotlib.pyplot as plt
03  from matplotlib.offsetbox import OffsetImage, AnnotationBbox
04  from PIL import Image
05  def getImage(path,zoom=0.07):
06      img = Image.open(path)
07      img.thumbnail((512, 512), Image.ANTIALIAS)   # thumbnail()将图片按比例缩小，规定修改后的最大值图片
            尺寸为 512 像素×512 像素
08      return OffsetImage(img,zoom=zoom)
09  paths =np.arange(1,11,1)
10  N=10
11  x = np.sort(np.random.randn(N))+5
12  y = np.sort(np.random.randn(N))+5
13  fig, ax = plt.subplots(figsize=(4,4),dpi =600)
14  ax.scatter(x, y)
15  plt.xlabel("X Axis",fontsize=12)
16  plt.ylabel("Y Axis",fontsize=12)
17  plt.yticks(ticks=np.arange(5,8,1))
18  for x0, y0, path in zip(x, y,paths):
19      image=getImage('图片散点图/'+str(path)+'.jpg')
20      ab = AnnotationBbox(image, (x0, y0), frameon=True)
21      ax.add_artist(ab)
22  #fig.savefig("图片散点图.pdf")
```

梅丽尔·斯特里普是史上获得奥斯卡奖项提名次数最多的演员，从 1929 年到 2017 年，达到了难以置信的 17 次，更是 3 次捧得小金人，仅次于凯特琳·赫本，和杰克·尼克儿森、英格丽·褒曼等并驾齐驱。在她多年的电影生涯中演过的角色不计其数，而且跨度很大。vulture 网站把这些角色按照从冷酷（cold）到温情（warm）、从严肃（serious）和随性（frivolous）分类，绘制成了图片类型散点图，如图 5-1-7 所示。29 个角色尽收眼底，看起来温情的比较多，严肃的也稍稍多过随性的。

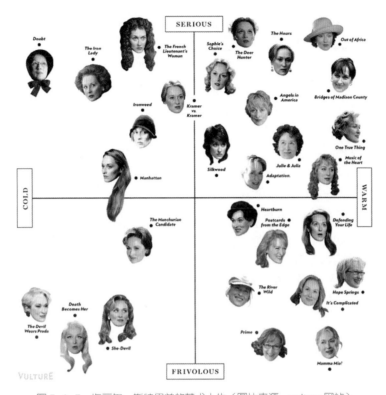

图 5-1-7 梅丽尔·斯特里普的艺术人生（图片来源：vulture 网站）

5.1.2 分布显示的二维散点图

1. 单数据系列

（1）Q-Q 图和 P-P 图

关于统计分布的检验方法有很多种，例如 KS 检验、卡方检验等，从图形的角度来说，我们也可以使用 Q-Q 图或 P-P 图来检查数据是否服从某种分布。P-P 图（或 Q-Q 图）可检验的分布包括：贝塔（beta）分布、t（Student）分布、卡方（chi-square）分布、伽马（gamma）分布、正态（normal）分布、均匀（uniform）分布、帕累托（pareto）分布、Logistic 分布等。

- Q-Q 图（Quantile-Quantile plot）是一种通过画出分位数来比较两个概率分布的图形方法。首先选定区间长度，点(x, y)对应于第一个分布（X 轴）的分位数和第二个分布（Y 轴）相同的分位数。因此画出的是一条含参数的曲线，参数为区间个数。对应于正态分布的 Q-Q 图，就是以标准正态分布的分位数为横坐标，样本值为纵坐标的散点图。要利用 Q-Q 图鉴别样本数据是否近似于正态分布，只需看 Q-Q 图上的点是否近似地在一条直线附近，而且该直线的斜率为标准差，截距为均值，如图 5-1-8(b2)所示。原始数据服从正态分布如图 5-1-8(a2)所示，且标准差为 1.0，均值为 10.0。

- Q-Q 图的用途不仅在于检查数据是否服从某种特定理论分布，还可以推广到检查数据是否来自某个位置的参数分布族。如果被比较的两个分布比较相似，则其 Q-Q 图近似地位于 $y = x$ 上。如果两个分布线性相关，则 Q-Q 图上的点近似地落在一条直线上，但并不一定是 $y = x$ 这条线。Q-Q 图可以比较概率分布的形状，从图形上显示两个分布的位置，尺度和偏度等性质是否相似或不同。一般来说，当比较两组样本时，Q-Q 图是一种比直方图更加有效的方法，但是理解 Q-Q 图需要更多的背景知识。
- P-P 图（Probability-Probability plot 或 Percent-Percent plot）是根据变量的累积比例与指定分布的累积比例之间的关系所绘制的图形。通过 P-P 图可以检验数据是否符合指定的分布。当数据符合指定分布时，P-P 图中各点近似呈一条直线。如果 P-P 图中各点不呈直线，但有一定规律，则可以对变量数据进行转换，使转换后的数据更接近指定分布。P-P 图和 Q-Q 图的用途完全相同，只是检验方法存在差异[5]。

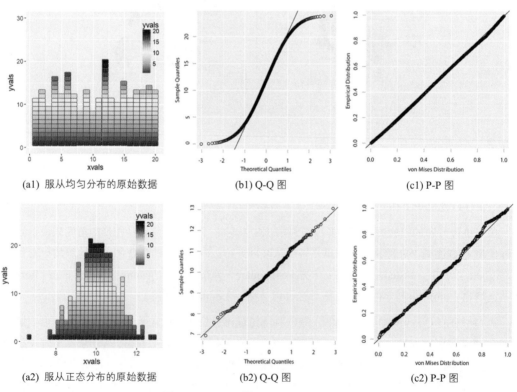

(a1) 服从均匀分布的原始数据　　(b1) Q-Q 图　　(c1) P-P 图

(a2) 服从正态分布的原始数据　　(b2) Q-Q 图　　(c2) P-P 图

图 5-1-8　Q-Q 图和 P-P 图的对比分析

技能 Q-Q 图的绘制方法

plotnine 包中的 geom_qq()函数和 geom_qq_line()函数结合使用可以绘制 Q-Q 图，图 5-1-8 所示 Q-Q 图的核心代码如下所示。

```
01  import pandas as pd
02  from plotnine import *
03  df=pd.DataFrame(dict(x=np.random.normal(loc=10,scale=1,size=250)))
04  base_plot=(ggplot(df, aes(sample = 'x'))+
05      geom_qq(shape='o',fill="none")+
06      geom_qq_line())
07  print(base_plot)
```

（2）分类图

散点图通常用于显示和比较数值，不仅可以显示趋势，还能显示数据集群的形状，以及在数据云团中各数据点的关系。这类散点图很适合用于聚类分析，根据二维特征对数据进行类别区分。常用的聚类分析方法包括 k-means、FCM、KFCM、DBSCAN、MeanShift 等[6]。Python 的 scikit-learn 包中专门对多种聚类算法（clustering）进行实现与对比（见链接 19）。对于高密度的散点图可以利用数据点的透明度观察数据的形状和密度，如图 5-1-9 所示。

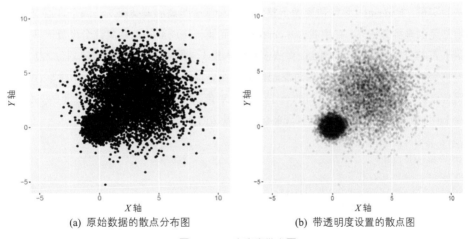

(a) 原始数据的散点分布图　　　(b) 带透明度设置的散点图

图 5-1-9　高密度散点图

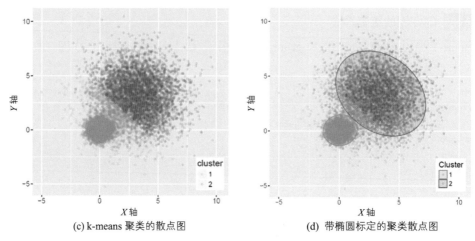

(c) k-means 聚类的散点图　　　(d) 带椭圆标定的聚类散点图

图 5-1-9　高密度散点图（续）

技能　绘制高密度散点图

　　使用 plotnine 包中的 geom_point()函数可以绘制散点图：先根据数据(x, y)映射到散点，如图 5-1-9(a)所示，然后设置数据点的透明度，就可以实现如图 5-1-9(b)所示的效果。

　　算法的实现：k-means（k-均值聚类）算法是一种基于距离的聚类算法，属于非监督学习方法，是一种很常见的聚类算法[8]。它用质心（centroid）到属于该质心的点距离这个度量来实现聚类，通常可以用于 N 维空间的对象。k-means 算法接受输入量 k，然后将 n 个数据对象划分为 k 个聚类以便使所获得的聚类满足：同一聚类中的对象相似度较高，而不同聚类中的对象相似度较小。聚类相似度是利用各聚类中对象的均值所获得的一个"中心对象"（引力中心）来进行计算的。使用 Python 语言的 scikit-learn（简称 sklearn）包实现 k-means 算法的核心代码如下所示。

```
01  import pandas as pd
02  from plotnine import *
03  from sklearn.cluster import KMeans
04  df=pd.read_csv('HighDensity_Scatter_Data.csv')
05  estimator = KMeans(n_clusters=2)#构造聚类器
06  estimator.fit(df)#聚类
07  df['label_pred'] = estimator.labels_  #获取聚类标签
08  centroids = estimator.cluster_centers_  #获取聚类中心
09  inertia = estimator.inertia_  # 获取聚类准则的总和
10  # mydata 为 x 和 y 两列数据组成，k-means 聚类算法
11  #将分类结果转变成类别变量（categorical variables）
12  base_plot=(ggplot(df, aes('x','y',color='factor(label_pred)')) +
13    geom_point (alpha=0.2)+
14    # 绘制透明度为 0.2 的散点图
```

```
15    stat_ellipse(aes(x='x',y='y',fill= 'factor(label_pred)'), geom="polygon", level=0.95, alpha=0.2) +
16    #绘制椭圆标定不同类别，如果省略该语句，则绘制图 5-1-9(c)
17    scale_color_manual(values=("#00AFBB","#FC4E07")) +#使用不同颜色标定不同数据类别
18    scale_fill_manual(values=("#00AFBB","#FC4E07")))   #使用不同颜色标定不同的类别
19    print(base_plot)
```

2．多数据系列

多数据系列的散点图需要使用不同的填充颜色（fill）和数据点形状（shape）这两个视觉特征来表示数据系列。图 5-1-10(a)使用不同的填充颜色区分数据系列，图 5-1-10(b)使用不同填充颜色和不同形状两个视觉特征，同时区分数据系列，即使在黑白印刷时也能保证读者清晰地区分数据系列。matplotlib 中可供选择的形状（shape）如图 3-3-5 所示，总共有 20 多种不同类型，最常用的是圆形○、菱形◇、方形□、三角形△等。

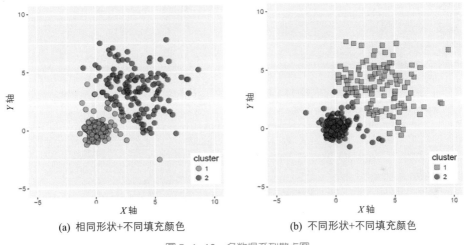

(a) 相同形状+不同填充颜色　　　　(b) 不同形状+不同填充颜色

图 5-1-10　多数据系列散点图

技能　绘制多数据系列散点图

多数据系列散点图就是在单数据系列上添加新的数据系列，使用不同的填充颜色或形状区分数据系列，plotnine 包中的 geom_point()函数可以根据数据类别映射到不同的填充颜色（fill）与形状（shape），以及边框颜色（color）。实现图 5-1-10(b)所示的多数据系列散点图的核心代码如下所示。

```
01   import pandas as pd
02   from plotnine import *
03   df=pd.read_csv('MultiSeries_Scatter_Data.csv')
04   base_plot=(ggplot(df, aes('x','y',shape='factor(label_pred)',fill='factor(label_pred)')) +
05        geom_point(size=4,colour="black",alpha=0.7)+
06        scale_shape_manual(values=('s','o'))+
```

```
07        scale_fill_manual(values=("#00AFBB",  "#FC4E07"))+
08         labs(x = "Axis X",y="Axis Y")+
09        scale_y_continuous(limits =(-5, 10))+
10        scale_x_continuous(limits = (-5, 10)))
11   print(base_plot)
```

plotnine 绘图基于一维表，而 matplotlib 绘图基于二维表，依次使用 plt.scatter()函数绘制每个数据系列的散点。有导入的数据是二维表，所以需要使用 for 循环依次求取每个数据系列，然后逐一设定数据系列的格式，绘制语法较为烦琐。使用 matplotlib 绘制图 5-1-10(b)所示多数据系列散点图的核心代码如下所示。

```
01   import numpy as np
02   import matplotlib.pyplot as plt
03   import pandas as pd
04   df=pd.read_csv('MultiSeries_Scatter_Data.csv')
05   group=np.unique(df.label_pred)
06   markers=['o','s']
07   colors=["#00AFBB",   "#FC4E07"]
08   fig =plt.figure(figsize=(4,4), dpi=100)
09   for i in range(0,len(group)):
10        temp_df=df[df.label_pred==group[i]]
11        plt.scatter(temp_df.x, temp_df.y,
12                    s=40, linewidths=0.5, edgecolors="k",alpha=0.8,
13                    marker=markers[i], c=colors[i],label=group[i])
14   plt.xlim(-5,10)
14   plt.ylim(-5,10)
16   plt.legend(title='group',loc='lower right',edgecolor='none',facecolor='none')
17   plt.show()
```

5.1.3 气泡图

气泡图是一种多变量图表，是散点图的变体，也可以认为是散点图和百分比区域图的组合。气泡图最基本的用法是使用三个值来确定每个数据序列。和散点图一样，气泡图将两个维度的数据值分别映射为笛卡儿坐标系上的坐标点，其中 X 轴和 Y 轴分别代表两个不同维度的数据，但是不同于散点图的是，每一个气泡的面积代表第三个维度的数据。气泡图通过气泡的位置以及面积大小，可分析数据之间的相关性。

需要注意的是，圆圈状气泡的大小是映射到面积（circle area）而不是半径（circle radius）或者直径（circle diameter）绘制的。因为如果基于半径或者直径，那么圆的大小不仅会呈指数级变化，而且还会导致视觉误差。

$$\text{circle area} = \pi \times (\text{circle diameter}/2)^2$$

circle diameter=(sqrt(circle area/π))×2

图 5-1-11(a)只使用面积大小（1 个视觉特征）来表示气泡图，为了避免数据的重叠、遮挡，一般设置气泡的透明度。添加填充颜色渐变的气泡图（2 个视觉特征），如图 5-1-11(b)所示，第三维变量"disp"不仅映射到气泡大小，而且还映射到填充颜色，这样能使读者更加清晰地观察数据变化关系。在图 5-1-11(b)气泡图的基础上添加数据标签（第三维变量"disp"，即气泡的面积大小），如图 5-1-11(c)所示，需要注意不要出现太严重的数据标签的重叠（overlap）。图 5-1-11(d)只是在图 5-1-11(b)的基础上把圆圈状的气泡换成方块状，给人的视觉感受与图 5-1-11(b)截然不同。图 5-1-11(b)和图 5-1-11(d)相比，并不能判断谁更好看，"萝卜白菜，各有所爱"，你喜欢使用哪种类型，就可以绘制哪种类型。

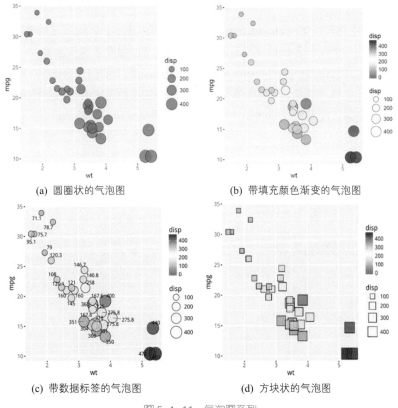

(a) 圆圈状的气泡图　　　　　　　　　(b) 带填充颜色渐变的气泡图

(c) 带数据标签的气泡图　　　　　　　(d) 方块状的气泡图

图 5-1-11　气泡图系列

技能　绘制气泡图

图 5-1-11(a)圆圈状的气泡图可以使用 Excel 绘制，但是 Excel 绘制的气泡图没有图例，这是其最大的一个问题。可以使用 plotnine 实现图 5-1-11(c)所示的气泡图，先使用 geom_point()函数绘制气泡，其填充颜色和面积大小都映射到"disp"，然后使用 geom_text()函数添加数据标签，其具体代码如下所示。

```
01  import pandas as pd
02  import numpy as np
03  from plotnine import *
04  from plotnine.data import mtcars
05  base_plot=(ggplot(mtcars, aes(x='wt',y='mpg'))+
06      geom_point(aes(size='disp',fill='disp'),shape='o',colour="black",alpha=0.8)+
07      scale_fill_gradient2(low="#377EB8",high="#E41A1C",
08                          limits = (0,np.max(mtcars.disp)),
09                          midpoint = np.mean(mtcars.disp))+ #设置填充颜色映射主题（colormap）
10      scale_size_area(max_size=12)+ # 设置显示的气泡的最大面积
11      geom_text(label = mtcars.disp,nudge_x =0.3,nudge_y =0.3)) # 添加数据标签"disp"
12  print(base_plot)
```

在 matplotlib 包中也可以使用 ax.scatter() 函数绘制气泡图。图 5-1-11(b) 所示的气泡图不仅将"disp"列的数值映射到气泡的大小，还映射到气泡的填充颜色，所以需要添加气泡大小和颜色渐变条两个图例。在气泡图上创建气泡大小图例可以使用 PathCollection 的 legend_elements() 方法，自动确定图例中要显示不同大小的气泡数量，并返回可以供 ax.legend() 函数调用的句柄和标签的元组。在气泡图上创建颜色渐变条可以使用 plt.colorbar() 函数实现，其具体代码如下所示。

```
01  import pandas as pd
02  from plotnine.data import mtcars
03  import matplotlib.pyplot as plt
04  x=mtcars['wt']
05  y=mtcars['mpg']
06  size=mtcars['disp']
07  fill=mtcars['disp']
08  fig, ax = plt.subplots(figsize=(5,4))
09  scatter = ax.scatter(x, y, c=fill, s=size, linewidths=0.5, edgecolors="k",cmap='RdYlBu_r')
10  cbar = plt.colorbar(scatter)
11  cbar.set_label('disp')
12  handles, labels = scatter.legend_elements(prop="sizes", alpha=0.6,num=5 )
13  ax.legend(handles, labels, loc="upper right", title="Sizes")
14  plt.show()
```

气泡图的数据大小容量有限，气泡太多会使图表难以阅读。静态的气泡图最好只表达三个维度的数据：X 轴和 Y 轴分别代表两个不同维度的数据；同时使用气泡的面积和颜色，或者只使用气泡面积，代表第三个维度的数据。

对于多数据系列气泡图（第四个维度为数据类别），虽然可以使用不同的颜色区分不同类别，但是推荐使用后面章节讲解的分面图展示数据。使用交互可视化的气泡图，可以通过鼠标点击或者悬浮时显示气泡信息，或者添加选项控件用于重组或者过滤分组类别，但是使用交互可视化方法制作的图表几乎不应用于学术图表中。

对于时间维度的气泡图，可以结合动画来表现数据随着时间的变化情况。Hans Rosling 把气泡图用得神乎其技，他是瑞典卡罗琳学院全球公共卫生专业的教授。有关他利用数据可视化显示 200 多个国家或地区 200 年来的人均寿命和经济发展的 TED 视频非常火，其中图 5-1-12 就是他制作的不同国家或地区的人均收入气泡图。

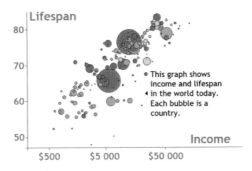

图 5-1-12 不同国家的人均收入气泡图（见链接 20）

5.1.4 三维散点图

我们也可以将气泡图的三维数据绘制到三维坐标系中，这就是通常所说的三维散点图，即在三维 *X-Y-Z* 图上针对一个或多个数据序列绘制出三个度量的一种图表。

图 5-1-13 所示为不同类型的三维散点图。图 5-1-13(a)是普通的三维散点图，*X*、*Y* 和 *Z* 轴分别对应三个不同的变量。图 5-1-13(b)是在图 5-1-13(a)基础上，将 *Z* 轴变量数据"Power（KW）"映射到数据点颜色，这样可以更加清晰地观察 *Z* 轴变量与 *X*、*Y* 轴变量数据的变化关系。需要注意的是：图 5-1-13 的三维图表的投影方法都选择了透视投影（perspective projection）法。

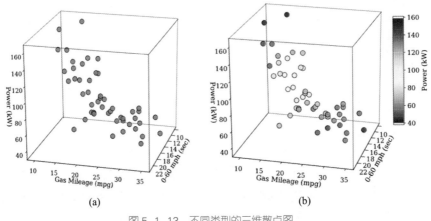

图 5-1-13 不同类型的三维散点图

> **技能** 绘制三维散点图

matplotlib 可以实现三维直角坐标系的绘制，其投影方法默认为透视投影，添加三维直角坐标系的方法为：ax = fig.gca(projection='3d')。使用 ax.view() 函数可以调整图表的视角，即相机的位置，azim 表示沿着 Z 轴旋转，elev 沿着 Y 轴旋转。使用 ax.scatter3D() 函数可以绘制三维散点图，颜色渐变条可以使用 plt.colorbar() 函数实现。图 5-1-13(b) 的具体代码如下所示。由于使用 matplotlib 绘制的三维图表并没有三维立体正方形边框，所以对导出的矢量图可以使用 Adobe Illustrator 软件添加三维边框。

```
01  import pandas as pd
02  from mpl_toolkits import mplot3d
03  import matplotlib.pyplot as plt
04  df=pd.read_csv('ThreeD_Scatter_Data.csv')
05  fig = plt.figure(figsize=(10,8),dpi =90)
06  ax = fig.gca(projection='3d')
07  ax.view_init(azim=15, elev=20)
08  ax.grid(False)
09  ax.xaxis.pane.fill = False
10  ax.yaxis.pane.fill = False
11  ax.zaxis.pane.fill = False
12  ax.xaxis.pane.set_edgecolor('k')
13  ax.yaxis.pane.set_edgecolor('k')
14  ax.zaxis.pane.set_edgecolor('k')
15
16  ax.xaxis._axinfo['tick']['outward_factor'] = 0
17  ax.xaxis._axinfo['tick']['inward_factor'] = 0.4
18  ax.yaxis._axinfo['tick']['outward_factor'] = 0
19  ax.yaxis._axinfo['tick']['inward_factor'] = 0.4
20  ax.zaxis._axinfo['tick']['outward_factor'] = 0
21  ax.zaxis._axinfo['tick']['inward_factor'] = 0.4
22
23  p=ax.scatter3D(df.mph, df.Gas_Mileage, df.Power,c=df.Power,s=df.Power*3, cmap='RdYlBu_r',edgecolor ='k',alpha=0.8)
24  ax.set_xlabel('0-60 mph (sec)')
25  ax.set_ylabel('Gas Mileage (mpg)')
26  ax.set_zlabel('Power (kW)')
27  ax.legend(loc='center right')
28  cbar=fig.colorbar(p, shrink=0.5,aspect=10)
29  cbar.set_label('Power (kW)')
30  plt.show()
```

三维散点图可以展示三维数据，如果再添加一维数据，则可以展示四维数据。第 1 种方法就是将图 5-1-13(b) 的填充颜色渐变映射到第四维数据，而不是原来的第三维数据，如图 5-1-14(a) 所示。第 2 种方法就是将第四维数据映射到数据点的大小上，即三维气泡图，如图 5-1-14(b) 所示。第 3 种方法就是结合图 5-1-14 (a)和图 5-1-14 (b)，绘制带颜色渐变映射的三维气泡图，将第四维数据映射到数据点的大小和颜色上，如图 5-1-14 (c)所示。从本质上讲，图 5-1-14 (b)和图 5-1-14 (c)都属于三维气泡图类型。图 5-1-14 (d)是多数据系列的三维散点图，用不同颜色表示不同的数据系列。

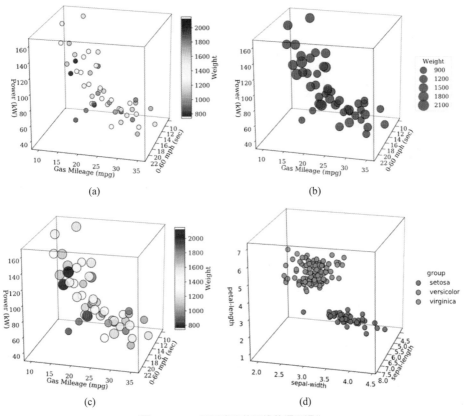

图 5-1-14　不同类型的四维数据可视化

技能　绘制三维气泡图

在 matplotlib 中可以使用 ax.scatter3D()函数绘制三维散点图，气泡图例（气泡大小的数值指示）的创建可以使用 PathCollection 的 legend_elements()方法，自动确定图例中要显示不同大小的气泡数量，并返回可以供 ax.legend()函数调用的句柄和标签的元组（见链接 21）。创建颜色渐变条可以使用 plt.colorbar()函数实现。图 5-1-14(c)的具体实现代码如下所示。

```
01  import pandas as pd
02  from mpl_toolkits import mplot3d
03  import numpy as np
04  import matplotlib.pyplot as plt
```

```
05  import matplotlib as mpl
06  df=pd.read_csv('ThreeD_Scatter_Data.csv')
07
08  fig = plt.figure(figsize=(10,8),dpi =90)
09  ax = fig.gca(projection='3d')
10  ax.view_init(azim=15, elev=20)
11  ax.grid(False)
12  ax.xaxis.pane.fill = False
13  ax.yaxis.pane.fill = False
14  ax.zaxis.pane.fill = False
15  ax.xaxis.pane.set_edgecolor('k')
16  ax.yaxis.pane.set_edgecolor('k')
17  ax.zaxis.pane.set_edgecolor('k')
18
19  ax.xaxis._axinfo['tick']['outward_factor'] = 0
20  ax.xaxis._axinfo['tick']['inward_factor'] = 0.4
21  ax.yaxis._axinfo['tick']['outward_factor'] = 0
22  ax.yaxis._axinfo['tick']['inward_factor'] = 0.4
23  ax.zaxis._axinfo['tick']['outward_factor'] = 0
24  ax.zaxis._axinfo['tick']['inward_factor'] = 0.4
25
26  scatter=ax.scatter3D(df.mph, df.Gas_Mileage, df.Power,c=df.Weight,s=df.Weight*0.25, cmap='RdYlBu_r',
    edgecolor='k',alpha=0.8)
27  ax.set_xlabel('0-60 mph (sec)')
28  ax.set_ylabel('Gas Mileage (mpg)')
29  ax.set_zlabel('Power (kW)')
30
31  ax.legend(loc='center right')
32  cbar=fig.colorbar(scatter, shrink=0.5,aspect=10)
33  cbar.set_label('Weight')
34
35  kw = dict(prop="sizes", num=5, func=lambda s: s/0.25)
36  legend2 = ax.legend(*scatter.legend_elements(**kw), loc="center right", title="Weight")
37  plt.show()
```

5.2 曲面拟合

通常，曲线拟合法只适用于单一变量与目标函数之间的关系分析，而曲面拟合则多用于二维变量与目标函数之间关系的分析。所谓曲面拟合，就是根据实际实验测试数据，求取函数 $f(x,y)$ 与变量 x 及 y 之间的解析式，使其通过或近似通过所有的实验测试点。也就是说，使所有实验数据点能近

似地分布在函数 $f(x,y)$ 所表示的空间曲面上。

曲面拟合通常采用两种方式，即插值方式和逼近方式来实现。两者的共同点是均利用曲面上或接近曲面的一组离散点，寻求良好的曲面方程。两者主要的区别是：插值方式得到的方程，所表示的曲面全部通过这组数据点，比如 LOWESS 曲面拟合；而逼近方式，只要求在某种准则下，其方程表示的曲面与这组数据点接近即可，比如多项式曲面拟合。逼近方式一般使用最小二乘法实现。最小二乘法是一种逼近理论，也是采样数据进行拟合时最常用的一种方法。曲面一般不通过已知数据点，而是根据拟合的曲面在取样处的数值与实际值之差的平均和达到最小时求得，它的主旨思想就是使拟合数值与实际数值之间的偏平方差的和达到最小[9]。

图 5-2-1 所示为相同数据、不同曲面拟合方法求得的结果图，图 5-2-1(a)和 5-2-1(b)分别为一次和二次曲面拟合。其中，三维散点展示了实际数值(x, y, z)，拟合曲面映射到的颜色渐变主题方案为 'RdYlGn'。二次二元多项式拟合的方程为：$z=f(x, y)=a+bx+cy+dx^2+ey^2$，其中 x 和 y 为自变量，z 为因变量，a、b、c、d、e 为拟合参数。

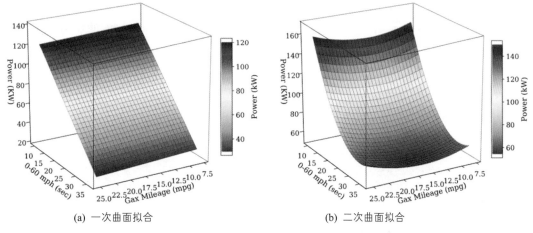

(a) 一次曲面拟合　　　　　　　　　　(b) 二次曲面拟合

图 5-2-1　曲面拟合方法

图 5-2-2 为等高线图，拟合曲面使用二维等高线表示，拟合的 $f(x,y)$ 数值映射到相同的渐变颜色，z 变量数值映射到渐变颜色，这样就可以使用二维图表展示三维的曲面拟合效果。

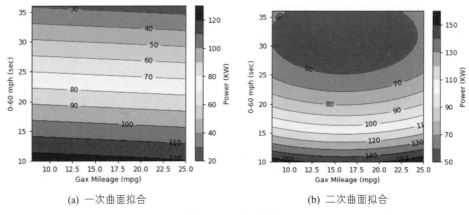

(a) 一次曲面拟合　　　　　　　　　(b) 二次曲面拟合

图 5-2-2　等高线图

技能　绘制曲面拟合图

Python 中的 Statsmodels 包的 ols 函数可以实现多元多次曲面的拟合，如图 5-2-1(b)所示。先使用现有的数据集拟合得到多项式方程 $z=f(x,y)=a+bx+cy+dx^2+ey^2$，然后使用 np.meshgrid()函数生成 x 和 y 的网格数据，再使用拟合的多项式预测 z 数值，最后使用 ax.plot_surface()函数绘制拟合的曲面，其具体实现代码如下所示。

```
01  from statsmodels.formula.api import ols
02  import pandas as pd
03  import numpy as np
04  from mpl_toolkits import mplot3d
05  import matplotlib.pyplot as plt
06  df=pd.read_csv('Surface_Data.csv')
07  formula = 'z~x+np.square(x)+y+np.square(y)'
08  est = ols(formula,data=df).fit()
09  print(est.summary())
10
11  N=30
12  xmar= np.linspace(min(df.x),max(df.x),N)
13  ymar= np.linspace(min(df.y),max(df.y),N)
14  X,Y=np.meshgrid(xmar,ymar)
15  df_grid =pd.DataFrame({'x':X.flatten(),'y':Y.flatten()})
16  Z=est.predict(df_grid)
17
18  fig = plt.figure(figsize=(10,8),dpi =90)
19  ax = fig.gca(projection='3d')
20  ax.view_init(azim=60, elev=20) #改变绘制图像的视角,即相机的位置，azim 沿着 z 轴旋转, elev 沿着 y 轴旋转
21  ax.grid(False)
```

```
22  ax.xaxis._axinfo['tick']['outward_factor'] = 0
23  ax.xaxis._axinfo['tick']['inward_factor'] = 0.4
24  ax.yaxis._axinfo['tick']['outward_factor'] = 0
25  ax.yaxis._axinfo['tick']['inward_factor'] = 0.4
26  ax.zaxis._axinfo['tick']['outward_factor'] = 0
27  ax.zaxis._axinfo['tick']['inward_factor'] = 0.4
28  ax.xaxis.pane.fill = False
29  ax.yaxis.pane.fill = False
30  ax.zaxis.pane.fill = False
31  ax.xaxis.pane.set_edgecolor('k')
32  ax.yaxis.pane.set_edgecolor('k')
33  ax.zaxis.pane.set_edgecolor('k')
34  p=ax.plot_surface(X,Y, Z.values.reshape(N,N), rstride=1, cstride=1, cmap='Spectral_r', alpha=1,edgecolor ='k',
    linewidth=0.25)
35  ax.set_xlabel( "Gax Mileage (mpg)")
36  ax.set_ylabel("0-60 mph (sec)")
37  ax.set_zlabel("Power (KW)")
38  ax.set_zlim(50,170)
39  cbar=fig.colorbar(p, shrink=0.5,aspect=10)
40  cbar.set_label('Power (kW)')
```

5.3 等高线图

等高线图（contour map）是可视化二维空间标量场的基本方法，可以将三维数据使用二维的方法可视化，同时用颜色视觉特征表示第三维数据，如地图上的等高线、天气预报中的等压线和等温线等。假设 $f(x, y)$ 是在点 (x, y) 处的数值，等值线是在二维数据场中满足 $f(x, y)=c$ 的空间点集按一定的顺序连接而成的线。数值为 c 的等值线可以将二维空间标量场分为两部分：如果 $f(x, y)<c$，则该点在等值线内；如果 $f(x, y)>c$，则该点在等值线外。

图 5-3-1(a)为热力分布图，只是将三维数据(x, y, z)中的(x, y)表示位置信息，z 映射到颜色。图 5-3-1(b)是在图 5-3-1(a)的基础上添加等高线，同一轮廓上的数值相同。图 5-3-1(c)是在图 5-3-1(b)的基础上添加等高线的具体数值，从而不需要颜色映射的图例，同一轮廓上的数值相同。在二维屏幕上，等高线可以有效地表达相同数值的区域，揭示走势和陡峭程度及两者之间的关系，寻找坡、峰、谷等形状。

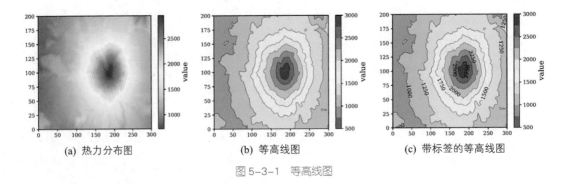

(a) 热力分布图　　　(b) 等高线图　　　(c) 带标签的等高线图

图 5-3-1　等高线图

技能　绘制等高线图

matplotlib 包中的 ax.contour() 函数和 plotnine 包中的 geom_tile() 函数都可以绘制如图 5-3-1(a) 所示的热力分布图。但是如果需要绘制等高线及其标签，就只能组合使用 matplotlib 包中的 ax.contour() 函数和 ax.clabel() 函数来实现。图 5-3-1(c) 的具体实现代码如下所示。

```
01  import matplotlib.pyplot as plt
02  import matplotlib.tri as tri
03  from matplotlib.pyplot import figure, show, rc
04  import numpy as np
05  import pandas as pd
06  df=pd.DataFrame(np.loadtxt('等高线.txt'))
07  df=df.reset_index()
08  map_df=pd.melt(df,id_vars='index',var_name='var',value_name='value')
09  map_df['var']=map_df['var'].astype(int)
10  ngridx = 100
11  ngridy = 200
12  xi = np.linspace(0, 300, ngridx)
13  yi = np.linspace(0, 200, ngridy)
14  triang = tri.Triangulation(map_df['index'], map_df['var'])
15  interpolator = tri.LinearTriInterpolator(triang, map_df['value'])
16  Xi, Yi = np.meshgrid(xi, yi)
17  zi = interpolator(Xi, Yi)
18  fig, ax = plt.subplots(figsize=(5,4),dpi =90)
19
20  CS=ax.contour(xi, yi, zi, levels=10, linewidths=0.5, colors='k')
21  cntr = ax.contourf(xi, yi, zi, levels=10, cmap="Spectral_r")
22  fig.colorbar(cntr,ax=ax,label="value")
23  CS.levels = [int(val) for val in cntr.levels]
24  ax.clabel(CS, CS.levels, fmt='%.0f', inline=True,  fontsize=10)
```

> **标量场的基本概念**
>
> 当研究物理系统中温度、压力、密度等在一定空间内的分布状态时,在数学上只需用一个代数量来描绘,这些代数量(即标量函数)所定出的场就被称为数量场,也被称为标量场。最常用的标量场有温度场、电势场、密度场、浓度场等。
>
> 一个标量场 u 可以用一个标量函数来表示。在直角坐标系中,可将 u 表示为 $u=u(x, y, z)$。令 $u=u(x, y, z)=C$,其中 C 是任意常数,则该式在几何上表示一个曲面,在这个曲面上的各点,虽然坐标(x, y, z)不同,但函数值相等,称此曲面为标量场 u 的等值面。随着 C 的取值不同,得到一系列不同的等值面。同理,对于由二维函数 $v=v(x, y)$ 所给定的平面标量场,可按 $v=v(x,y)=C$ 得到一系列不同值的等值线。
>
> 标量场的等值面或等值线,可以直观地帮助我们了解标量场在空间中的分布情况。例如,根据地形图上的等高线及所标出的高度,我们就能了解到该地区的高低情况,根据等高线分布的疏密程度可以判断该地区各个方向上地势的陡度。
>
> 和标量不同,矢量是除了要指明其大小还要指明其方向的物理量,如速度、力、电场强度等。矢量的严格定义是建立在坐标系的旋转变换基础上的。常见的矢量场包括 Maxwell 场、重矢量场。而在一定的单位制下,用一个实数就足以表示的物理量是标量,如时间、质量、温度等。在这里,实数表示的是这些物理量的大小。

5.4 散点曲线图系列

带曲线的散点图就是使用平滑的曲线将散点依次连接的图表,重点体现数据的趋势,如图 5-4-1(a)所示。曲线图就是不带数据标记而只带平滑曲线的散点图,如图 5-4-1(b)所示。带面积填充的曲线图就是在图 5-4-1(b)的基础上将曲线下面的部分使用颜色进行填充,使图表能更好地展示数据的变化趋势。图 5-4-1(d)是在图 5-4-1(a)的基础上将曲线下面的部分使用颜色进行填充后的效果。

对于这几种图表的应用情况,图 5-4-1(a)和图 5-4-1(b)同时适应于单数据系列和多数据系列;图 5-4-1(c)和图 5-4-1(d)更适用于单数据系列,因为使用面积填充的多数据系列会存在遮挡效果,从而降低数据的可读性。

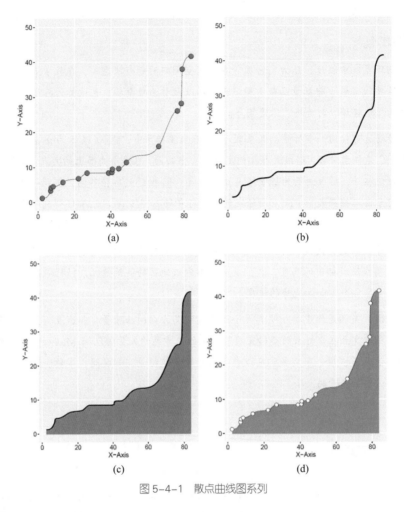

图 5-4-1 散点曲线图系列

技能 绘制散点曲线图

使用 plotnine 包中的 geom_line()函数和 geom_point()函数可以分别绘制折线图和散点图，图 5-4-1(a)和图 5-4-1(b)的核心代码如下所示。

```
01  import numpy as np
02  import pandas as pd
03  from plotnine import *
04  df=pd.read_csv('Line_Data.csv')
05  Line_plot1=(ggplot(df, aes('x', 'y') )+
06     geom_line( size=0.25)+
07     geom_point(shape='o',size=4,color="black",fill="#F78179"))
08  print(Line_plot1)
```

需要注意的是：geom_line()函数是先对数据根据 X 轴变量的数值排序，然后把各点使用直线依次连接，常用于直角坐标系中。geom_path()函数是直接根据给定的数据点顺序，使用直线连接，常用于地理空间坐标系中。

对于图 5-4-1(c)和图 5-4-1(d)带填充的散点曲线图，可以使用数据拟合插值方法得到平滑曲线数据，然后根据平滑数据使用 plotnine 包中的 geom_area()函数绘制面积图，再使用 geom_line()函数和 geom_point()函数添加散点曲线。Scipy 包中提供了 interp1d ()函数，可以使用样条函数实现曲线的光滑与插值（interpolation）。其中，interp1d()的插值方法类别（kind）主要有 3 种：① 'zero'、'nearest' 为阶梯插值，相当于零阶 B 样条曲线；② 'slinear'、'linear'为线性插值，用一条直线连接所有的取样点，相当于一阶 B 样条曲线；③ 'quadratic'、'cubic'为二阶和三阶 B 样条曲线，更高阶的曲线可以直接使用整数值指定。在使用该函数时，用户可以根据自己的数据，尝试或者选择不同的数据平滑差值方法。图 5-4-1(c)和图 5-4-1(d)的核心代码如下所示。

```
01  from scipy import interpolate
02  f = interpolate.interp1d(df['x'], df['y'], kind='linear')
03  x_new=np.linspace(np.min(df['x']),np.max(df['x']),100)
04  y_new=f(x_new)
05  df_interpolate = pd.DataFrame({'x': x_new,'y':y_new})
06  Line_plot2=(ggplot()+
07    geom_area(df_interpolate, aes('x', 'y'),size=1,fill="#F78179",alpha=0.7)+
08    geom_line(df_interpolate, aes('x', 'y'),size=1)+
09    geom_point(df, aes('x', 'y'),shape='o',size=4,color="black",fill="white"))
10  print(Line_plot2)
```

5.5 瀑布图

瀑布图（waterfall plot）用于展示拥有相同的 X 轴变量数据（如相同的时间序列）、不同的 Y 轴离散型变量（如不同的类别变量）和 Z 轴数值变量，可以清晰地展示不同变量之间的数据变化关系。图 5-5-1 所示为三维瀑布图，三维瀑布图可以看作是多数据系列三维面积图。

使用分面图的可视化方法也可以展示瀑布图的数据信息。如图 5-5-2 所示的分面图，所有数据公用 X 轴坐标，每个数据类别拥有自己的 Y 轴坐标，数据类别显示在最右边。相对于三维瀑布图，分面瀑布图可以更好地展示数据信息，避免不同类别之间因数据重叠引起的遮挡问题，但是不能很直接地比较不同类别之间的数据差异。图 5-5-2(b)在图 5-5-2(a)的基础上将每个数据的 Z 变量做颜色映射，这样有利于比较不同类别之间的数据差异。

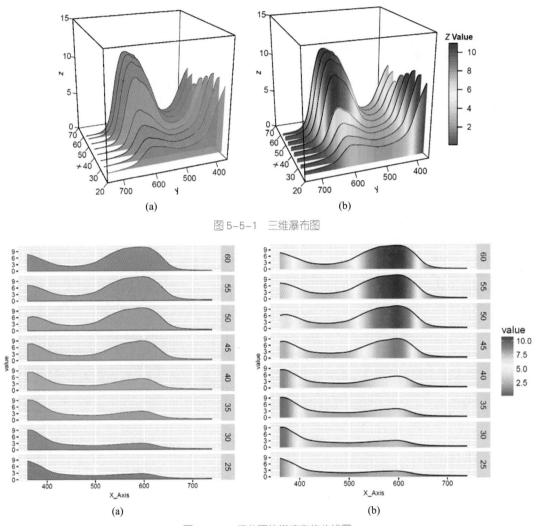

图 5-5-1 三维瀑布图

图 5-5-2 行分面的带填充的曲线图

使用峰峦图也可以很好地展示瀑布图的数据信息,如图 5-5-3 所示。图 5-5-3 可以看成是在图 5-5-2(b)的基础上将 Y 轴坐标移除,并缩小数据类别之间的距离,这样可以有效地缩小图表的占有面积,同时可以很好地展示数据的完整信息,包括不同类别之间的数据差异比较。

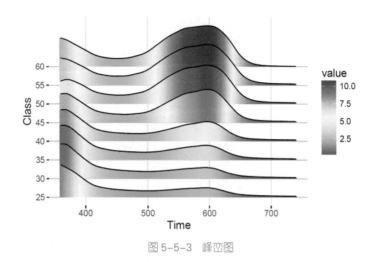

图 5-5-3　峰峦图

技能　绘制三维瀑布图

matplotlib 包中的 PolyCollection()函数可以在三维空间中绘制闭合的多边形，图 5-5-1(a)其实就是由三维直角坐标系中的多个多边形组成的，其具体代码如下所示。

```
01  from mpl_toolkits.mplot3d import Axes3D
02  from matplotlib.collections import PolyCollection
03  import matplotlib.pyplot as plt
04  import numpy as np
05  import seaborn as sns
06  import pandas as pd
07  df=pd.read_csv('Facting_Data.csv')
08
09  fig = plt.figure(figsize=(8,8),dpi =90)
10  ax = fig.gca(projection='3d')
11  ax.view_init(azim=-70, elev=20)##改变绘制图像的视角,即相机的位置,azim 沿着 z 轴旋转，elev 沿着 y 轴旋转
12  ax.grid(False)
13  ax.xaxis._axinfo['tick']['outward_factor'] = 0
14  ax.xaxis._axinfo['tick']['inward_factor'] = 0.4
15  ax.yaxis._axinfo['tick']['outward_factor'] = 0
16  ax.yaxis._axinfo['tick']['inward_factor'] = 0.4
17  ax.zaxis._axinfo['tick']['outward_factor'] = 0
18  ax.zaxis._axinfo['tick']['inward_factor'] = 0.4
19  ax.xaxis.pane.fill = False
20  ax.yaxis.pane.fill = False
21  ax.zaxis.pane.fill = False
22  ax.xaxis.pane.set_edgecolor('k')
23  ax.yaxis.pane.set_edgecolor('k')
```

```
24    ax.zaxis.pane.set_edgecolor('k')
25    xs = df['X_Axis'].values
26    verts = []
27    zs = np.arange(25,65,5)
28    for z in zs:
29        ys =df[str(z)].values
30        ys[0], ys[-1] = 0, 0
31        verts.append(list(zip(xs, ys)))
32    pal_husl = sns.husl_palette(len(zs),h=15/360, l=.65, s=1).as_hex()
33
34    poly = PolyCollection(verts, facecolors=pal_husl,edgecolor='k')
35    poly.set_alpha(0.75)
36    ax.add_collection3d(poly, zs=zs, zdir='y')
37    ax.set_xlabel('X')
38    ax.set_xlim3d(360, 740)
39    ax.set_ylabel('Y')
40    ax.set_ylim3d(25, 60)
41    ax.set_zlabel('Z')
42    ax.set_zlim3d(0, 15)
43    plt.show()
```

技能 行分面的带填充的曲线图

plotnine 包提供的 facet_grid()函数可以绘制如图 5-5-2 所示行分面的带填充的曲线图。facet_grid()函数可以根据数据框的变量分行或者分列，以并排子图的形式绘制图表。图 5-5-2(a)的具体代码如下所示。

```
01    import pandas as pd
02    import numpy as np
03    from plotnine import *
04    df=pd.read_csv('Facting_Data.csv')
05    df_melt=pd.melt(df,id_vars='X_Axis',var_name='var',value_name='value')
06    df_melt['var']=df_melt['var'].astype(CategoricalDtype (categories= np.unique(df_melt['var'])[::-1],ordered=True))
07    base_plot=(ggplot(df_melt,aes('X_Axis','value',fill='var'))+
08        geom_area(color="black",size=0.25)+
09        facet_grid('var~.')+
10        scale_fill_hue(s = 0.90, l = 0.65, h=0.0417,color_space='husl')+
11        theme(legend_position='none',
12              aspect_ratio =0.1,
13              dpi=100,
14              figure_size=(5,0.5)))
15    print(base_plot)
```

时间序列的峰峦图，可以使用 plotnine 包中的 geom_linerange()函数或者 geom_ribbon()函数绘制实现。其中 geom_linerange()函数的参数(x, y, ymax)，表示用直线连接(x, y)和(x, ymax)两点。geom_ribbon()函数的参数(x, y, ymax)，表示用直线连接数据系列的(x, y)和(x, ymax)上所有的点，并使用颜色填充。图 5-5-3 所示的峰峦图使用 geom_linerange()函数实现绘制。其中的关键是使用 SciPy 包中的 interp1d()函数对每条曲线插值得到 N 个数据点。图 5-5-3 的实现代码如下所示。

```python
import pandas as pd
import numpy as np
from plotnine import *
from scipy import interpolate
df=pd.read_csv('Facting_Data.csv')
df_melt=pd.melt(df,id_vars='X_Axis',var_name='var',value_name='value')
mydata=pd.DataFrame( columns=['x','y','var'])
list_var=np.unique(df_melt['var'])
N=300
for i in list_var:
    x=df.loc[:,'X_Axis']
    y=df.loc[:,i]
    f = interpolate.interp1d(x,y)#, kind='slinear')#kind='linear',
    x_new=np.linspace(np.min(x),np.max(x),N)
    y_new=f(x_new)
    mydata = mydata.append(pd.DataFrame({'x': x_new,'y':y_new,'var':np.repeat(i,N)}))

height=8
mydata['var']=mydata['var'].astype(CategoricalDtype (categories= np.unique(df_melt['var']),ordered=True))
mydata['spacing']=mydata['var'].values.codes*height
labels=np.unique(df_melt['var'])
breaks=np.arange(0,len(labels)*height,height)
base_plot=(ggplot())
for i in np.unique(df_melt['var'])[::-1]:
    mydata_temp=mydata[mydata['var']==i]
    base_plot=(base_plot+
               geom_linerange(mydata_temp,aes(x='x',ymin='spacing',ymax='y+ spacing',color='y'),size=1)+
               geom_line(mydata_temp,aes(x='x',y='y+spacing'),color="black",size=0.5))
base_plot=(base_plot+scale_color_cmap(name ='Spectral_r')+
           scale_y_continuous(breaks=breaks,labels=labels)+
           guides(color=guide_colorbar(title='value'))+
           theme(dpi=100,figure_size=(6,5)))
print(base_plot)
```

峰峦图的故事

1979 年，英国乐队快乐小分队（Joy Division）发行了自己的首张唱片 *Unknown Pleasuers*，这张专辑发行两周内就售出 5000 份，但问题是……印了 10000 份。然而，当乐队的单曲 *Transmission* 发布后，这张后朋克唱片很快销售一空。有意思的是，这个专辑在 2017 年又重新流行了，因为那个设计极为特殊的封面（见图 5-5-4）。

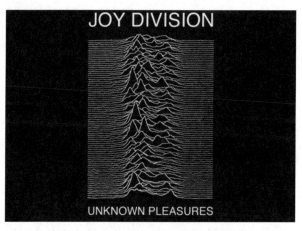

图 5-5-4　*Unknown Pleasuers* 的封面

这里说的封面流行是指在数据可视化领域里，其实它本来就很流行……在流行文化里。很多人用这个类似波谱的图来指征一种波动、起伏的感受，恰恰应和了 *Unknown Pleasuers* 中那种迷茫而强烈的情感，同时封面设计师又开放了版权，所以我们可以看到其在很多场景中的再现。例如 3D 打印版、服装版、电影版等。甚至有人制作了一个网站来用鼠标生成类似风格的图。不过这个图仔细看是很有问题的：坐标轴是什么？线的间隔是固定的吗？有什么意义？这图又是怎么做出来的？

《科学美国人》曾经对这张封面的源头进行过探索，据封面设计师 Peter Saville 的说法，这张图是从 1977 年出版的 *The Cambridge Encyclopaedia of Astronomy* 里面的一幅关于脉冲星 CP1919 所发出的脉冲波叠加图（不是山峰，也不是波浪）上获取灵感进行的创作，但这所谓的"创作"实质上就是把颜色做了反转还去掉了坐标轴。不过这就说明源头是这本书吗？不，顺着这本书，有人追溯到了 1974 年出版的 *Graphis diagrams: The graphic visualization of abstract data*。进一步追溯，会发现更早出版的《科学美国人》（1971 年 1 月刊）上也使用了这幅图。也就是《科学美国人》的"考古队"出门绕了个圈，又回到起点了。

那么，《科学美国人》又是从哪里搞到这幅图的呢？事实上，1971 年的文章之所以要用这幅图，是因为要介绍脉冲星这个 20 世纪 60 年代的重大发现，而这个发现的确切时间是 1967 年，也就是说这个图的出生日期就在 1967 年到 1971 年之间。然后我们就找到了康奈尔大学的 Harold D. Craft, Jr. 发表的博士论文 *Radio Observations of the Pulse Profiles and Dispersion Measures of Twelve Pulsars*，到这个时候，真正的源头才出现（见图 5-5-5）。

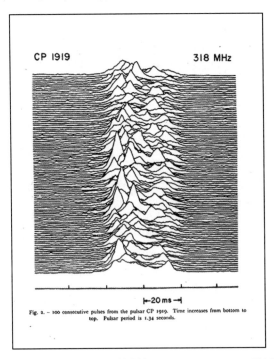

图 5-5-5　*Unknown Pleasuers* 封面的源头，Harold D. Craft, Jr. 博士论文的插图[10]

当《科学美国人》联系到 Harold D. Craft, Jr. 时，他也顺道说了下这幅图背后的故事。刚开始脉冲星被剑桥大学发现后，他所在的团队就意识到自己其实拥有当时世界上最好的测量脉冲星的设备，其实也就是电子设备。然后，从测量结果上他们很快就发现脉冲星的脉冲存在一些漂移，也就是大脉冲里有小脉冲，这个结果发表在《自然》杂志上。但他们觉得需要一个更直观的方式来观察这些脉冲的模式，然后就做了一些叠加图，很快就发现这种图前后的遮挡太过严重。作为一个程序员，遮挡问题其实就是一个漂移问题，所以他操起键盘（也可能是打孔卡）做出了一个漂移版本，这样当峰强度足够时才会出现遮挡，而这类峰正是我们想看的模式。不过不要高估那个年代的技术，他还得再找人用墨水重新勾描一遍才能清晰地放到博士论文里。不过他显然不是流行文化爱好者，因为直到他同事有天闲逛时发现后告诉他，他才发现自己的图这么流行，然后他毫不犹豫地买下了有这张图的专辑与海报，"it's my image, and I ought to have a copy of it."。

5.6 相关系数图

相关系数图就是相关系数矩阵的可视化。相关系数矩阵（correlation matrix）也叫相关矩阵，是由矩阵各列间的相关系数构成的。也就是说，相关矩阵第 i 行第 j 列的元素是原矩阵第 i 列和第 j 列的相关系数。如果一个数据集有 P 个相关变量，求两变量之间的相关系数，共可得 $C_p^2 = p(p-1)/2$ 个相关系数。如按变量的编号顺序，依次将它们排列成一数字方阵，则此方阵就称为相关矩阵。常用字母 R 表示。

$$R_{p \times p} = \begin{bmatrix} r_{11} & r_{12} & \cdots & r_{1p} \\ r_{21} & r_{22} & \cdots & r_{2p} \\ \vdots & \vdots & & \vdots \\ r_{p1} & r_{p2} & \cdots & r_{pp} \end{bmatrix}$$

从左上到右下方向的对角线上，均是两个相同变量的相关，其数值均是 1，对角线以上部分的相关系数与以下部分的相关系数是对称的。

在概率论和统计学中，相关也被称为相关系数或关联系数，显示两个随机变量之间线性关系的强度和方向。在统计学中，相关的意义是用来衡量两个变量相对于其相互独立的距离。在这个广义的定义下，有许多根据数据特点而定义的用来衡量数据相关的系数。对于不同的数据特点，可以使用不同的系数。最常用的是皮尔逊积差相关系数。其定义是两个变量协方差除以两个变量的标准差（方差）。相关系数矩阵的可视化图表类型如图 5-6-1 所示，主要包括热力图、气泡图、方块图和椭圆图。

（1）热力图。热力图就是将一个网格矩阵映射到指定的颜色序列上，恰当地选取颜色来展示数据，如图 5-6-1(a)所示。在相关矩阵中，所有的数据都在-1~1 之间，我们不仅要关注相关系数的绝对值大小，同时更加看重它们的正负号。因此，相关矩阵的颜色图和一般矩阵的颜色图应该有所区别：即应当选取两种色差较大的颜色序列来展示不同符号的相关系数。其中，红色表示正相关系数，蓝色表示负相关系数。也可以在图 5-6-1(a)热力图的基础上添加数据标签（相关系数的数值），如图 5-6-1(f)所示。这样可以使读者更加清晰地观察数据。

（2）气泡图。气泡图是将一个网格矩阵映射到气泡的面积大小和颜色序列上，这样使用两个视觉特征表示数据，可以让读者更加清晰地观察数据，如图 5-6-1(b)所示。具体做法是：① 用气泡的面积来表示相关矩阵的绝对值大小。② 两种色差较大的颜色序列来展示不同符号的相关系数，其中，红色表示正相关系数，蓝色表示负相关系数，也可以将圆圈换成方块，如图 5-6-1(c)所示。或者也可以上半部分使用气泡图显示相关系数，而下半部分使用相关系数数值展示结果，这样也能比较清晰、全面地表达数据，如图 5-6-1(e)所示。

（3）椭圆图。椭圆图是利用椭圆的形状来表示相关系数：离心率越大，即椭圆越扁，对应绝对值较大的相关系数；离心率越小，即椭圆越圆，对应绝对值较小的相关系数。椭圆长轴的方向来表示相关系数的正负：右上—左下方向对应正值，左上—右下方向对应负值，如图 5-6-1(d)所示。观察图 5-6-1(d)可以发现：椭圆图比较失败，因为它将最大的面积留给了相关性最弱的数据，给其他信息的获取造成了干扰。所以不建议用户使用椭圆图表示相关系数矩阵。

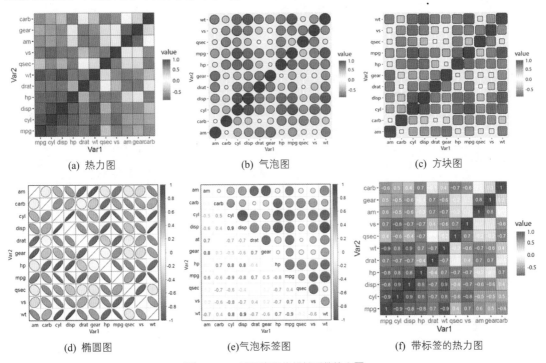

图 5-6-1　不同类型的相关系数热力图

技能　绘制相关系数图

Seaborn 包中的 heatmap()函数可以绘制如图 5-6-1(a)和图 5-6-1(f)的热力图；plotnine 包中的 geom_tile()函数和 geom_point()函数可以绘制图 5-6-1(a)、图 5-6-1(b)、图 5-6-1(c)、图 5-6-1(e)和图 5-6-1(f)，其中图 5-6-1(b)、图 5-6-1(c)和图 5-6-1(f)的核心代码如下所示。

```
01  import numpy as np
02  import pandas as pd
03  from plotnine import *
04  from plotnine.data import mtcars
05  mat_corr=np.round(mtcars.corr(),1).reset_index()
06  mydata=pd.melt(mat_corr,id_vars='index',var_name='var',value_name='value')
```

```
07  mydata['AbsValue']=np.abs(mydata.value)
08  # 图 5-6-1(b) 气泡图
09  base_plot=(ggplot(mydata, aes(x ='index', y ='var', fill = 'value',size='AbsValue')) +
10      geom_point(shape='o',colour="black") +
11      scale_size_area(max_size=11, guide=False) +
12      scale_fill_cmap(name ='RdYlBu_r')+
13      coord_equal()+
14      theme(dpi=100,figure_size=(4,4)))
15  print(base_plot)
16  #图 5-6-1 (c) 方块图
17  base_plot=(ggplot(mydata, aes(x ='index', y ='var', fill = 'value',size='AbsValue')) +
18      geom_point(shape='s',colour="black") +
19     scale_size_area(max_size=10, guide=False) +
20      scale_fill_cmap(name ='RdYlBu_r')+
21      coord_equal()+
22        theme(dpi=100, figure_size=(4,4)))
23  print(base_plot)
24
25  #图 5-6-1 (f) 带标签的热力图
26  base_plot=(ggplot(mydata, aes(x ='index', y ='var', fill = 'value',label='value')) +
27      geom_tile(colour="black") +
28      geom_text(size=8,colour="white")+
29   scale_fill_cmap(name ='RdYlBu_r')+
30     coord_equal()+
31       theme(dpi=100,figure_size=(4,4)))
32  print(base_plot)
```

第 6 章

数据分布型图表

本章我们先从正态分布开始说起。正态分布（normal distribution）又名高斯分布（gaussian distribution）。若随机变量 X 服从一个数学期望为 μ、标准方差为 σ^2 的高斯分布，则记为 $X \sim N(\mu, \sigma^2)$，其概率密度函数为：

$$f(x) = \frac{1}{\sigma\sqrt{2\pi}} e^{-\frac{(x-u)^2}{2\sigma^2}}$$

正态分布的期望值 μ 决定了其位置，其标准方差 σ 决定了分布的幅度。因其曲线呈钟形，因此人们又经常称之为钟形曲线。我们通常所说的标准正态分布是 $\mu = 0$、$\sigma = 1$ 的正态分布。现实生活中很多数据分布都符合正态分布。使用 np.random.normal() 函数生成 100 个服从 $\mu = 3$、$\sigma = 1$ 正态分布的数据，使用不同的方法展示数据分布，如图 6-0-1 所示。图 6-0-1 总共使用了 14 种不同的图表类型展示数据，在本章中会详细讲解这些图表类型。

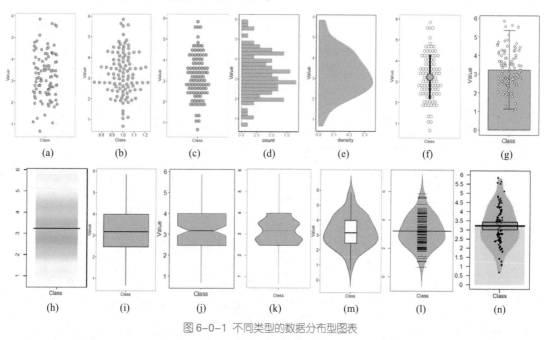

图 6-0-1 不同类型的数据分布型图表

(a) 抖动散点图；(b) 蜂巢图；(c) 点阵图；(d) 统计直方图；(e) 核密度估计图；(f) 带误差线的散点图；(g) 带误差线的柱形图；(h) 梯度图；(i) 箱形图；(j) 带凹槽的箱形图；(k) 瓶状图；(l) 豆状图；(m) 小提琴图；(n) 海盗图

6.1 统计直方图和核密度估计图

6.1.1 统计直方图

统计直方图（histogram）形状类似柱形图，却有着与柱形图完全不同的含义。统计直方图涉及统计学的概念，首先要从数据中找出它的最大值和最小值，然后确定一个区间，使其包含全部测量数据，将区间分成若干个小区间，统计测量结果出现在各个小区间的频数 M，以测量数据为横坐标，以频数 M 为纵坐标，划出各个小区间及其对应的频数。在平面直角坐标系中，横轴上标出每个组的端点，纵轴表示频数，每个矩形的高代表对应的频数，我们称这样的统计直方图为频数分布直方图。

所以统计直方图的主要作用有：① 能够显示各组频数或数量分布的情况；② 易于显示各组之间频数或数量的差别，通过直方图还可以观察和估计哪些数据比较集中，异常或者孤立的数据分布在何处。

统计直方图的基本参数：① 组数，在统计数据时，我们把数据按照不同的范围分成几个组，分成的组的个数称为组数；② 组距，每一组两个端点的差；③ 频数，分组内的数据元的数量除以组距。

6.1.2 核密度估计图

核密度估计图（kernel density plot）用于显示数据在 X 轴连续数据段内的分布状况。这种图表是直方图的变种，使用平滑曲线来绘制数值水平，从而得出更平滑的分布，如图 6-1-1 所示。核密度估计图比统计直方图优胜的一个地方，在于它们不受所使用分组数量的影响，所以能更好地界定分布形状。

核密度估计（kernel density estimation）是在概率论中用来估计未知的密度函数，属于非参数检验方法之一，由 Rosenblatt（1955）和 Emanuel Parzen（1962）[11]提出，又名 Parzen 窗（Parzen window）。所谓核密度估计，就是采用平滑的峰值函数"核"来拟合观察到的数据点，从而对真实的概率分布曲线进行模拟。核密度估计是一种用于估计概率密度函数的非参数方法，$x_1, x_2, \cdots, x_n$ 为独立同分布 F 的 n 个样本点，设其概率密度函数为 f，核密度估计为以下：

$$f_h(x) = \frac{1}{n}\sum_{i=1}^{n}K_h(x-x_i) = \frac{1}{nh}\sum_{i=1}^{n}K_h(\frac{x-x_i}{h})$$

其中，$K(.)$ 为核函数（非负、积分为 1，符合概率密度性质，并且均值为 0）。有很多种核函数，比如高斯函数（gaussian function，$f(x) = ae^{-\frac{(x-b)^2}{2c^2}}$，其中 a, b 和 c 都为常数），uniform()、triangular()、biweight()、triweight()、Epanechnikov()、normal 等。当 $h>0$ 时，为一个平滑参数，称作带宽（bandwidth）。

不同的带宽得到的估计结果差别很大，那么如何选择 h？显然是选择可以使误差最小的。我们用平均积分平方误差（Mean Intergrated Squared Error, MISE）的大小来衡量 h 的优劣。

$$\mathrm{MISE}(h) = E\int \left(\hat{f}_h(x) - f(x)\right)^2 dx$$

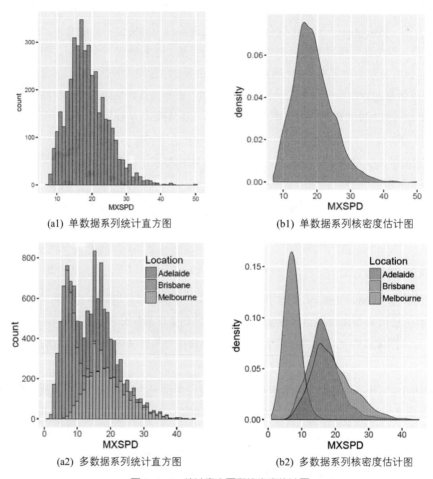

(a1) 单数据系列统计直方图　　(b1) 单数据系列核密度估计图

(a2) 多数据系列统计直方图　　(b2) 多数据系列核密度估计图

图 6-1-1　统计直方图和核密度估计图

技能　绘制统计直方图和核密度估计图

plotnine 包提供了 geom_histogram()和 geom_density()两个函数，可以分别绘制统计直方图和核密度估计图，图 6-1-1(a2)和图 6-1-1(b2)的具体实现代码如下所示。其中 geom_histogram()函数主要由两个参数控制统计分析结果：箱形宽度（binwidth）和箱形总数（bins）。geom_density()函数的主要参数是带宽（bw）和核函数（kernel），核函数默认为高斯核函数"gaussian"，还有其他核函数包括"epanechnikov"、"rectangular"、"triangular"、"biweight"、"cosine"、"optcosine"。

```
01  import pandas as pd
02  from plotnine import *
02  df<-read.csv("Hist_Density_Data.csv",stringsAsFactors=FALSE)
03  #统计直方图
05  (ggplot(df, aes(x='MXSPD', fill='Location'))+
06      geom_histogram(binwidth = 1,alpha=0.55,colour="black",size=0.25)+
07      scale_fill_hue(s = 0.90, l = 0.65, h=0.0417,color_space='husl'))
08  #核密度估计图
09  (ggplot(df, aes(x='MXSPD',   fill='Location'))+
10      geom_density(bw=1,alpha=0.55, colour="black",size=0.25)+
11      scale_fill_hue(s = 0.90, l = 0.65, h=0.0417,color_space='husl'))
```

峰峦图：这是很火的一种图表，在 Twitter 上颇受欢迎。峰峦图也可以应用于多数据系列的核密度估计的可视化，如图 6-1-2 所示。X 轴对应平均温度的数值范围，Y 轴对应不同的月份，每个月份的核密度估计数值映射到颜色，这样就可以很好地展示多数据系列的核密度估计结果，如图 6-1-2(b) 所示。

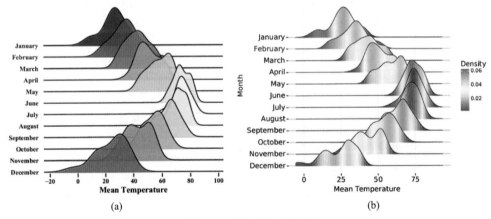

图 6-1-2 核密度估计峰峦图

技能 绘制核密度估计峰峦图

joypy 包提供了 joyplot() 函数，它根据数据可以直接绘制不同颜色的核密度估计峰峦图，如图 6-1-2(a)所示，其具体代码如下所示。

```
01  import pandas as pd
02  import joypy
03  df = pd.read_csv("lincoln_weather.csv")
04  Categories=['January', 'February', 'March', 'April', 'May', 'June','July', 'August','September', 'October', 'November','December']
05  df['Month']=df['Month'].astype(CategoricalDtype (categories=Categories,ordered=True))
```

```
06  fig, axes = joypy.joyplot(df, column=["Mean.Temperature..F."],by="Month", ylim='own',colormap=cm. Spectral,
alpha= 0.9,figsize=(6,5))
07  plt.xlabel("Mean Temperature",{'size': 15 })
08  plt.ylabel("Month",{'size': 15 })
```

图 6-1-2(b)所示的带颜色渐变映射的核密度估计峰峦图，可以使用 plotnine 包的 geom_linerange() 函数和 geom_line()函数结合来实现。但是绘图前需要先使用 sklearn 包的 KernelDensity()函数求取每个月份的核密度估计曲线，然后根据核密度估计数据绘制峰峦图，具体代码如下所示。

```
01  from sklearn.neighbors import KernelDensity
02  import pandas as pd
03  import numpy as np
04  from plotnine import *
05  #定义函数 x:横坐标列表 y:纵坐标列表 kind:插值方式
06  dt = pd.read_csv("lincoln_weather.csv",usecols=["Month","Mean.Temperature..F."])
07  xmax=max(dt["Mean.Temperature..F."])*1.1
08  xmin=min(dt["Mean.Temperature..F."])*0.9
09  Categories=['January', 'February', 'March', 'April', 'May', 'June','July', 'August','September', 'October',
'November','December']
10  N=len(Categories)
11  mydata=pd.DataFrame(columns = ["variable", "x", "y"]) #创建空的 Data.Frame
12  X_plot = np.linspace(xmin, xmax, 200)[:, np.newaxis]
13  for i in range(0,N):
14      X=dt.loc[dt.Month==Categories[i],"Mean.Temperature..F."].values[:, np.newaxis]
15      kde = KernelDensity(kernel='gaussian', bandwidth=3.37).fit(X)
16      Y_dens =np.exp( kde.score_samples(X_plot))
17      mydata_temp=pd.DataFrame({"variable":Categories[i],"x":X_plot.flatten(), "y":Y_dens})
18      mydata=mydata.append(mydata_temp)
19
20  mydata['variable']=mydata['variable'].astype(CategoricalDtype (categories=Categories,ordered=True))
21  mydata['num_variable']=pd.factorize(mydata['variable'], sort=True)[0]
22  Step=max(mydata['y'])*0.3
23  mydata['offest']=-mydata['num_variable']*Step
24  mydata['density_offest']=mydata['offest']+mydata['y']
25
26  p=(ggplot())
27  for i in range(0,N):
28      df_temp=mydata[mydata['num_variable']==i]
29      p=(p+geom_linerange(df_temp, aes(x='x',ymin='offest',ymax='density_offest', group='variable',color ='y'), size =1, alpha =1)+
30          geom_line(df_temp, aes(x='x', y='density_offest'),color="black",size=0.5))
31
32  p=(p+scale_color_cmap(name ='Spectral_r')+
33      scale_y_continuous(breaks=np.arange(0,-Step*N,-Step),labels=Categories)+
```

```
34    xlab("Mean Temperature")+
35    ylab("Month")+
36    guides(color = guide_colorbar(title="Density",barwidth    = 15, barheight = 70))+
37    theme_classic()+
38    theme(
39        panel_background=element_rect(fill="white"),
40        panel_grid_major_x = element_line(colour = "#E5E5E5",size=.75),
41        panel_grid_major_y = element_line(colour = "grey",size=.25),
42        axis_line = element_blank(),
43        text=element_text(size=12,colour = "black"),
44        plot_title=element_text(size=15,hjust=.5),
45        legend_position="right",
46        aspect_ratio =1.05,
47        dpi=100,
48        figure_size=(5,5)))
49 print(p)
```

6.2 数据分布图表系列

图 6-2-1 中使用了 4 种不同分布的数据，每个类别的数据总数分布为 100 个，其中类别 n 的数据服从正态分布的数据（normal distribution，均值 $\mu = 3$、方差 $\sigma = 1$）；类别 s 的数据为在类别 n 数据的基础上右倾斜分布（skew-right distribution，Johnson 分布的偏斜度 2.0 和峰度 13）；类别 k 的数据在类别 n 数据的基础上尖峰态分布（leptikurtic distribution，Johnson 分布的偏斜度 2.2 和峰度 20）；类别 mm 为双峰分布（bimodal distribution：两个峰的均值 μ_1、μ_2 分别为 2.05 和 3.95，$\sigma_1 = \sigma_2 = 0.31$）

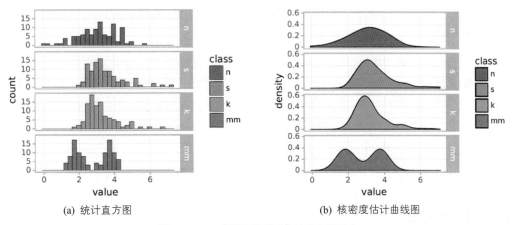

(a) 统计直方图　　　　　　　　　　　(b) 核密度估计曲线图

图 6-2-1　4 种不同数据分布的分布类图表

技能 绘制 4 种不同数据分布的分布类图表

图 6-2-1 主要是使用 plotnine 包的 facet_grid()函数实现 4 种不同数据分布的按行展示，结合 geom_histogram()函数和 geom_density()函数就可以分别实现图 6-2-1(a)统计直方图和图 6-2-1(b)核密度估计曲线图，其具体代码如下所示。

```
01  import pandas as pd
02  from plotnine import *
03  df=pd.read_csv('Distribution_Data.csv')
04  df['class']=df['class'].astype(CategoricalDtype (categories= ["n", "s", "k", "mm"],ordered=True))
05  #统计直方图
06  base_plot=(ggplot(df,aes(x="value",fill="class"))
07  + geom_histogram(alpha=1,colour="black",bins=30,size=0.2)
08  +facet_grid('class~.')
09  +scale_fill_hue(s = 0.90, l = 0.65, h=0.0417,color_space='husl')
10  +theme_light())
11  print(base_plot)
12
13  #核密度估计曲线图
14  base_plot= (ggplot(df,aes(x="value",fill="class"))
15  +geom_density(alpha=1)
16  +facet_grid('class~.')
17  +scale_fill_hue(s = 0.90, l = 0.65, h=0.0417,color_space='husl')
18  +theme_light())
19  print(base_plot)
```

6.2.1 散点数据分布图系列

散点数据分布图是指使用散点图的方式展示数据的分布规律，有时可以借助误差线或者连接曲线。图 6-2-2 所示为 6 种不同形式的散点数据分布图。

图 6-2-2(a)为抖动散点图（jitter scatter chart），每个类别数据点的 Y 轴数值保持不变，数据点 X 轴数值沿着 X 轴类别标签中心线在一定范围内随机生成，然后绘制成散点图。所以，抖动散点图的主要绘制参数就是数据点的抖动范围。由于随机生成数据点的 X 轴数值，所以很容易存在数据点重合叠加的情况，不利于观察数据的分布规律。Plotnine 中的 geom_jitter()函数可以绘制抖动散点图，其关键参数是 position = position_jitter (width = NULL)，width 表示水平方向左右抖动的范围。

图 6-2-2(b)为蜂巢图（hive chart），每个类别数据点沿着 X 轴类别标签中心线向两侧，同时逐步向上均匀而对称地展开，整体较为美观，也方便读者观察数据的分布规律。可以借助 Seaborn 中的 swarmplot ()函数绘制。

图 6-2-2(c)为点阵图（dot plot），每个类别数据点沿着 X 轴类别标签中心线向两侧均匀而对称地展开，整体较为美观，很方便读者观察数据的分布规律。Plotnine 包中的 geom_dotplot()函数可以绘制点阵图，主要参数包括箱形宽度（binwidth）、箱形的排布方向（binaxis）（沿 X 轴或 Y 轴）、散点的排布方式（stackdir）["up"（默认）、"down"、'center'）、散点大小（dotsize）等。

图 6-2-2(d)为抖动散点图+带误差线的散点图，先根据每个类别数据直接绘制散点图，然后添加每个类别数据的均值与误差线（标准差）：average+standard deviation。如果只使用带误差线的散点图，就无法观察数据的分布情况，所以使用抖动散点图作为背景，可以很好地显示数据分布情况。数据均值与误差线的添加可以使用 stat_summary() 函数实现。更加具体地说，是 stat_summary(fun_data="mean_sdl",geom="pointrange")函数可以绘制带均值点的误差线图。

图 6-2-2(e)为点阵图+带误差线的散点图，先根据每个类别数据直接绘制散点图，然后添加每个类别数据的均值与误差线（标准差）：average+standard deviation。如果只使用带误差线的散点图，就无法观察数据的分布情况，所以使用点阵图作为背景，可以很好地显示数据分布情况，与图 6-2-2(d)表达的信息类似。

图 6-2-2(f)为带连接线的带误差线散点图，使用曲线连接散点，但是这时的 X 轴变量为连续型的时间变量，而不是图 6-2-2(a)~图 6-2-2(e)的类别变量。用曲线连接数据点可以表示数据的变化关系与趋势，与第 5 章 5.4 节基本类似，但是添加误差线表示数据的分布情况。可以借助 Pandas 包的 groupby()函数和 aggregate ()函数分别计算不同类别的均值与标准差；然后使用 plotnine 包中的 geom_point()函数和 geom_errorbar()函数分别绘制均值点和对应的误差线；最后使用 geom_line()函数绘制光滑的曲线连接各点。

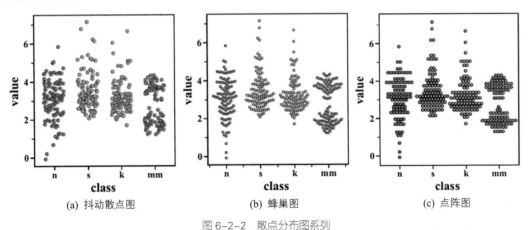

(a) 抖动散点图　　(b) 蜂巢图　　(c) 点阵图

图 6-2-2　散点分布图系列

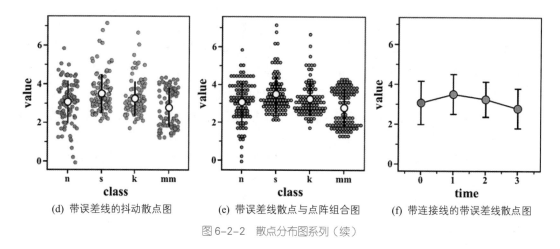

(d) 带误差线的抖动散点图　　(e) 带误差线散点与点阵组合图　　(f) 带连接线的带误差线散点图

图 6-2-2　散点分布图系列（续）

技能　散点分布图系列的绘制方法

图 6-2-2(d)和图 6-2-2(e)类似，都是带误差线的散点图与分布类散点图的组合，先使用 geom_jitter() 或者 geom_dotplot() 函数绘制点阵图或者抖动散点图，再添加误差线和均值点。其中图 6-2-2(e)的实现代码如下所示。

```
01  dot_plot=(ggplot(df,aes(x='class',y='value',fill='class'))
02  +geom_dotplot(binaxis = "y",stackdir ='center', binwidth=0.15,show_legend=False)
03  +stat_summary(fun_data="mean_sdl", fun_args = {'mult':1},geom="pointrange",color = "black",size = 1,show_legend=False)
04  +stat_summary(fun_data="mean_sdl", fun_args = {'mult':1},geom="point", fill="w",color = "black",size = 5,stroke=1,show_legend=False)
05  +scale_fill_hue(s = 0.90, l = 0.65, h=0.0417,color_space='husl')
06  +theme_matplotlib())
07  print(dot_plot)
```

图 6-2-2(b)为蜂巢图，可以使用 Seaborn 包中的 swarmplot() 函数，主要参数包括散点的大小（size）、颜色（color）、边框颜色（edgecolor）等，其具体代码如下所示。

```
01  sns.set_palette("husl") #设定绘图的颜色主题
02  fig = plt.figure(figsize=(4,4), dpi=100)
03  sns.swarmplot(x="class", y="value",hue="class", data=df,edgecolor='k',linewidth=0.2)
04  plt.legend().set_visible(False)
```

6.2.2　柱形分布图系列

柱形分布图系列是指使用柱形图的方式展示数据的分布规律，有时可以借助误差线或者散点图。带误差线的柱形图就是使用每个类别的均值作为柱形的高度，再根据每个类别的标准差绘制误差线，如图 6-2-3(a)所示。

如果只使用图 6-2-2(a)展示数据，就与带误差线的散点图存在同样的问题：无法显示数据的分布情况。图 6-2-3(a)的类别 mm 为双峰分布，但是其与其他三个类别的均值与标准差基本相同，没有较大区别。

所以，可以在带误差线的柱形图的基础上，添加抖动散点图，这样可以方便观察数据分布规律。

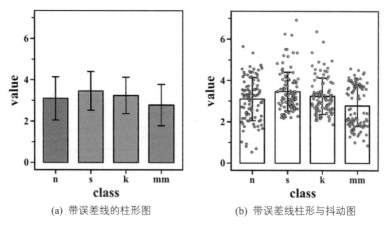

(a) 带误差线的柱形图　　(b) 带误差线柱形与抖动图

图 6-2-3　柱形分布图系列

技能　柱形分布图系列的绘制方法

图 6-2-3(b)带误差线柱形与抖动图就是在带误差线柱形图的基础上，使用 geom_jitter()函数添加抖动散点图。其中，带误差线柱形图使用 stat_summary(fun_data="mean_sdl", geom='bar')实现柱形图，而 stat_summary(fun_data = 'mean_sdl', geom='errorbar')实现误差线的绘制。其核心代码如下所示。

```
01   barjitter_plot=(ggplot(df,aes(x='class',y="value",fill="class"))
02   +stat_summary(fun_data="mean_sdl", fun_args = {'mult':1},geom="bar", fill="w",color = "black",size =0.75, width=0.7,show_legend=False)
03   +stat_summary(fun_data="mean_sdl",fun_args = {'mult':1}, geom="errorbar", color = "black",size = 0.75, width=.2,show_legend=False)
04   +geom_jitter(width=0.3,size=2,stroke=0.1,shape='o',show_legend=False)
05   +scale_fill_hue(s = 0.90, l = 0.65, h=0.0417,color_space='husl')
06   +theme_matplotlib())
07   print(barjitter_plot)
```

6.2.3　箱形图系列

箱形图（box plot）也被称为箱须图（box-whisker plot）、箱线图、盒图，能显示出一组数据的最大值、最小值、中位数、及上下四分位数，可以用来反映一组或多组连续型定量数据分布的中心位置和散布范围，因形状如箱子而得名。1977 年，箱形图首先出现在美国著名数学家 John W. Tukey 的著作 *Exploratory Data Analysis*[12]中。它能方便显示数字数据组的四分位数。从盒子两端延伸出来的线条称为"晶须"（whisker），用来表示上下四分位数以外的变量。异常值（outlier）有时会以与晶须处于同一水平的单一数据点表示。这种箱形图以垂直或水平的形式出现，如图 6-2-4 所示。

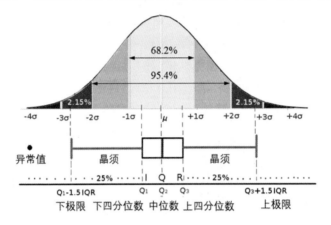

图 6-2-4　箱形图示意

其中，四分位数（quartile）是指在统计学中把所有数值由小到大排列并分成四等份，处于三个分割点位置的数值。分位数是将总体的全部数据按大小顺序排列后，处于各等分位置的变量值。如果将全部数据分成相等的两部分，它就是中位数；如果分成四等分，就是四分位数；八等分就是八分位数等。四分位数也被称为四分位点，它是将全部数据分成相等的四部分，其中每部分包括 25% 的数据，处在各分位点的数值就是四分位数。四分位数有三个，第一个四分位数就是通常所说的四分位数，称为下四分位数，第二个四分位数就是中位数，第三个四分位数称为上四分位数，分别用 Q_1、Q_2、Q_3 表示。

第一个四分位数（Q_1），又被称为"较小四分位数"，等于该样本中所有数值由小到大排列后第 25% 的数字。

第二个四分位数（Q_2），又被称为"中位数"，等于该样本中所有数值由小到大排列后第 50% 的数字。

第三个四分位数（Q_3），又被称为"较大四分位数"，等于该样本中所有数值由小到大排列后第 75% 的数字。

第三个四分位数与第一个四分位数的差距又被称为四分位距（InterQuartile Range，IQR），是上四分位值 Q_3 与下四分位值 Q_1 之间的差，即 $IQR = Q_3 - Q_1$。IQR 乘以因子 0.7413 得到标准化四分位距（norm IQR），它是稳健统计技术处理中用于表示数据分散程度的一个量，其值相当于正态分布中的标准偏差（SD）。

图 6-2-5 所示为箱形图系列。从箱形图得出的观察结果：① 关键数值，例如平均值、中位数和上下四分位数等。② 任何异常值（以及它们的数值）。③ 数据分布是否对称。④ 数据分组有多紧密。⑤ 数据分布是否出现偏斜（如果是，那么往什么方向偏斜）。

箱形图通常用于描述性统计，是以图形方式快速查看一个或多个数据集的好方法。虽然与直方图或密度图相比似乎有点原始，但它们占用较少空间，当要比较很多组或数据集之间的分布时便相当有用。箱形图在数据显示方面受到限制，简单的设计往往隐藏了有关数据分布的重要细节。例如使用箱形图时，我们不能了解数据分布是双模还是多模的。虽然小提琴图可以显示更多详情，但它们也可能包含较多干扰信息。

箱形图作为描述统计的工具之一，其功能有独特之处，主要有以下几点。

（1）直观明了地识别批量数据中的异常值。数据中的异常值值得关注，忽视异常值的存在是十分危险的，不加剔除地把异常值加入数据的计算分析过程中，会给结果带来不良影响；重视异常值的出现，分析其产生的原因，常常成为发现问题进而改进决策的契机。箱形图为我们提供了识别异常值的一个标准：异常值被定义为小于 $Q_1-1.5IQR$ 或大于 $Q_3+1.5IQR$ 的值。虽然这种标准有点任意性，但它来源于经验判断，经验表明它在处理需要特别注意的数据方面表现不错。这与识别异常值的经典方法有些不同。众所周知，基于正态分布的 3σ 法则或 z 分数方法是以假定数据服从正态分布为前提的，但实际数据往往并不严格服从正态分布。它们判断异常值的标准是以计算批量数据的均值和标准差为基础的，而均值和标准差的耐抗性极小，异常值本身会对它们产生较大影响，这样产生的异常值个数不会多于总数的 0.7%。显然，应用这种方法于非正态分布数据中判断异常值，其有效性是有限的。一方面，箱形图的绘制依靠实际数据，不需要事先假定数据服从特定的分布形式，没有对数据做任何限制性的要求，它只是真实直观地表现数据形状的本来面貌；另一方面，箱形图判断异常值的标准以四分位数和四分位距为基础，四分位数具有一定的耐抗性，多达 25%的数据可以变得任意远而不会很大地扰动四分位数，所以异常值不能对这个标准施加影响，箱形图识别异常值的结果比较客观。由此可见，箱形图在识别异常值方面有一定的优越性。

（2）利用箱形图判断批量数据的偏态和尾重。比较标准正态分布、不同自由度的 t 分布和非对称分布数据的箱形图的特征，可以发现：对于标准正态分布的大样本，只有 0.7%的值是异常值，中位数位于上下四分位数的中央，箱形图的箱子关于中位线对称。选取不同自由度的 t 分布的大样本，代表对称重尾分布，当 t 分布的自由度越小时，尾部越重，就有越大的概率观察到异常值。以卡方分布作为非对称分布的例子进行分析，发现当卡方分布的自由度越小时，异常值出现于一侧的概率越大，中位数也越偏离上下四分位数的中心位置，分布偏态性越强。异常值集中在较小值一侧，则分布呈现左偏态；异常值集中在较大值一侧，则分布呈现右偏态。

箱形图可以很好地用于观察数据的分布，但是无法适用于双峰及多峰分布的数据。图 6-2-5(a) 所示的类别 mm（数据服从双峰分布）可以准确获得数据的分布情况，所以在箱形图的基础上添加抖动散点图或者点阵图，这样可以方便读者观察原始数据的分布情况，如图 6-2-5(b)所示 。

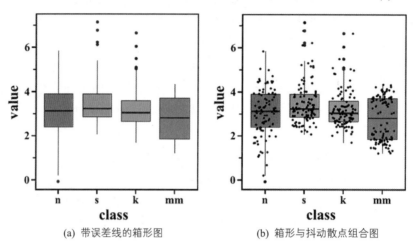

(a) 带误差线的箱形图　　　　　　(b) 箱形与抖动散点组合图

图 6-2-5　箱形图系列

> **技能**　箱形图系列的绘制方法 1

plotnine 包中的 geom_boxplot()函数可以绘制箱形图，再使用 geom_jitter()函数绘制抖动散点图，具体代码如下所示。

```
01  box_plot=(ggplot(df,aes(x='class',y="value",fill="class"))
02  +geom_boxplot(show_legend=False)
03  +geom_jitter(fill="black",shape=".",width=0.3,size=3,stroke=0.1,show_legend=False)
04  +scale_fill_hue(s = 0.90, l = 0.65, h=0.0417,color_space='husl')
05  +theme_matplotlib())
06  print(box_plot)
```

最常用的两种箱形图：可变宽度（variable-width）和带凹槽（notched）的箱形图[15, 16]，如图 6-2-6(a) 和图 6-2-6(b)所示。箱形图的另外一个变量：箱形图的宽度（width），就是为了解决箱形图每个类别的数据量大小不同的问题[15, 16]，如图 6-2-6(a)所示的可变宽度的箱形图。类别 a、b、c 和 d 都服从正态分布，其数据量大小分别为 10、100、1000 和 10000，箱子的宽度依次增加。在图 6-2-6(b)所示的带凹槽的箱形图中，中位数的置信区间（confidence intervals）可以由凹槽对应表示。因此，不考虑数据的分布情况，如果凹槽不重合，就表示中位数在 95%的置信区间内可以认为显著不同。

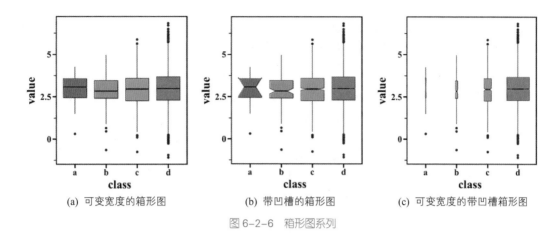

(a) 可变宽度的箱形图　　　(b) 带凹槽的箱形图　　　(c) 可变宽度的带凹槽箱形图

图 6-2-6　箱形图系列

技能　箱形图系列的绘制方法 2

图 6-2-6(c)可变宽度的带凹槽箱形图可以用 geom_boxplot()函数设置参数 notch 是否带凹槽（True/False），是否交数据量的多少映射到箱形宽度 varwidth（True/False），具体代码如下所示。

```
01    freq =np.logspace(1,4,num=4-1+1,base=10,dtype='int')
02    df=pd.DataFrame({'class': np.repeat(['a','b','c','d'], freq), 'value':np.random.normal(3, 1, sum(freq))})
03    box_plot_b=(ggplot(df,aes(x='class',y="value",fill="class"))
04    +geom_boxplot(notch = True, varwidth = False,show_legend=False)
05    +scale_fill_hue(s = 0.90, l = 0.65, h=0.0417,color_space='husl')
06    +theme_matplotlib())
07    print(box_plot_b)
08
09    box_plot_c=(ggplot(df,aes(x='class',y="value",fill="class"))
10    +geom_boxplot(notch = True, varwidth = True,show_legend=False)
11    +scale_fill_hue(s = 0.90, l = 0.65, h=0.0417,color_space='husl')
12    +theme_matplotlib())
13    print(box_plot_c)
```

传统的箱形图（如图 6-2-5 和图 6-2-6）能有效地展示数据的分布情况与异常值。但是对于中等数据集（$n < 1000$），对四分位数之外数据的估计可能不可靠，所以箱形图所提供的信息在四分位数之外的情况下是相当模糊的，而对于一个数据集大小为 n 的高斯样本来说，异常值（outlier）和远外值（far-out value）通常小于 10。[15]

而我们希望使用大数据集（$n \approx 10\,000 - 100\,000$）可以提供更加精准的四分位数之外的数据估计，同时可以展示大量的异常值（约 $0.4 + 0.007n$）。letter-value 箱形图就能满足我们的需求，它不仅能展示四分位数之外的数据分布信息，还能显示异常值的分布情况。letter-value 箱形图在箱形图［中值 median（M）和四分位数 fourths（F）］的基础上，往两端延伸，增加箱形的个数：1/8 eigths（E），1/16 sixteenths（D）……直到估计误差增大到一定的阈值。如图 6-2-7 所示，一系列的小箱子堆积而成，展示数据的分布情况。但是它与传统箱形图存在一个同样的问题：无法识别多峰分布的情况[16, 17]。

在图 6-2-7(a)中，类别 a、b、c 和 d 都服从正态分布，其数据量大小分别为 100、1000、10000 和 100000。在图 6-2-7 (b)中，类别 n、s、k 和 mm 服从不同的数据分布，其数据量大小分别为 100、1000、10000 和 100000，其中 mm 数据服从双峰分布，但是仅仅从图中无法识别，这就是箱形图的局限性。

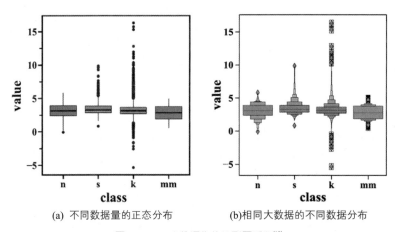

(a) 不同数据量的正态分布　　(b)相同大数据的不同数据分布

图 6-2-7　大数据集的箱形图系列[19]

对于实验数据的分析与展示时，很多人会使用常见的带误差线的柱形图，因为使用 Excel 就可以直接绘制。但是这样展示数据，信息量是非常低的。而使用箱形图能够提供更多的数据分布信息，能更好地展现数据。在期刊 *Nature Methods* 2013 年的文章中有 100 个带误差线的柱形图，而只有 20 个箱形图，从这里就可以看出来，用箱形图的人远远没有用带误差线的柱形图的人多。于是自然出版集团（Nature Publishing Group）写了两篇专栏文章 *Points of View: Bar charts and box plots* [18]和 *Points of Significance: Visualizing samples with box plots* [19]，并且还发表了一篇期刊论文 *BoxPlotR: a web tool for generation of box plots* [20]，专门对比箱形图与带误差线的柱形图在数据分布展示方面的差异，最后得出的结论是：箱形图能够比带误差线的柱形图更好地展示数据的分布情况。

技能　绘制大数据集的箱形图

Seaborn 包的 boxenplot()函数可以绘制大数据集的箱形图，图 6-2-7(b)的具体实现代码如下所示。

```
01    import seaborn as sns
02    import matplotlib.pyplot as plt
03    df=pd.read_csv('Distribution_LargeData.csv')
04    df['class']=df['class'].astype(CategoricalDtype (categories= ["n", "s", "k", "mm"],ordered=True))
05    fig = plt.figure(figsize=(4,4.5))
```

```
06    sns.boxenplot(x="class", y="value", data=df,linewidth =0.2, palette=sns.husl_palette(4, s = 0.90, l = 0.65, h=0.0417))
```

6.2.4 小提琴图

小提琴图（violin plot）用于显示数据分布及其概率密度，如图 6-2-8 所示。这种图表结合了箱形图和密度图的特征，主要用来显示数据的分布形状。中间的黑色粗条表示四分位数范围，从其中延伸的幼细黑线代表 95% 置信区间，而黑色横线则为中位数[21]。箱形图在数据显示方面受到限制，简单的设计往往隐藏了有关数据分布的重要细节。例如使用箱形图时，我们不能了解数据分布是双模还是多模的。虽然小提琴图可以显示更多详情，但它们也可能包含较多干扰信息，而且绘图时需要设定核密度估计的带宽（bandwidth）。

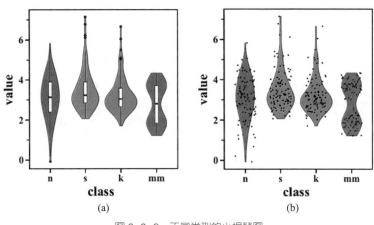

图 6-2-8 不同类型的小提琴图

技能 绘制小提琴图

图 6-2-8(a)的小提琴图可以使用 plotnine 包中的 geom_violin()函数实现。一般我们还可以在小提琴图里添加箱形图，这样能更加全面地展示数据，其具体实现代码如下所示。在小提琴图中也可以使用 geom_jetter()函数添加抖动散点图，如图 6-2-8(b)所示。

```
01    violin_plot=(ggplot(df,aes(x='class',y="value",fill="class"))
02    +geom_violin(show_legend=False)
03    +geom_boxplot(fill="white",width=0.1,show_legend=False)
04    +scale_fill_hue(s = 0.90, l = 0.65, h=0.0417,color_space='husl')
05    +theme_matplotlib())
06    print(violin_plot)
```

多数据系列的箱形图、小提琴图和豆状图如图 6-2-9 所示。多数据系列的箱形图可以使用 geom_boxplot()函数，只需要将两组的变量映射到箱形的填充颜色（fill），另外可以使用 position =

position_dodge(width)控制箱形之间的间隔，如图 6-2-9(a)所示。在图 6-2-9(a)的基础上，可以使用 geom_jitter()函数添加抖动散点图，通过 position=position_jitter(width,height)语句使散点沿着箱形图的中心线分布，如图 6-2-9(b)所示。

图 6-2-9(c)和图 6-2-9(d)都是双数据系列的小提琴图，它并不是像双数据系列的箱形图一样，而是同一个类别下有两个小提琴图。这是因为小提琴图本身就是由两个左右对称的核密度估计曲线图构成的。所以对于双数据系列小提琴图，我们只需要保留两个小提琴图的各一半，使左边为一个数据的核密度估计曲线图，右边为另一个数据的核密度估计曲线图。图 6-2-9(d)还在每个类别的中心线上添加了箱形图，以便更加全面地展示数据信息。

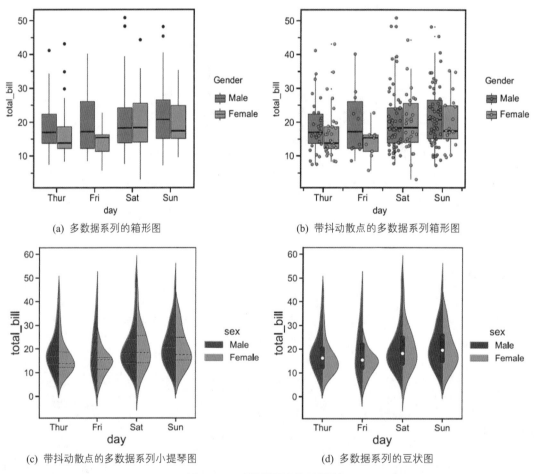

(a) 多数据系列的箱形图　　(b) 带抖动散点的多数据系列箱形图

(c) 带抖动散点的多数据系列小提琴图　　(d) 多数据系列的豆状图

图 6-2-9　多数据系列分布型图表

技能 绘制多数据系列的箱形图

多数据系列的箱形图可以使用 geom_boxplot()函数，只需要将两组的变量映射到箱形的填充颜色（fill），另外可以使用 position = position_dodge(width)控制箱形之间的间隔，如图 6-2-9(a)所示。在图 6-2-9(a)的基础上，使用 geom_jitter()函数添加抖动散点图，可以通过 position=position_jitter(width,height)语句使散点沿着箱形图的中心线分布，如图 6-2-9(b)所示。

```
01  import pandas as pd
02  import numpy as np
03  import seaborn as sns
04  import matplotlib.pyplot as plt
05  from plotnine import *
06  tips = sns.load_dataset("tips")
07  #图 6-2-9 (a)多数据系列的箱形图
08  box2_plot=(ggplot(tips, aes(x = "day", y = "total_bill"))
09  + geom_boxplot(aes(fill="sex"),position = position_dodge(0.8),size=0.5)
10  + guides(fill=guide_legend(title="Gender"))
11  +scale_fill_hue(s = 0.90, l = 0.65, h=0.0417,color_space='husl')
12  +theme_matplotlib())
13  print(box2_plot)
14  #图 6-2-9(b) 带抖动散点的多数据系列箱形图
15  x_label=['Thur','Fri', 'Sat', 'Sun']
16  tips['x1']=pd.factorize(tips['day'],sort =x_label)[0]+1
17  tips['x2']= tips.apply(lambda x: x['x1']-0.2 if x['sex']=="Male" else   x['x1']+0.2, axis=1)
18
19  box2_plot=(ggplot(tips, aes(x = "x1", y = "total_bill",group="x2",fill="sex"))
20  + geom_boxplot(position = position_dodge(0.8),size=0.5,outlier_size=0.001)
21  +geom_jitter(aes(x = "x2"),position = position_jitter(width=0.15),shape = "o",size=2,stroke=0.1)
22  + guides(fill=guide_legend(title="Gender"))
23  +scale_fill_hue(s = 0.90, l = 0.65, h=0.0417,color_space='husl')
24  +scale_x_continuous(breaks = range(1,len(x_label)+1),labels=x_label,name='day')
25  +xlab("day")
26  +theme_matplotlib())
27  print(box2_plot)
```

图 6-2-9(d)多数据系列的小提琴图，需要使用 Seaborn 包中的 violinplot()函数实现，它可以只将两个小提琴图各取一半，并拼接在一起，具体实现代码如下所示。

```
01  sns.set_style("ticks")
02  fig = plt.figure(figsize=(5,5.5))
03  sns.violinplot(x="day", y="total_bill", hue="sex",data=tips, inner="box", split=True, linewidth=1,palette= ["#F7746A", "#36ACAE"])
04  plt.legend(loc="center right",bbox_to_anchor=(1.5, 0, 0, 1))
```

箱形图和小提琴图的水平显示：使用 plotnine 包中的 geom_box()函数和 geom_violin()函数，结合 coord_flip( )函数实现箱形图和小提琴图的水平翻转，如图 6-2-10 所示。

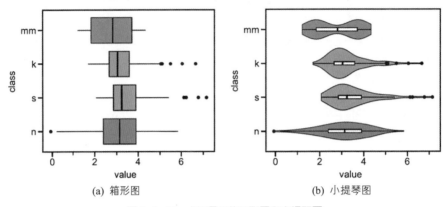

图 6-2-10　水平显示的箱形图和小提琴图

箱形图的中值排序显示：排序展示数据对更快地发现数据规律和获取数据信息尤为重要。对应 X 轴为类别向量时，最好将箱形图按中值降序后展示，如图 6-2-11(b)所示。

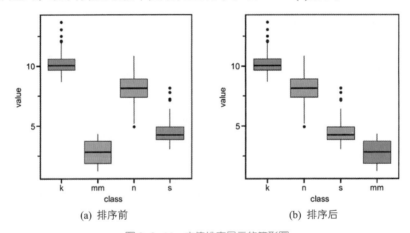

图 6-2-11　中值排序显示的箱形图

| 技能 |　绘制中值排序显示的箱形图

先使用 groupby ()函数求取每个类别的中值（median），再使用 sort_values ()函数根据中值对数据框排序，然后改变因子向量的顺序，使因子向量的类别（categories）按其中值降序排列，最后使用 plotnine 中的 geom_boxplot()函数绘制即可，具体代码如下所示。

```
01  df=pd.read_csv('Boxplot_Sort_Data.csv')
02  df_group=df.groupby(df['class'],as_index =False).median()
```

```
03    df_group=df_group.sort_values(by="value",ascending= False)
04    df['class']=df['class'].astype(CategoricalDtype (categories=df_group['class'].astype(str),ordered=True))
05    box_plot=(ggplot(df,aes(x='class',y="value",fill="class"))
06    +geom_boxplot(show_legend=False)
07    +scale_fill_hue(s = 0.90, l = 0.65, h=0.0417,color_space='husl')
08    +theme_matplotlib())
09    print(box_plot)
```

6.3　二维统计直方图和核密度估计图

6.3.1　二维统计直方图

　　二维统计直方图主要针对二维数据的统计分析，X-Y 轴变量为数值型，如图 6-3-1 所示。首先要从 X 轴和 Y 轴变量数据分别找出它的最大值和最小值，然后确定一个区间，使其包含全部测量数据，将区间分成若干小区间$[X_n{:}X_n{+}w, Y_n{:}Y_n{+}w]$（其中，$w$ 为最小区间的大小，(X_n, Y_n) 为第 n 个区间的始点），统计测量结果出现在各个小区间的频数 M。在平面直角坐标系中，X 轴和 Y 轴分别标出每个组的端点，每个方块（bin）的颜色代表对应的频数，一般我们也称这样的统计图为二维频数分布直方图。

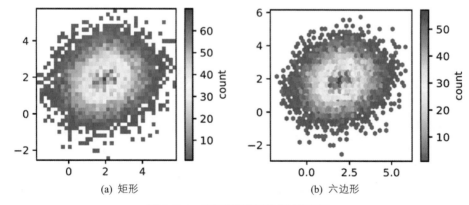

(a) 矩形　　　　　　　　(b) 六边形

图 6-3-1　不同类型的二维统计直方图

技能　绘制二维统计直方图

　　plotnine 包中的 stat_bin2d()函数和 matplotlib 包中的 hist2d()、hexbin()函数都可以绘制二维统计直方图，其中使用 matplotlib 包绘制如图 6-3-1 所示的不同类型的二维统计直方图的具体代码如下所示。

```
01    import pandas as pd
02    import numpy as np
```

```
03    import seaborn as sns
04    import matplotlib.pyplot as plt
05    N=5000
06    x1 = np.random.normal(1.5,1, N)
07    y1 = np.random.normal(1.6,1, N)
08    x2 = np.random.normal(2.5,1, N)
09    y2 = np.random.normal(2.2,1, N)
10    df=pd.DataFrame({'x':np.append(x1,x2),'y':np.append(y1,y2)})
11    #矩形二维统计直方图
12    fig = plt.figure(figsize=[3,2.7],dpi=130)
13    h=plt.hist2d(df['x'], df['y'], bins=40,cmap=plt.cm.Spectral_r,cmin =1)
14    ax=plt.gca()
15    ax.set_xlabel('x')
16    ax.set_ylabel('y')
17    cbar=plt.colorbar(h[3])
18    cbar.set_label('count')
19    cbar.set_ticks(np.linspace(0,60,7))
20    #fig.savefig('bin_plot2.pdf')
21    plt.show()
22
23    #六边形二维统计直方图
24    fig, ax = plt.subplots(figsize=[3,2.7],dpi=130)
25    im = ax.hexbin(df['x'], df['y'],cmap=plt.cm.Spectral_r,gridsize=(20,20),mincnt=1)
26    ax.set_xlabel('x')
27    ax.set_ylabel('y')
28    cbar=fig.colorbar(im, ax=ax)
29    cbar.set_label('count')
30    #fig.savefig('hexbin_plot.pdf')
31    plt.show()
```

6.3.2 二维核密度估计图

常见的二维核密度估计图如图 6-3-2 所示。核密度估计（kernel density estimation）是一种用于估计概率密度函数的非参数方法[13]。在二维核密度估计中，$x_1,x_2,\cdots,x_n$, $y_1,y_2,\cdots,y_n$ 为独立同分布 F 的 n 个样本点，设其概率密度函数为 f，核密度估计如下：

$$f_h(x,y)=\frac{1}{n}\sum_{i=1}^{n}K_h(x-x_i,y-y_i)=\frac{1}{nh^2}\sum_{i=1}^{n}K_h(\frac{x-x_i}{h},\frac{y-y_i}{h})$$

其中，$K(.)$ 为核函数（非负、积分为 1，符合概率密度性质，并且均值为 0）。有很多种核函数，比如高斯函数（gaussian function，$f(x)=ae^{-\frac{(x-b)^2}{2c^2}}$，其中 a, b 和 c 都为常数）、uniform()、triangular()、biweight()、triweight()、Epanechnikov)、normal 等。当 $h>0$ 时，为一个平滑参数，称作带宽（bandwidth）。

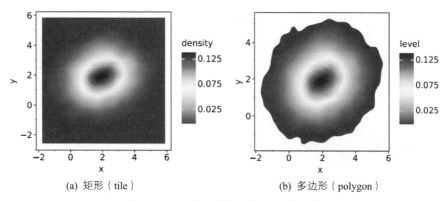

(a) 矩形（tile）　　　　　　　　(b) 多边形（polygon）

图 6-3-2　不同类型的二维核密度估计图

技能　绘制二维核密度估计图

plotnine 包中的 stat_density_2d() 函数可以绘制二维核密度估计图，其中 geom ="tile"或者"polygon"分别对应图 6-3-2(a)和图 6-3-2(b)，具体代码如下所示。Seaborn 包中的 kdeplot()函数也可以直接绘制二维核密度估计图。

```
01  # 构造正态分布的数据集
02  N=5000
03  x1 = np.random.normal(1.5,1, N)
04  y1 =np.random.normal(1.6,1, N)
05  x2 = np.random.normal(2.5,1, N)
06  y2 =np.random.normal(2.2,1, N)
07  df=pd.DataFrame({'x':np.append(x1,x2),'y':np.append(y1,y2)})
08
09  #矩形二维核密度估计图
10  density_plot=(ggplot(df, aes('x','y'))
11  +stat_density_2d (aes(fill = '..density..'),geom ="tile",contour=False)
12  +scale_fill_cmap(name ='Spectral_r',breaks= np.arange(0.025,0.126,0.05))
13  +theme_matplotlib())
14  print(density_plot)
15
16  #多边形二维核密度估计图
17  density_plot2=(ggplot(df, aes('x','y'))
18  +stat_density_2d (aes(fill = '..level..'),geom ="polygon",size=0.5,levels=100,contour=True)
19  +scale_fill_cmap(name ='Spectral_r',breaks= np.arange(0.025,0.126,0.05))
20  +theme_matplotlib())
21  print(density_plot2)
```

除使用二维图表，比如二维方块统计直方图、二维核密度估计热力图来展示二维统计分布外，还可以使用三维柱形图和三维曲面图展示二维数据的分布情况，如图 6-3-3 所示。

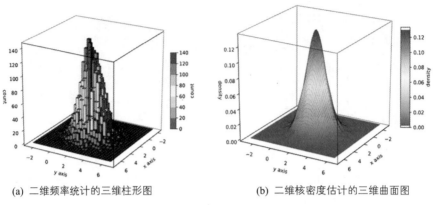

(a) 二维频率统计的三维柱形图　　　　(b) 二维核密度估计的三维曲面图

图 6-3-3　二维统计分布的三维展示图表

二维与一维统计分布组合图：我们还可以将二维统计直方图和核密度估计图，结合一维的统计分布图表一起展示，更加详细地揭示数据的分布情况，如图 6-3-4 所示。

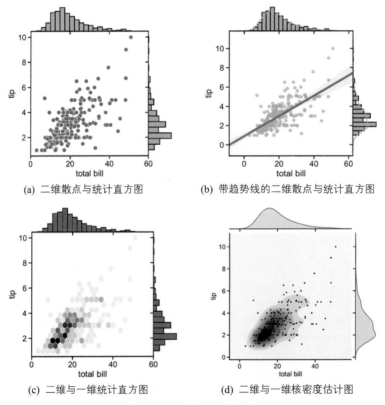

(a) 二维散点与统计直方图　　　　(b) 带趋势线的二维散点与统计直方图

(c) 二维与一维统计直方图　　　　(d) 二维与一维核密度估计图

图 6-3-4　统计分布组合图

第 6 章 数据分布型图表

技能 绘制统计分布组合图

Seaborn 包提供了 jointplot()函数可以很好地实现统计分布组合图，包括带趋势线的二维散点与统计直方图、二维与一维统计直方图和二维与一维核密度估计图，其具体代码如下所示。

```
01  import seaborn as sns
02  import pandas as pd
03  import numpy as np
04  tips = sns.load_dataset("tips")
05  df=pd.DataFrame({'x':tips['total_bill'],'y':tips['tip']})
06  # 图 6-3-4(b) 带趋势线的二维散点与统计直方图
07  sns_reg=sns.jointplot(x='x', y='y',    # 设置 X、Y 轴，显示 columns 名称
08                  data=df,    # 设置数据
09                  color = '#7CBC47',
10                  kind = 'reg',
11                  space = 0,   # 设置散点图和布局图的间距
12                  size = 5, ratio = 5,   # 散点图与布局图高度比，整型
13                  scatter_kws={"color":"#7CBC47","alpha":0.7,"s":30,'marker':"+"},    # 设置散点大小、边缘线颜色及宽度(只针对 scatter)
14                  line_kws={"color":"#D31A8A","alpha":1,"lw":4},
15                  marginal_kws=dict(bins=20, rug=False,
16                  hist_kws={'edgecolor':'k', 'color':'#7CBC47', 'alpha':1})   # 设置柱形图箱数，是否设置 rug
17                  )
18  sns_reg.set_axis_labels(xlabel='total bill', ylabel='tip')
19
20  #图 6-3-4(c)二维与一维统计直方图
21  sns_hex =sns.jointplot(x='x', y='y',    # 设置 X、Y 轴，显示 columns 名称
22                  data=df,    # 设置数据
23                  kind = 'hex', #kind="kde","hex","reg"
24                  color='#D31A8A',linewidth=0.1,
25                  space = 0,   # 设置散点图和布局图的间距
26                  size = 5, ratio = 5,   # 散点图与布局图高度比
27                  xlim=(0,60),
28                  joint_kws=dict(gridsize=20,edgecolor='w'),   # 主图参数设置
29                  marginal_kws=dict(bins=20,color='#D31A8A', hist_kws={'edgecolor':'k','alpha':1}), # 边缘图设置
30                  )   # 修改统计注释
31  sns_hex.set_axis_labels(xlabel='total bill', ylabel='tip')
32
33  #图 6-3-4(d) 二维与一维核密度估计图
34  sns_kde =sns.jointplot(x="x", y="y", data=df, kind="kde",color='#D31A8A')
35  sns_kde.plot_joint(plt.scatter, c="k", s=10, linewidth=1, marker="+")
36  sns_kde.set_axis_labels(xlabel='total bill', ylabel='tip')
```

第 7 章

时间序列型图表

7.1 折线图与面积图系列

7.1.1 折线图

折线图（line chart）用于在连续间隔或时间跨度上显示定量数值，最常用来显示趋势和关系（与其他折线组合起来）。此外，折线图也能给出某时间段内的整体概览，看看数据在这段时间内的发展情况。要绘制折线图，先在笛卡儿坐标系上定出数据点，然后用直线把这些点连接起来。

在折线图中，X 轴包括类别型或者序数型变量，分别对应文本坐标轴和序数坐标轴（如日期坐标轴）两种类型；Y 轴为数值型变量。折线图主要应用于时间序列数据的可视化。图 7-1-1(a)为双数据系列折线图，X 轴变量为时序数据。

在散点图系列中，曲线图（带直线而没有数据标记的散点图）与折线图的图像显示效果类似。在曲线图中，X 轴也表示时间变量，但是必须为数值格式，这是两者之间最大的区别。所以，如果 X 轴变量为数值格式，则应该使用曲线图，而不是折线图来显示数据。

在折线图系列中，标准的折线图和带数据标记的折线图可以很好地可视化数据。因为图表的三维透视效果很容易让读者误解数据，所以不推荐使用三维折线图。另外，堆积折线图和百分比堆积折线图等推荐使用相应的面积图，例如，堆积折线图的数据可以使用堆积面积图绘制，展示的效果将会更加清晰和美观。

7.1.2 面积图

面积图（area graph）又叫作区域图，是在折线图的基础之上形成的，它将折线图中折线与自变量坐标轴之间的区域使用颜色或者纹理填充（填充区域称为"面积"），这样可以更好地突出趋势信息，同时让图表更加美观。与折线图一样，面积图可显示某时间段内量化数值的变化和发展，最常用来显示趋势，而非表示具体数值，图 7-1-2(a)所示为单数据系列面积图。

多数据系列的面积图如果使用得当，则效果可以比多数据系列的折线图美观很多。需要注意的是，颜色要带有一定的透明度，透明度可以很好地帮助使用者观察不同数据系列之间的重叠关系，避免数据系列之间的遮挡（见图 7-1-1(b)）。但是，数据系列最好不要超过 3 个，不然图表看起来会比较混乱，反而不利于数据信息的准确和美观表达。当数据系列较多时，建议使用折线图、分面面积图或者峰峦图展示数据。

颜色映射填充的面积图：另外给读者介绍一种颜色映射填充的面积图，如图 7-1-2(b)所示，填充面积不是如图 7-1-2(a)所示的纯色填充，而是将折线部分的数据点(x_i, y_i)根据 y_i 值颜色映射到颜色渐变主题，这样可以更好地促进数据信息的表达，但是这种图表只适用于单数据系列面积图。由于多数据系列面积图存在互相遮挡的情况，会导致数据表达过于冗余，反而影响数据的清晰表达。

两条折线间填充面积图：两条折线之间可以使用面积填充，这样可以很清晰地观察数据之间的差异变化，这种图表只适用于双数据系列的数值差异比较展示，如图 7-1-3 所示为 3 种不同类型的两条折线间填充面积图。图 7-1-3(a)就是直接使用单色填充两条折线之间的面积；图 7-1-3(b)是分段填充，当变量"AMZN"大于变量"AAPL"时，使用蓝色填充，反之则使用红色填充；图 7-1-3(c)是使用颜色映射填充的面积图，将图 7-1-2(b)的颜色映射方法映射到面积填充，这样可以更加清晰地对比每个时间点的差异。

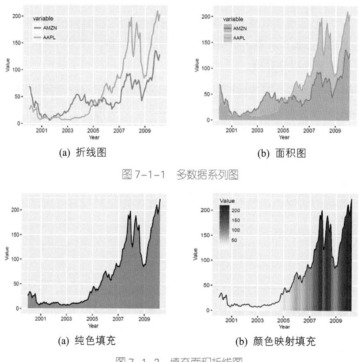

(a) 折线图　　　　　　　　　(b) 面积图

图 7-1-1　多数据系列图

(a) 纯色填充　　　　　　　　(b) 颜色映射填充

图 7-1-2　填充面积折线图

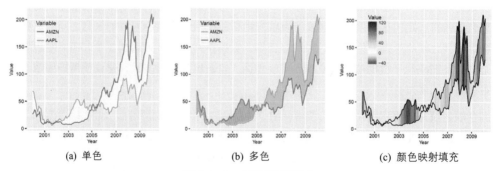

(a) 单色　　　　　　(b) 多色　　　　　　(c) 颜色映射填充

图 7-1-3　夹层填充面积图

技能 折线图和面积图系列的绘制方法

plotnine 包中的 geom_line()函数可以绘制折线图，如图 7-1-1(a)所示；geom_area()函数可以绘制面积图，如图 7-1-1(b)和图 7-1-2(a)所示；geom_ribbon()函数可以绘制如图 7-1-3 所示的夹层填充面积图。其核心代码如下所示。

```
01  df=pd.read_csv('Line_Data.csv')
02  df['date']=[datetime.strptime(d, '%Y/%m/%d').date() for d in df['date']]
03  melt_df=pd.melt(df,id_vars=["date"],var_name='variable',value_name='value')
04  #图 7-1-1(a)折线图
05  base_plot=(ggplot(melt_df, aes(x ='date', y = 'value', group='variable',color='variable') )+
06      geom_line(size=1)+
07      scale_x_date(date_labels = "%Y",date_breaks = "2 year")+
08      scale_fill_hue(s = 0.90, l = 0.65, h=0.0417,color_space='husl')+
09      xlab("Year")+
10      ylab("Value"))
11  print(base_plot)
12
13  #图 7-1-1(b)面积图
14  base_plot=(ggplot(melt_df, aes(x ='date', y = 'value',group='variable') )+
15      geom_area(aes(fill='variable'),alpha=0.75,position="identity")+
16      geom_line(aes(color='variable'),size=0.75)+#color="black",
17      scale_x_date(date_labels = "%Y",date_breaks = "2 year")+
18      scale_fill_hue(s = 0.90, l = 0.65, h=0.0417,color_space='husl')+
19      xlab("Year")+
20      ylab("Value"))
21  print(base_plot)
22
23  #图 7-1-3(b)多色夹层填充面积图
24  df['ymin1']=df['ymin']
25  df.loc[(df['AAPL']-df['AMZN'])>0,'ymin1']=np.nan
26  df['ymin2']=df['ymin']
27  df.loc[(df['AAPL']-df['AMZN'])<=0,'ymin2']=np.nan
28  df['ymax1']=df['ymax']
29  df.loc[(df['AAPL']-df['AMZN'])>0,'ymax1']=np.nan
30  df['ymax2']=df['ymax']
31  df.loc[(df['AAPL']-df['AMZN'])<=0,'ymax2']=np.nan
32  base_plot=(ggplot()+
33      geom_ribbon( aes(x ='date',ymin='ymin1', ymax='ymax1',group=1),df,alpha=0.5,fill="#00B2F6", color="none")+
34      geom_ribbon( aes(x ='date',ymin='ymin2', ymax='ymax2',group=1),df,alpha=0.5,fill="#FF6B5E",color ="none")+
35      geom_line(aes(x ='date',y='value',color='variable',group='variable'),melt_df,size=0.75)+#color="black",
36      scale_x_date(date_labels = "%Y",date_breaks = "2 year")+
37      xlab("Year")+
```

```
38        ylab("Value"))
39  print(base_plot)
```

图 7-1-2(b)所示的颜色映射填充的单数据系列面积图,可以使用 geom_bar()函数和 geom_line()函数实现。但是需要先将 X 轴变量从时间类型转换成数值类型;然后使用 interpolate 包中的 interp1d()函数插值使 Y 轴变量得到更加密集的数据;再将 X 轴变量从数值类型转换回时间类型,其具体代码如下所示。图 7-1-3(c)所示的夹层颜色映射填充的面积图也是使用类似的方法,先插值然后使用 geom_linerange()函数替代 geom_bar()函数,与 geom_line()函数组合实现。

```
01  from scipy import interpolate #从 SciPy 包中导入插值需要的方法  interpolate
02  import time
03  df=pd.read_csv('Area_Data.csv')
04  df['x']=[time.mktime(time.strptime(d, '%Y/%m/%d')) for d in df['date']]
05  f = interpolate.interp1d(df['x'], df['value'], kind='quadratic')
06  x_new=np.linspace(np.min(df['x']),np.max(df['x']),600)
07  df_interpolate=pd.DataFrame(dict(x=x_new,value=f(x_new)))
08  df_interpolate['date']=[datetime.strptime(time.strftime('%Y-%m-%d', time.gmtime(d)), '%Y-%m-%d') for d in df_interpolate['x']]
09  base_plot=(ggplot(df_interpolate, aes(x ='date', y = 'value',group=1) )+
10      geom_bar(aes(fill='value',colour='value'),stat = "identity",alpha=1,width =2)+
11      geom_line(color="black",size=0.5)+
12      scale_color_cmap(name ='Reds')+
13      scale_x_date(date_labels = "%Y",date_breaks = "2 year")+
14      guides(fill=False))
15  print(base_plot)
```

使用 matplotlib 包中的 plt.plot()函数和 plt.fill_between()函数可以绘制如图 7-1-1 所示的多数据系列折线图和面积图,其具体代码如下所示。

```
01  pandas as pd
02  import matplotlib.pyplot as plt
03  from datetime import datetime
04  df=pd.read_csv('Line_Data.csv',index_col =0)
05  df.index=[datetime.strptime(d, '%Y/%m/%d').date() for d in df.index]
06  #多数据系列折线图
07  fig =plt.figure(figsize=(5,4), dpi=100)
08  plt.plot(df.index, df.AMZN, color='#F94306', label='AMZN')
09  plt.plot(df.index, df.AAPL, color='#06BCF9', label='AAPL')
10  plt.xlabel("Year")
11  plt.ylabel("Value")
12  plt.legend(loc='upper left',edgecolor='none',facecolor='none')
13  plt.show()
14
15  #多数据系列面积图
```

```
16    columns=df.columns
17    colors=["#F94306","#06BCF9"]
18    fig =plt.figure(figsize=(5,4), dpi=100)
19    plt.fill_between(df.index.values, y1=df.AMZN.values, y2=0, label=columns[1], alpha=0.75, facecolor =colors[0],
      linewidth=1,edgecolor ='k')
20    plt.fill_between(df.index.values, y1=df.AAPL.values, y2=0, label=columns[0], alpha=0.75, facecolor =colors[1],
      linewidth=1,edgecolor ='k')
21    plt.xlabel("Year")
22    plt.ylabel("Value")
23    plt.legend(loc='upper left',edgecolor='none',facecolor='none')
24    plt.show()
```

线图的故事

William Playfair（1759—1823）是苏格兰的工程师、政治经济学家以及统计图形方法的奠基人之一，他创造了我们今日习以为常的几种基本图形。

在 The Commercial and Political Atlas（Playfair, 1786）[22]一书中，他用如图 7-1-4 所示的线图展示了英格兰自 1700 年至 1780 年间的进出口数据，从图中可以很清楚地看出对英格兰有利和不利（即顺差、逆差）的年份，左边表明了对外贸易对英格兰不利，而随着时间发展，大约 1752 年后，对外贸易逐渐变得有利。

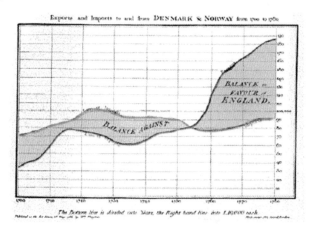

图 7-1-4　Playfair（1786）绘制的线图

另外，他还在 The Statistical Breviary（Playfair, 1801）[23]一书中，第一次使用了饼图来展示一些欧洲国家的领土比例。事实上，除了这两种图形，他还发明了条形图和圆环图。

堆积面积图（stacked area graph）的原理与多数据系列面积图相同，但它能同时显示多个数据系列，每一个系列的开始点是先前数据系列的结束点，如图 7-1-5(a)所示。堆积面积图上最大的面积代表了所有的数据量的总和，是一个整体。各个堆积起来的面积表示各个数据量的大小，这些堆积起来的面积图在表现大数据的总量分量的变化情况时格外有用，所以层叠面积图不适用于表示带有负值的数据集。总地来说，它们适合用来比较同一间隔内多个变量的变化。

在堆积面积图的基础之上，将各个面积的因变量的数据使用加和后的总量进行归一化就形成了百分比堆积面积图，如图 7-1-5(b)所示。该图并不能反映总量的变化，但是可以清晰地反映每个数值所占百分比随时间或类别变化的趋势线，对于分析各个指标分量占比极为有用。

堆积面积图侧重于表现不同时间段（数据区间）的多个分类累加值之间的趋势。百分比堆积面积图表现不同时间段（数据区间）的多个分类占比的变化趋势。而堆积柱形图和堆积面积图的差别在于，堆积面积图的 X 轴上只能表示连续数据（时间或者数值），堆积柱形图的 X 轴上只能表示分类数据。

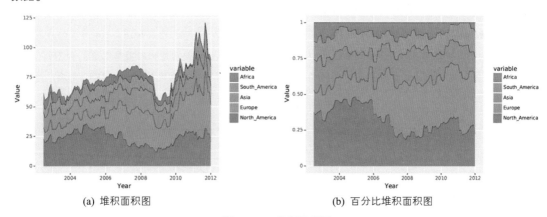

(a) 堆积面积图　　　　　　　　　　　(b) 百分比堆积面积图

图 7-1-5　堆积面积图

技能　绘制堆积面积图

potnine 包中的 geom_area()函数可以绘制面积图系列，其中 position="stack"，表示多数据系列的堆叠，可以绘制如图 7-1-5(a)所示的堆积面积图；position="full"，表示多数据系列以百分比的形式堆叠，可以绘制如图 7-1-5(b)所示的百分比堆积面积图。

对于如图 7-1-5(a)所示的堆积面积图，为了更好地展示数据信息，最好先对每个数据系列求和再进行降序处理，使数据总和最大的类别最贴近 X 轴。这样，可以很好地比较不同数据系列之间的数值大小。其具体代码如下所示。

```
01  import pandas as pd
02  from plotnine import *
03  from datetime import datetime
04  df=pd.read_csv('StackedArea_Data.csv')
05  df['Date']=[datetime.strptime(d, '%Y/%m/%d').date() for d in df['Date']]
06  Sum_df=df.iloc[:,1:].apply(lambda x: x.sum(), axis=0).sort_values(ascending=True)
07  melt_df=pd.melt(df,id_vars=["Date"],var_name='variable',value_name='value')
08  melt_df['variable']=melt_df['variable'].astype(CategoricalDtype (categories= Sum_df.index,ordered=True))
09  #堆积面积图
10  base_plot=(ggplot(melt_df, aes(x ='Date', y = 'value',fill='variable',group='variable') )+
11    geom_area(position="stack",alpha=1)+
12    geom_line(position="stack",size=0.25,color="black")+
13    scale_x_date(date_labels = "%Y",date_breaks = "2 year")+
14    scale_fill_hue(s = 0.99, l = 0.65, h=0.0417,color_space='husl')+
15    xlab("Year")+
16    ylab("Value"))
17  print(base_plot)
```

对于如图 7-1-5(b)所示的百分比堆积面积图，为了更好地展示数据信息，最好先对每个数据系列按列计算其百分比后，再进行求和与降序处理，使数据总和最大的类别最贴近 X 轴。这样，可以很好地比较不同数据系列之间的占比关系。其具体代码如下所示。

```
01  df=pd.read_csv('StackedArea_Data.csv')
02  df['Date']=[datetime.strptime(d, '%Y/%m/%d').date() for d in df['Date']]
03  SumRow_df=df.iloc[:,1:].apply(lambda x: x.sum(), axis=1)
04  df.iloc[:,1:]=df.iloc[:,1:].apply(lambda x: x/SumRow_df, axis=0)
05  meanCol_df=df.iloc[:,1:].apply(lambda x: x.sum(), axis=0).sort_values(ascending=True)
06  melt_df=pd.melt(df,id_vars=["Date"],var_name='variable',value_name='value')
07  melt_df['variable']=melt_df['variable'].astype(CategoricalDtype (categories= meanCol_df.index,ordered=True))
08  base_plot=(ggplot(melt_df, aes(x ='Date', y = 'value',fill='variable',group='variable') )+
09    geom_area(position="fill",alpha=1)+
10    geom_line(position="fill",size=0.25,color="black")+
11    scale_x_date(date_labels = "%Y",date_breaks = "2 year")+
12    scale_fill_hue(s = 0.99, l = 0.65, h=0.0417,color_space='husl')+
13    xlab("Year")+
14    ylab("Value"))
15  print(base_plot)
```

matplotlib 包中的 stackplot()函数可以绘制堆积面积图，为了更好地展示数据信息，最好也对数据做预处理后再绘制图表，图 7-1-5(a)所示的堆积面积图的具体代码如下所示。

```
01  df=pd.read_csv('StackedArea_Data.csv',index_col =0)
02  df.index=[datetime.strptime(d, '%Y/%m/%d').date() for d in df.index]
03  Sum_df=df.apply(lambda x: x.sum(), axis=0).sort_values(ascending=False)
```

```
04    df=df[Sum_df.index.tolist()]
05    columns=df.columns
06    colors= sns.husl_palette(len(columns),h=15/360, l=.65, s=1).as_hex()
07    fig =plt.figure(figsize=(5,4), dpi=100)
08    plt.stackplot(df.index.values, df.values.T, labels=columns, colors=colors,linewidth=1,edgecolor ='k')
09    plt.xlabel("Year")
10    plt.ylabel("Value")
11    plt.legend(title="group",loc="center right",bbox_to_anchor=(1.5, 0, 0, 1),edgecolor='none',facecolor='none')
12    plt.show()
```

matplotlib 包中的 stackplot()函数可以绘制百分比堆积面积图，但是需要提前计算数据的百分比数值，再使用 stackplot()函数绘制堆积面积图，还需要 plt.gca().set_yticklabels()函数将 Y 轴坐标标签转换成百分比的格式。图 7-1-5(b)所示的百分比堆积面积图的具体代码如下所示。

```
01    df=pd.read_csv('StackedArea_Data.csv',index_col =0)
02    df.index=[datetime.strptime(d, '%Y/%m/%d').date() for d in df.index]
03    SumRow_df=df.apply(lambda x: x.sum(), axis=1)
04    df=df.apply(lambda x: x/SumRow_df, axis=0)
05    meanCol_df=df.apply(lambda x: x.mean(), axis=0).sort_values(ascending=False)
06    df=df[meanCol_df.index]
07    columns=df.columns
08    colors= sns.husl_palette(len(columns),h=15/360, l=.65, s=1).as_hex()
09    fig =plt.figure(figsize=(5,4), dpi=100)
10    plt.stackplot(df.index.values, df.values.T,labels=columns,colors=colors,linewidth=1,edgecolor ='k')
11    plt.xlabel("Year")
12    plt.ylabel("Value")
13    plt.gca().set_yticklabels(['{:.0f}%'.format(x*100) for x in plt.gca().get_yticks()])
14    plt.legend(title="group",loc="center right",bbox_to_anchor=(1.5, 0, 0, 1),edgecolor='none',facecolor='none')
15    plt.show()
```

7.2 日历图

我们常用的日历也可以当作可视化工具，适用于显示不同时间段，以及活动事件的组织情况。时间段通常以不同单位显示，例如日、周、月和年。今天我们最常用的日历形式是公历，每个月的月历由七 7 个垂直列组成（代表每周 7 天），如图 7-2-1 所示。

图 7-2-1 日历示意图

日历图的主要可视化形式有如图 7-2-2 所示的两种：以年为单位的日历图（见图 7-2-1(a)）和以月为单位的日历图（见图 7-2-1(b)）。日历图的数据结构一般为（日期—Date、数值—Value），将数值（Value）按照日期（Date）在日历上展示，其中数值（Value）映射到颜色。

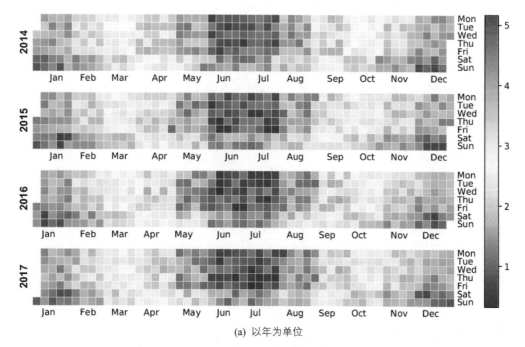

(a) 以年为单位

图 7-2-2 不同基本单位的日历图

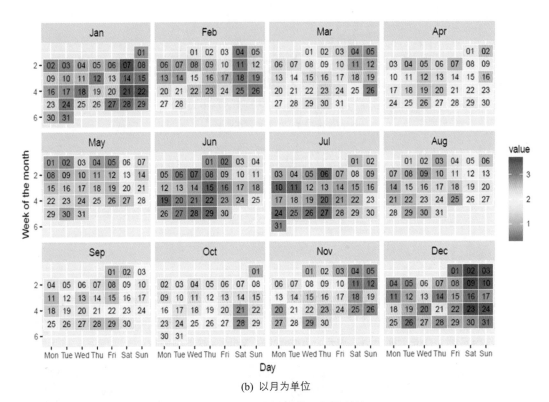

(b) 以月为单位

图 7-2-2 不同基本单位的日历图（续）

技能 绘制以年为单位的日历图

calmap 包（见链接 22）中的 calendarplot()函数可以绘制如图 7-2-2(a)所示的日历图，输入的数据格式必须为 Series 类型，而且其 index 为时间类型（DatetimeIndex），比如 2018-03-17。其具体代码如下所示。另外，calmap 包中的 yearplot()函数可以绘制具体某年的日历图。

```
01  import calmap
02  import matplotlib.pyplot as plt
03  df=pd.read_csv('Calendar.csv',parse_dates=['date'])
04  df.set_index('date', inplace=True)
05  fig,ax=calmap.calendarplot(df['value'], fillcolor='grey', linecolor='w',linewidth=0.1,cmap='RdYlGn',
06                yearlabel_kws={'color':'black', 'fontsize':12},fig_kws=dict(figsize=(10,5),dpi= 80))
07  fig.colorbar(ax[0].get_children()[1], ax=ax.ravel().tolist())
08  plt.show()
```

技能 绘制以月为单位的日历图

plotnine 包中的 geom_tile()函数，借助 facet_wrap()函数分面，就可以绘制如图 7-2-2(b)所示的以

月份为单位的日历图，具体代码如下所示。其关键在于月、周、日数据的转换。

```
01  import pandas as pd
02  import numpy as np
03  from plotnine import *
04  df=pd.read_csv('Calendar.csv',parse_dates=['date'])
05  df['year']=[d.year for d in df['date']]
06  df=df[df['year']==2017]
07  df['month']=[d.month for d in df['date']]
08  month_label=["Jan","Feb","Mar","Apr","May","Jun","Jul","Aug","Sep","Oct","Nov","Dec"]
09  df['monthf']=df['month'].replace(np.arange(1,13,1), month_label)
10  df['monthf']=df['monthf'].astype(CategoricalDtype (categories=month_label,ordered=True))
11  df['week']=[int(d.strftime('%W')) for d in df['date']]
12  df['weekay']=[int(d.strftime('%u')) for d in df['date']]
13  week_label=["Mon","Tue","Wed","Thu","Fri","Sat","Sun"]
14  df['weekdayf']=df['weekay'].replace(np.arange(1,8,1), week_label)
15  df['weekdayf']=df['weekdayf'].astype(CategoricalDtype (categories=week_label,ordered=True))
16  df['day']=[d.strftime('%d') for d in df['date']]
17  df['monthweek']=df.groupby('monthf')['week'].apply(lambda x: x-x.min()+1)
18  base_plot=(ggplot(df, aes('weekdayf', 'monthweek', fill='value')) +
19      geom_tile(colour = "white",size=0.1) +
20      scale_fill_cmap(name ='Spectral_r')+
21      geom_text(aes(label='day'),size=8)+
22      facet_wrap('~monthf' ,nrow=3) +
23      scale_y_reverse()+
24      xlab("Day") + ylab("Week of the month") +
25      theme(strip_text = element_text(size=11,face="plain",color="black"),
26          axis_title=element_text(size=10,face="plain",color="black"),
27          axis_text = element_text(size=8,face="plain",color="black"),
28          legend_position = 'right',
29          legend_background = element_blank(),
30          aspect_ratio =0.85,
31          figure_size = (8, 8),
32          dpi = 100))
33  print(base_plot)
```

7.3 量化波形图

量化波形图（stream graph），有时候也被称为河流图或者主题河流图（theme river chart），是堆积面积图的一种变形，通过"流动"的形状来展示不同类别的数据随时间的变化情况。但不同于堆积面积图，河流图并不是将数据描绘在一个固定的、笔直的轴上（堆积图的基准线就是 X 轴），而是将数据分散到一个变化的中心基准线上（该基准线不一定是笔直的）。通过使用流动的有机形状，量化波形图可显示不同类别的数据随着时间的变化，这些有机形状有点像河流，因此量化波形图看起来相当美观。

如图 7-3-1 所示为量化波形图示意，由量化波形图的组成图可以看出，它用颜色区分不同的类别，或每个类别的附加定量，流向则与表示时间的 X 轴平行。每个类别的对应数值则是与波浪的宽度成比例展示出来的。由于每个类别的数值变化形同一条宽度不一的小河，汇集、扭结在一起，因此而得名为河流图。

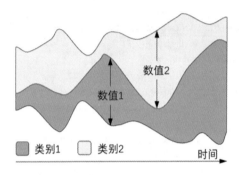

图 7-3-1　量化波形图示意

量化波形图很适合用来显示大容量的数据集，以便查找各种不同类别随着时间推移的趋势和模式。比如，波浪形状中的季节性峰值和谷值可以代表周期性模式。量化波形图也可以用来显示大量资产在一段时间内的波动率。

量化波形图的缺点在于它们存在可读性的问题，当显示大型数据集时，这类图就显得特别混乱。具有较小数值的类别经常会被"淹没"，以让出空间来显示具有更大数值的类别，使我们不能看到所有数据。此外，我们也不可能读取到量化波形图中所显示的精确数值。

因此，量化波形图还是比较适合不想花太多时间深入解读图表和探索数据的人，它适合用来显示一般表面的数据趋势。我们需要注意的是，除非使用交互技术，否则量化波形图无法精准地表达数据。但不可否认的是，在面对巨大数据量，且数值波动幅度大的情况下，量化波形图拥有优雅的视觉结构，能很好地吸引读者的注意力，同时凸显变化大的数据。

需要注意的是：最好在展示量化波形图前，先根据数据系列最大值进行排序处理。图 7-3-2(a) 所示的量化波形图，由于没有使用交互技术，而只是静态图表，从而导致数据系列太多时，很难将图例与图表中的波形数据系列一一对应。而先求取每个数据系列的最大数值，然后根据数值排序后，再展示的量化波形图如图 7-3-2(b)所示。右边的图例能很好地与左边的量化波形图对应起来，波形最大值越大，越位于左边量化波形图的外围，也越排列在图例的上方。

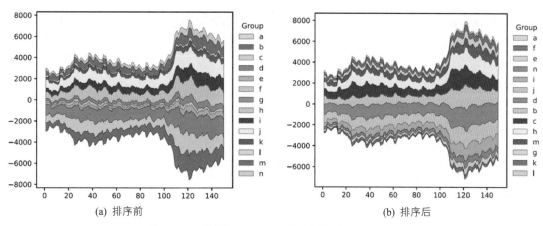

(a) 排序前　　　　　　　　　　　　　　(b) 排序后

图 7-3-2　根据数据系列最大值排序处理的量化波形图

其实，量化波形图是多个时间序列的数据系列对称堆叠而成的，无法精准地表达数据的具体数值。所以，我们也可以使用时间序列的峰峦图展示数据，如图 7-3-3 所示。如图 7-3-3(b)所示，将数值映射到渐变颜色条，这样可以清晰地表示每个具体数值，更好地观察每个数据系列随时间的变化规律，同时可以更好地比较不同数据系列之间的数值。

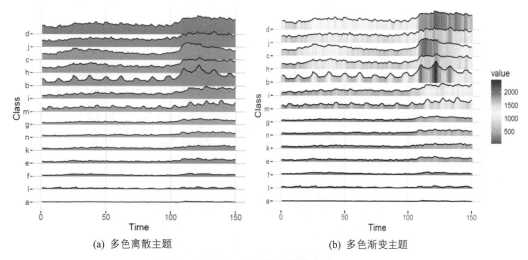

(a) 多色离散主题　　　　　　　　　　　(b) 多色渐变主题

图 7-3-3　时间序列峰峦图

技能　绘制量化波形图

matplotlib 包中的 stackplot()函数可以绘制量化波形图，只需要将参数 baseline 设定为'wiggle'。其关键在于要根据数据系列最大值进行排序处理，可以先使用 apply()函数求取每个数据系列的最大值，然后使用 sort_values()函数对所有数据系列的最大值进行排序处理即可。图 7-3-2(b)的具体代码如下所示。

```
01  import pandas as pd
02  import numpy as np
03  import matplotlib.pyplot as plt
04  from matplotlib import cm,colors
05  from matplotlib.pyplot import figure
06  df=pd.read_csv('StreamGraph_Data.csv',index_col =0)
07  df_colmax= (df.apply(lambda x: x.max(), axis=0)).sort_values(ascending=True)
08  N=len(df_colmax)
09  index=np.append(np.arange(0,N,2),np.arange(1,N,2)[::-1])
10  labels=df_colmax.index[index]
11  df=df[labels]
12  cmap=cm.get_cmap('Paired',11)
13  color=[colors.rgb2hex(cmap(i)[:3]) for i in range(cmap.N) ]
14  
15  fig = figure(figsize=(5,4.5),dpi =90)
16  plt.stackplot(df.index.values, df.values.T, labels=labels,baseline='wiggle',colors=color,edgecolor= 'k',linewidth=0.25)
17  plt.legend(loc="center right",bbox_to_anchor=(1.2, 0, 0, 1),title='Group',edgecolor='none',facecolor='none')
18  plt.show()
```

量化波形图的故事

量化波形图最早出现在 2000 年由 Susan Havre、Beth Hetzler 和 Lucy Nowell 发表的文章 *ThemeRiver: In Search of Trends, Patterns, and Relationships*[24]中。

这篇文章描述了一个名为 ThemeRiver 的互动系统的开发过程，其中使用一个文本分析引擎，对 1959 年 11 月到 1961 年 6 月期间，菲德尔·卡斯特罗的演讲、访谈以及其他文章的文本内容进行分析。河流图呈现出他在不同时期使用的词语及次数，如图 7-3-4 所示。

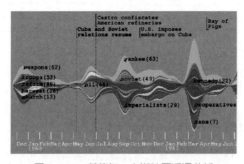

图 7-3-4　菲德尔·卡斯特罗话语分析

第 8 章

局部整体型图表

8.1 饼状图系列

8.1.1 饼图

饼图（pie chart）被广泛地应用在各个领域，用于表示不同分类的占比情况，通过弧度大小来对比各种分类。饼图是将一个圆饼按照分类的占比划分成多个区块，整个圆饼代表数据的总量，每个区块（圆弧）表示该分类占总体的比例大小，所有区块（圆弧）的加和等于 100%。

饼图可以很好地帮助用户快速了解数据的占比分配，它的主要缺点如下。

（1）饼图不适用于多分类的数据，原则上一张饼图不可多于 9 个分类。因为随着分类的增多，每个切片就会变小，最后导致大小区分不明显，每个切片看上去都差不多大小，这样对于数据的对比是没有什么意义的。

（2）相比具备同样功能的其他图表（比如百分比堆积柱形图、圆环图），饼图需要占据更大的画布空间。所以饼图不适合用于数据量大的场景。

（3）当很难对多个饼图之间的数值进行比较时，可以使用百分比堆积柱形图或者百分比堆积条形图替代。

（4）不适合多变量的连续数据的占比可视化，此时应该使用百分比堆积面积图展示数据，比如多变量的时序数据。

排序问题

在绘制饼图前一定注意把多个类别按一定的规则排序，但不是简单地升序或者降序。人们在阅读材料时一般都是从上往下，按顺时针方向的。所以千万不要把饼图的类别数据从小到大，按顺时针方向展示。因为如果按顺时针或者逆时针的顺序由小到大排列饼图的数据类别，那么最不重要的部分就会占据图表最显著的位置。

阅读饼图就如同阅读钟表一样，人们会自然地从 12 点位置开始顺时针往下阅读内容。因此，如果最大占比超过 50%，推荐将饼图的最大部分放置在 12 点位置的右边，以强调其重要性。再将第二大占比部分设置在 12 点位置的左边，剩余的类别则按逆时针方向放置。这样的话，最小占比的类别就会放置在最不重要的位置，即靠近图表底部，如图 8-1-1(a)所示。如果最大占比不是很大，一般小于 50%时，则可以将数据从 12 点位置的右边开始，按从小到大、顺时针方向放置类别，如图 8-1-1(b)所示。另外，我们可以将图 8-1-1(c)、图 8-1-1(d)与图 8-1-1(a)、图 8-1-1(b)进行对比，看看两者的数据表达效果。

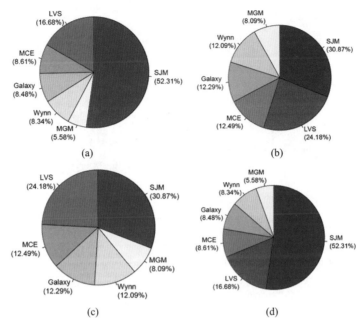

图 8-1-1　不同排布形式的饼图

技能　绘制饼图

matplotlib 包中的 pie()函数可以绘制饼图，但是在绘制前要先对数据进行降序处理，再使用 pie()函数绘制饼图，然后使用 annotate()函数添加引导线，图 8-1-1(d)的具体代码如下所示。

```
01  import pandas as pd
02  import numpy as np
03  import matplotlib.pyplot as plt
04  from matplotlib import cm,colors
05  df=pd.DataFrame(dict(labels =['LVS','SJM','MCE','Galaxy','MGM','Wynn'], sizes = [24.20,75.90,12.50, 12.30,8.10,12.10]))
06  df=df.sort_values(by='sizes',ascending=False)
07  df=df.reset_index()
08  
09  cmap=cm.get_cmap('Reds_r',6)
10  color=[colors.rgb2hex(cmap(i)[:3]) for i in range(cmap.N) ]
11  fig, ax = plt.subplots(figsize=(6, 3), subplot_kw=dict(aspect="equal"))
12  wedges, texts = ax.pie(df['sizes'].values, startangle=90, shadow=True, counterclock=False,colors=color,
13                          wedgeprops =dict(linewidth=0.5, edgecolor='k'))
14  
15  bbox_props = dict(boxstyle="square,pad=0.3", fc="w", ec="k", lw=0.72)
16  kw = dict(xycoords='data', textcoords='data', arrowprops=dict(arrowstyle="-"),
17            bbox=bbox_props, zorder=0, va="center")
```

```
18    for i, p in enumerate(wedges):
19        print(i)
20        ang = (p.theta2 - p.theta1)/2. + p.theta1
21        y = np.sin(np.deg2rad(ang))
22        x = np.cos(np.deg2rad(ang))
23        horizontalalignment = {-1: "right", 1: "left"}[int(np.sign(x))]
24        connectionstyle = "angle,angleA=0,angleB={}".format(ang)
25        kw["arrowprops"].update({"connectionstyle": connectionstyle})
26        ax.annotate(df['labels'][i], xy=(x, y), xytext=(1.2*x, 1.2*y),
27                    horizontalalignment=horizontalalignment, arrowprops=dict(arrowstyle='-'))
28    plt.show()
```

图 8-1-1(a)与图 8-1-1(d)的不同之处在于饼图的类别顺序问题，具体设置方法如下所示，然后使用 pie()函数绘制饼图并添加数据标签，就可以实现如图 8-1-1(a)所示的饼图，其核心代码如下所示。

```
01  df=pd.DataFrame(dict(labels =['LVS','SJM','MCE','Galaxy','MGM','Wynn'], sizes = [24.20,75.90, 12.50,12.30,8.10,12.10]))
02  df=df.sort_values(by='sizes',ascending=False)
03  df=df.reset_index()
04  index=np.append(0,np.arange(df.shape[0]-1,0,-1))
05  df=df.iloc[index,:]
06  df=df.reset_index()
```

8.1.2 圆环图

圆环图（又叫作甜甜圈图，donut chart），其本质是将饼图的中间区域挖空，如图 8-1-2 所示。虽然如此，圆环图还是有一点微小的优点。饼图的整体性太强，会让我们将注意力集中在比较饼图内各个扇形之间占整体比重的关系。但如果我们将两个饼图放在一起，则很难同时对比两个图。圆环图在解决上述问题时，采用了让我们更关注长度而不是面积的做法。这样我们就能相对简单地对比不同的圆环图。同时圆环图相对于饼图，其空间的利用率更高，比如我们可以使用它的空心区域显示文本信息，比如标题。

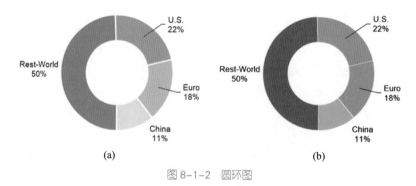

图 8-1-2 圆环图

8.2　马赛克图

马赛克图（mosaic plot，marimekko chart）用于显示分类数据中一对变量之间的关系，原理类似双向的 100%堆叠式条形图，但其中所有条形在数值/标尺轴上具有相等长度，并会被划分成段。可以通过这两个变量来检测类别与其子类别之间的关系。马赛克图的主要缺点在于难以阅读，特别是当含有大量分段的时候。此外，我们也很难准确地对每个分段进行比较，因为它们并非沿着共同基线排列在一起。因此，马赛克图较为适合提供数据概览。

非坐标轴、非均匀的马赛克图也是统计学领域中标准的马赛克图，一个非均匀的马赛克图包含以下构成元素：① 非均匀的分类坐标轴；② 面积、颜色均有含义的矩形块；③ 图例。对于非均匀的马赛克图，其中的数据维度非常多，用户一般很难直观地理解，多数情况下可以拆解成多个不同的图表。

图 8-2-1(a)所示为原始数据，包括 segment（A, B, C, D）和 variable（Alpha, Beta, Gamma, Delta）两组变量的对应数值。然后按行分别求每个 variable 变量的占比，结果如图 8-2-1(b)所示。根据该数据可以使用 geom_bar()函数绘制堆积百分比柱形图，如图 8-2-2(a)所示。再对每行求和并求其百分比，为(40, 30, 20 ,10)，其累积的百分比最大值（xmax）与最小值（xmin）如图 8-2-1(b)所示。

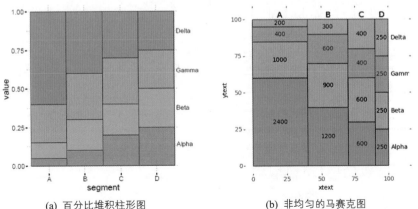

Index	gme	Alpha	Beta	Gamma	Delta
0	A	2400	1000	400	200
1	B	1200	900	600	300
2	C	600	600	400	400
3	D	250	250	250	250

(a) 原始数据

Index	Alpha	Beta	Gamma	Delta	xmax	xmin
A	60	25	10	5	40	0
B	40	30	20	10	70	40
C	30	30	20	20	90	70
D	25	25	25	25	100	90

(b) 计算转换得到的百分比数据

图 8-2-1　马赛克图的数据计算

(a) 百分比堆积柱形图　　　(b) 非均匀的马赛克图

图 8-2-2　非均匀马赛克图

技能 绘制马赛克图

根据图 8-2-1(a)所示的原始数据，计算得到百分比数据，然后计算每个方块的位置，左下角顶点（xmin,ymin）和右上角顶点（xmax,ymax），最后使用 plotnine 包中的 geom_rect()函数绘制矩形方块，从而实现如图 8-2-2(b)所示的非均匀的马赛克图，其代码如下所示。

```
01  import pandas as pd
02  import numpy as np
03  from plotnine import *
04  from plotnine.data import *
05  import matplotlib.pyplot as plt
06  df =pd.DataFrame(dict(segment = ["A", "B", "C","D"],
07                        Alpha = [2400,1200, 600   ,250],
08                        Beta  = [1000 , 900,  600,  250],
09                        Gamma = [400,   600    ,400, 250],
10                        Delta = [200, 300   ,400, 250]))
11  df=df.set_index('segment')
12  melt_df=pd.melt(df.reset_index(),id_vars=["segment"],var_name='variable',value_name='value')
13  df_rowsum= df.apply(lambda x: x.sum(), axis=1)
14  for i in df_rowsum.index:
15      for j in df.columns:
16          df.loc[i,j]=df.loc[i,j]/df_rowsum[i]*100
17
18  df_rowsum=df_rowsum/np.sum(df_rowsum)*100
19  df['xmax']= np.cumsum(df_rowsum)
20  df['xmin'] = df['xmax'] - df_rowsum
21  dfm=pd.melt(df.reset_index(), id_vars=["segment", "xmin", "xmax"],value_name="percentage")
22  dfm['ymax'] = dfm.groupby('segment')['percentage'].transform(lambda x: np.cumsum(x))
23  dfm['ymin'] = dfm.apply(lambda x: x['ymax']-x['percentage'], axis=1)
24  dfm['xtext']= dfm['xmin'] + (dfm['xmax'] - dfm['xmin'])/2
25  dfm['ytext']= dfm['ymin'] + (dfm['ymax'] - dfm['ymin'])/2
26  dfm=pd.merge(left=melt_df,right=dfm,how="left",on=["segment", "variable"])
27  df_label=pd.DataFrame(dict(x = np.repeat(102,4), y = np.arange(12.5,100,25), label = ["Alpha","Beta", "Gamma","Delta"]))
28
29  base_plot=(ggplot()+
30    geom_rect(aes(ymin = 'ymin', ymax = 'ymax', xmin = 'xmin', xmax = 'xmax', fill = 'variable'), dfm,colour = "black") +
31    geom_text(aes(x = 'xtext', y = 'ytext',   label = 'value'),dfm ,size = 10)+
32    geom_text(aes(x = 'xtext', y = 103, label = 'segment'),dfm ,size = 13)+
33    geom_text(aes(x='x',y='y',label='label'),df_label,size = 10,ha    ='left')+
34    scale_x_continuous(breaks=np.arange(0,101,25),limits=(0,110))+
35    scale_fill_hue(s = 0.90, l = 0.65, h=0.0417,color_space='husl')+
36    theme(panel_background=element_blank(),
37          panel_grid_major = element_line(colour = "grey",size=.25,linetype ="dotted" ),
```

```
38             panel_grid_minor = element_line(colour = "grey",size=.25,linetype ="dotted" ),
39             text=element_text(size=10),
40             legend_position="none",
41             figure_size = (5, 5),
42             dpi = 100))
43  print(base_plot)
```

类别数据具有层次结构，能使读者从不同的层次与角度观察数据。类别数据的可视化主要包括矩形树状图和马赛克图两种类型。矩形树状图能结合矩形块的颜色展示一个紧致的类别空间；马赛克图能按行或按列展示多个类别的比较关系。矩形树状图用于展示树形数据，是关系型数据。马赛克图用于分析列表数据，是非关系型数据，如图 8-2-3 所示。

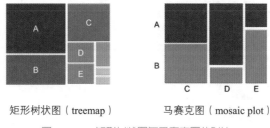

矩形树状图（treemap）　　马赛克图（mosaic plot）

图 8-2-3　矩形树状图与马赛克图的对比

马赛克图的故事

在 1844 年，Minard 绘制了一幅名为 Tableau Graphique 的图形，显示了运输货物和人员的不同成本，如图 8-2-4 所示。在这幅图中，他创新地使用了分块的条形图，其宽度对应路程，高度对应旅客或货物种类的比例。这幅图是当代马赛克图的雏形。

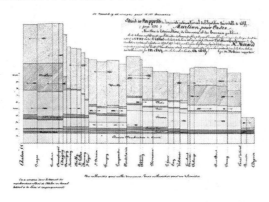

图 8-2-4　世界上第一幅马赛克图

8.3 华夫饼图

块状图（tile matrix chart）也就是常见的华夫饼图（waffle chart），华夫饼图是展示总数据的组类别情况的一种有效图表。华夫饼是西方烘焙的一种有许多小方格形状的面包，这种图表因此而得名。

块状华夫饼图的小方格用不同颜色表示不同类别，适合用来快速检视数据集中不同类别的分布和比例，并与其他数据集的分布和比例进行比较，让人更容易找出其中的规律。华夫饼图主要包括侧重展示类别数值的堆积型块状华夫饼图和侧重展示类别占比的百分百华夫饼图，如图 8-3-1 所示。

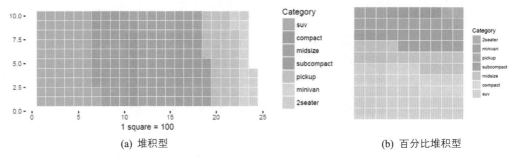

图 8-3-1　块状华夫饼图

点状华夫饼图（dot waffte chart）以点为单位显示离散数据，每种颜色的点表示一个特定类别，并以矩阵形式组合在一起，适合用来快速检视数据集中不同类别的分布和比例，并与其他数据集的分布和比例进行比较，让人更容易找出其中模式。当只有一个变量/类别时（所有点都是相同颜色），点状华夫饼图相当于比例面积图，如图 8-3-2 所示。

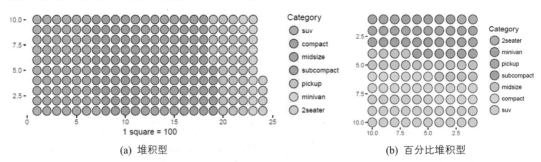

图 8-3-2　点状华夫饼图

技能　绘制百分比堆积型华夫饼图

图 8-3-1(b)和图 8-3-2(b)所示的百分比堆积型的块状和点状华夫饼图，可以使用 geom_tile()函数和 geom_point()函数绘制，只是需要对数据进行预处理，先计算数据的百分比，再转换到 10×10 矩阵

中，其具体实现代码如下所示。

```
01  import pandas as pd
02  import numpy as np
03  from plotnine import *
04  from plotnine.data import mpg
05  nrows=10
06  categ_table=(np.round(pd.value_counts(mpg['class']) * ((nrows*nrows)/(len(mpg['class']))),0)).astype(int)
07  sort_table=categ_table.sort_values(ascending=False)
08  a = np.arange(1,nrows+1,1)
09  b = np.arange(1,nrows+1,1)
10  X,Y=np.meshgrid(a,b)
11  df_grid =pd.DataFrame({'x':X.flatten(),'y':Y.flatten()})
12  df_grid['category']=pd.Categorical(np.repeat(sort_table.index,sort_table[:]),categories=sort_table.index, ordered=False)
13  base_plot=(ggplot(df_grid, aes(x = 'x', y = 'y', fill = 'category')) +
14      geom_tile(color = "white", size = 0.25) +           #百分比堆积块状型
15      #geom_point(color = "black",shape='o',size=13) +    #百分比堆积点状型
16      coord_fixed(ratio = 1)+
17      scale_fill_brewer(type='qual',palette="Set2")+
18      theme_void()+
19      theme(panel_background  = element_blank(),
20          legend_position = "right",
21          aspect_ratio =1,
22          figure_size = (5, 5),
23          dpi = 100))
24  print(base_plot)
```

技能　绘制堆积型华夫饼图

图 8-3-1(a)和图 8-3-2(a)所示的堆积型华夫饼图与百分比堆积型华夫饼图的区别在于其数据并不是转换到 10×10 矩阵中，而是在设定最小单元数值后，将数据按最小单元值转换到相应的矩阵中，然后使用 geom_tile()函数和 geom_point()函数绘制块状或点状华夫饼图，其具体实现代码如下所示。

```
01  categ_table=(np.round(pd.value_counts(mpg['class']),0)).astype(int)
02  sort_table=categ_table.sort_values(ascending=False)
03  ndeep= 10
04  a = np.arange(1,ndeep+1,1)
05  b = np.arange(1,np.ceil(sort_table.sum()/ndeep)+1,1)
06  X,Y=np.meshgrid(a,b)
07  df_grid =pd.DataFrame({'x':X.flatten(),'y':Y.flatten()})
08  category=np.repeat(sort_table.index,sort_table[:])
09  df_grid=df_grid.loc[np.arange(0,len(category)),:]
10  df_grid['category']=pd.Categorical(category, categories=sort_table.index, ordered=False)
11  base_plot=(ggplot(df_grid, aes(x = 'y', y = 'x', fill = 'category')) +
```

```
12      #geom_tile(color = "white", size = 0.25) +       #堆积型块状华夫饼图
13      geom_point(color = "black",shape='o',size=7) +   #堆积型点状华夫饼图
14      coord_fixed(ratio = 1)+
15       xlab("1 square = 100")+
16       ylab("")+
17      scale_fill_brewer(type='qual',palette="Set2")+
18      theme(panel_background  = element_blank(),
19            legend_position = "right",
20            figure_size = (7, 7),
21            dpi = 100))
22    print(base_plot)
```

8.4 块状/点状柱形图系列

我们可以将堆积型华夫饼图拓展为块状或点状柱形图系列图表，包括簇状柱形图（见图 8-4-1）、堆积柱形图（见图 8-4-2）、百分比堆积柱形图（见图 8-4-3）和块状多数据系列柱形图（见图 8-4-4）。使用点状或块状作为数据的最小单元，从而展示数值，这样不仅可以使图表更加美观，而且也更能精准地表示数据信息。

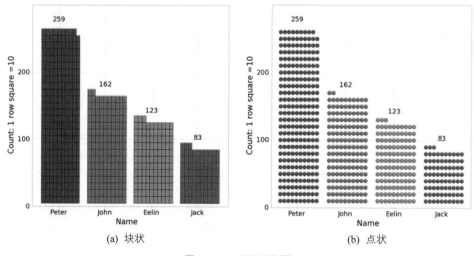

图 8-4-1　簇状柱形图

技能　绘制簇状柱形图

块状或点状簇状柱形图其实就是多个块状或者点状的华夫饼图的组合，可以使用 plotnine 中的 geom_tile()函数和 geom_point()函数实现，其主要参数包括 ndeep（表示每行的单元个数）和 Width

（表示簇状柱形之间的间隔）。另外，需要在自动生成的 Y 轴刻度 breaks 的基础上，将 breaks×ndeep 替代原理的数值标签。图 8-4-1(a)的实现代码如下所示。

```
01  import pandas as pd
02  import numpy as np
03  from plotnine import *
04  categ_table=pd.DataFrame(dict(names=['Peter','Jack','Eelin','John'], vals=[259,83,123,162]))
05  categ_table=categ_table.sort_values(by='vals',ascending=False)
06  categ_table=categ_table.reset_index()
07  N=len(categ_table)
08  ndeep=10
09  Width=2
10  mydata=pd.DataFrame( columns=["x","y", "names"])
11
12  for i in np.arange(0,N):
13      print(i)
14      x=categ_table['vals'][i]
15      a = np.arange(1,ndeep+1,1)
16      b = np.arange(1,np.ceil(x/ndeep)+1,1)
17      X,Y=np.meshgrid(a,b)
18      df_grid =pd.DataFrame({'x':X.flatten(),'y':Y.flatten()})
19      category=np.repeat(categ_table['names'][i],x)
20      df_grid=df_grid.loc[np.arange(0,len(category)),:]
21      df_grid['x']=df_grid['x']+i*ndeep+i*Width
22      df_grid['names']=category
23      mydata=mydata.append(df_grid)
24
25  mydata['names']=mydata['names'].astype(CategoricalDtype (categories=categ_table['names'],ordered=True))
26  mydata['x']=mydata['x'].astype(float)
27  x_breaks=(np.arange(0,N)+1)*ndeep+np.arange(0,N)*Width-ndeep/2
28  x_label=categ_table.names
29  mydata_label=pd.DataFrame(dict(y=np.ceil(categ_table['vals']) / ndeep+2,x=x_breaks,label=categ_table['vals']))
30
31  breaks=np.arange(0,30,10)
32  base_plot=(ggplot() +
33      geom_tile(aes(x = 'x', y = 'y', fill = 'names'),mydata,color = "black",size=0.25) +
34      geom_text(aes(x='x',y='y',label='label'),data=mydata_label,size=13) +
35      scale_fill_brewer(type='qual',palette="Set1")+
36      xlab("Name")+
37      ylab("Count: 1 row square =" + str(ndeep))+
38      scale_x_continuous(breaks=x_breaks,labels=x_label)+
39      scale_y_continuous(breaks=breaks,labels=breaks*ndeep,limits = (0, 30),expand=(0,0)) +
40      theme_light()+
```

```
41      theme(
42          axis_title=element_text(size=15,face="plain",color="black"),
43          axis_text = element_text(size=13,face="plain",color="black"),
44          legend_position = "none",
45          figure_size = (7, 7),
46          dpi = 100))
47  print(base_plot)
```

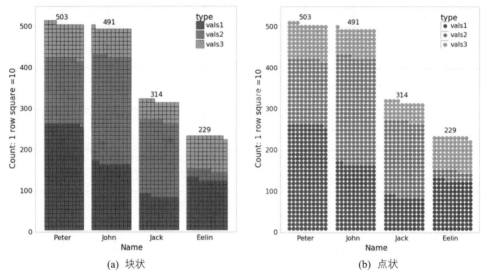

(a) 块状　　　　　　　　　　　(b) 点状

图 8-4-2　堆积柱形图

技能　绘制堆积柱形图

块状或点状堆积柱形图其实就是多个块状或者点状的华夫饼图的组合，可以使用 plotnine 包中的 geom_tile()函数和 geom_point()函数实现，其主要参数包括 ndeep（表示每行的单元个数）和 Width（表示簇状柱形之间的间隔）。另外，需要在自动生成的 Y 轴刻度 breaks 的基础上，将 breaks×ndeep 替代原理的数值标签。图 8-4-2(a)的实现代码如下所示，实现方法与图 8-4-1(a)簇状柱形图基本一致。

```
01  categ_table=pd.DataFrame(dict(names=['Peter','Jack','Eelin','John'], vals1=[259,83,123,162], vals2=[159, 183,23,262], vals3=[85,48,83,67]))
02  categ_table=categ_table.set_index( 'names')
03  df_rowsum= categ_table.apply(lambda x: x.sum(), axis=1).sort_values(ascending=False)
04  N=len(df_rowsum)
05  ndeep=10
06  Width=2
07  mydata=pd.DataFrame( columns=["x","y", "type"])
08  j=0
09  for i in df_rowsum.index:
```

```
10      x=df_rowsum[i]
11      a = np.arange(1,ndeep+1,1)
01      b = np.arange(1,np.ceil(x/ndeep)+1,1)
02      X,Y=np.meshgrid(a,b)
03      df_grid =pd.DataFrame({'x':X.flatten(),'y':Y.flatten()})
04      category=np.repeat(categ_table.columns,categ_table.loc[i,:])
05       df_grid=df_grid.loc[np.arange(0,len(category)),:]
06      df_grid['x']=df_grid['x']+j*ndeep+j*Width
07       j=j+1
08       df_grid['type']=category
09      mydata=mydata.append(df_grid)
10
11  mydata['type']=mydata['type'].astype(CategoricalDtype (categories=categ_table.columns,ordered=True))
12  mydata['x']=mydata['x'].astype(float)
13  x_breaks=(np.arange(0,N)+1)*ndeep+np.arange(0,N)*Width-ndeep/2
14  x_label=df_rowsum.index
15  mydata_label=pd.DataFrame(dict(y=np.ceil(df_rowsum) / ndeep+2,x=x_breaks,label=df_rowsum))
16  breaks=np.arange(0,55,10)
17  base_plot=(ggplot() +
18      geom_tile(aes(x = 'x', y = 'y', fill = 'type'),mydata,color = "k",size=0.25) +
19      geom_text(aes(x='x',y='y',label='label'),data=mydata_label,size=13)+
20      scale_fill_brewer(type='qual',palette="Set1")+
21      xlab("Name")+
22      ylab("Count: 1 row square =" + str(ndeep))+
23       coord_fixed(ratio = 1)+
24      scale_x_continuous(breaks=x_breaks,labels=x_label)+
25      scale_y_continuous(breaks=breaks,labels=breaks*ndeep,limits = (0, 55),expand=(0,0)) +
26      theme_light()+
27      theme(axis_title=element_text(size=15,face="plain",color="black"),
28          axis_text = element_text(size=13,face="plain",color="black"),
29          legend_text = element_text(size=13,face="plain",color="black"),
30          legend_title=element_text(size=15,face="plain",color="black"),
31          legend_background=element_blank(),
32          legend_position = (0.8,0.8),
33          figure_size = (7, 7),
34          dpi = 90))
35  print(base_plot)
```

块状或点状百分比堆积柱形图如图 8-4-3 所示，其实现原理基本与块状或点状堆积柱形图一致，只是需要先将数据数值计算转换成百分比数值，然后每个类别使用一定数量的块状或点状表示，如图 8-4-3 所示，每个 X 轴类别使用 300 个最小单元表示；最后需要将 Y 轴刻度转换成对应的百分比格式。

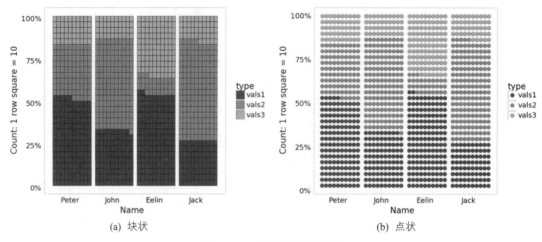

(a) 块状　　　　　　　　　　　　　　　(b) 点状

图 8-4-3　百分比堆积柱形图

块状多数据系列柱形图如图 8-4-4 所示，在块状簇状柱形图的基础上增加多个数据系列，其核心参数依旧是 ndeep=5 和 Width=2。X 轴下的同一个类别的不同数据系列之间的间隔设定为 0，不同类别之间的间隔设定为 Width，X 轴标签的间隔为：

x_breaks=(np.arange(0,N)*3+2)*ndeep+np.arange(0,N)*Width-ndeep/2

其中，N 表示 X 轴的类别数目为 4，x_labels 为['Peter','Jack','Eelin','John']。

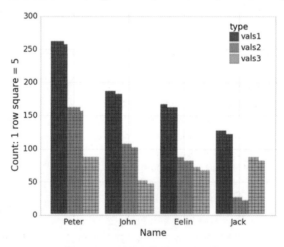

图 8-4-4　块状多数据系列柱形图

第 9 章

高维数据型图表

高维数据在这里泛指高维（multidimensional）和多变量（multivariate）数据，高维非空间数据中蕴含的数据特征与二维、三维空间数据并不相同。其中，高维是指数据具有多个独立属性；多变量是指数据具有多个相关属性。

因此，往往不能使用空间数据的可视化方法处理高维数据。与常规的低维数据可视化方法相比，高维数据可视化面临的挑战是如何呈现单个数据点的各属性的数据值分布，以及比较多个高维数据点之间的属性关系，从而提升高维数据的分类、聚类、关联、异常点检测、属性选择、属性关联分析和属性简化等任务的效率。[52]因此，必须采用专业的可视化技术。

常用的高维数据可视化方法如图9-0-1所示。这4类高维数据可视化方法的特点比较如表9-0-1所示。

（1）基于点的方法：以点为基础展现单个数据点与其他数据点之间的关系（相似性、距离、聚类等信息）。

（2）基于线的方法：采用轴坐标编码各个维度的数据属性值，将体现各个数据属性间的关联。

（3）基于区域的方法：将全部数据点的全部属性，以区域填充的方式在二维平面布局，并采用颜色等视觉通道呈现数据属性的具体值。

（4）基于样本的方法：采用图标或者基本的统计图表方法编码单个高维数据点，并将所有数据点在空间中布局排列，方便用户进行对比分析。

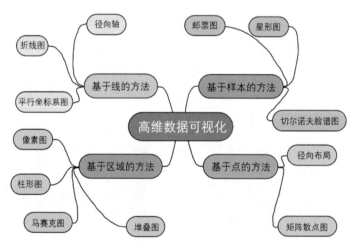

图9-0-1 高维数据可视化的分类

表 9-0-1　四类高维数据可视化方法的特点比较[52]

编码对象/方法	基于点	基于线	基于区域	基于样本
单属性值	无	轴坐标	带颜色的点	基本可视化元素
全属性值	无	轴坐标的链接	填充颜色块	可视化元素组合
多属性关系	无	轴坐标的对比	以属性为索引填充颜色块对比	无
多数据点关系	散点布局	折线段的相似性	以数据序号为索引填充颜色块对比	样本的排列对比
适应范围	分析数据点的关系	分析各数据属性的关系	大规模数据集的全属性的同步比较	少量数据点的全属性的同步比较

9.1　高维数据的变换展示

人眼一般能感知的空间为二维和三维空间。高维数据可视化的重要目标就是将高维数据呈现于二维或三维空间中。高维数据变换就是采用降维度的方法，使用线性或非线性变换把高维数据投影到低维空间中，去掉冗余属性，但同时尽可能地保留高维空间的重要信息和特征。

从具体的降维方法来分类，主要可分为线性和非线性两大类。其中，线性方法包括主成分分析（Principal Components Analysis，PCA）、多维尺度分析（Multi Dimensional Scaling，MDS）、非矩阵分解（Non-negative Matrix Factorization，NMF）等；非线性方法包括等距特征映射（Isometric Feature Mapping，ISOMAP）、局部线性嵌套（Locally Linear Embedding，LLE）等。[53]

9.1.1　主成分分析法

主成分分析法，也被称为主分量分析法，是一种很常用的数据降维方法[54]。主成分分析法采用一个线性变换将数据变换到一个新的坐标系统中，使得任何数据点投影到第一个坐标（成为第一主成分）的方差最大，在第二个坐标（第二主成分）的方差为第二大，以此类推。因此，主成分分析可以减少数据的维数，并保持对方差贡献最大的特征，相当于保留低阶主成分，忽略高阶主成分。一组二维数据（见图 9-1-1 (a)），采用主成分分析法检测到的前两位综合指标，正好指出数据点的两个主要方向 v_1 和 v_2（两个正交的箭头），提取的前两位综合指标，如图 9-1-1(b)所示。

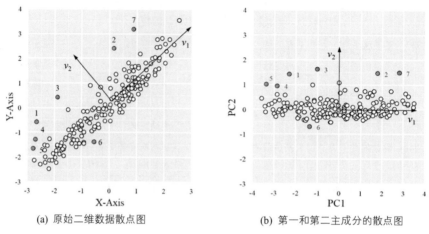

(a) 原始二维数据散点图　　　　　(b) 第一和第二主成分的散点图

图 9-1-1　主成分分析法应用于二维数据点的分析结果

技能　绘制主成分分析图

sklearn 包中的主成分分析函数 PCA() 可以进行数据降维处理，使用 plotnine 包中的 geom_point() 函数可以以散点的形式展示数据分析结果，同时可以使用 stat_ellipse() 函数添加椭圆标定不同的数据类别，如图 9-1-2 所示，其中图 9-1-2 (a) 四维数据的 iris 数据集的具体代码如下所示。

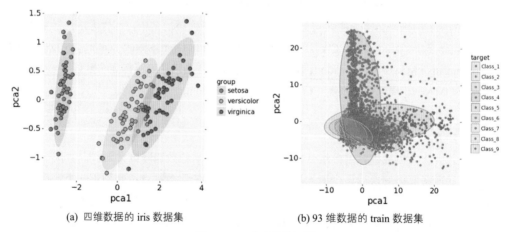

(a) 四维数据的 iris 数据集　　　　　(b) 93 维数据的 train 数据集

图 9-1-2　主成分分析图

```
01  import pandas as pd
02  import numpy as np
03  from plotnine import *
04  from sklearn.decomposition import PCA
05  from sklearn import datasets
06  iris = datasets.load_iris()
```

```
07    X_reduced = PCA(n_components=2).fit_transform(iris.data)
08    target=pd.Categorical.from_codes(iris.target,iris.target_names)
09    df=pd.DataFrame(dict(pca1=X_reduced[:, 0],pca2=X_reduced[:, 1],target=target))
10    base_plot=(ggplot(df, aes('pca1','pca2',fill='factor(target)')) +
11       geom_point (alpha=1,size=3,shape='o',colour='k')+    #绘制透明度为 0.2 的散点图
12       stat_ellipse( geom="polygon", level=0.95, alpha=0.2) + #绘制椭圆标定不同类别
13       scale_fill_manual(values=("#00AFBB", "#E7B800", "#FC4E07"),name='group')+
14       theme(
15          axis_title=element_text(size=15,face="plain",color="black"),
16          axis_text = element_text(size=13,face="plain",color="black"),
17          legend_text = element_text(size=11,face="plain",color="black"),
18          figure_size = (5,5),
19          dpi = 100))
20    print(base_plot)
```

9.1.2　t-SNE 算法

　　t-SNE（t-distributed Stochastic Neighbor Embedding）算法是用于降维的一种机器学习算法，由 Laurens van der Maaten 和 Geoffrey Hinton 在 2008 年提出[55]。t-SNE 是一种用于探索高维数据的非线性降维算法，非常适合将高维数据降到二维或者三维，再使用散点图等基本图表进行可视化。PCA 是一种线性算法，它不能解释特征之间的复杂多项式关系；而 t-SNE 算法是基于在邻域图上随机游走的概率分布来找到数据内结构的（见图 9-1-3）。

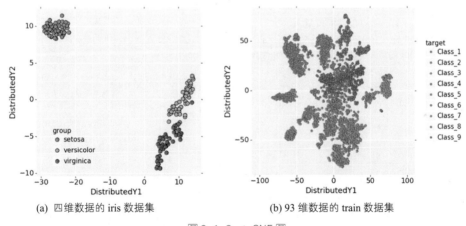

(a) 四维数据的 iris 数据集　　　　(b) 93 维数据的 train 数据集

图 9-1-3　t-SNE 图

　　SNE 通过仿射（affinitie）变换将数据点映射到概率分布上，主要包括两个步骤。

　　（1）SNE 构建一个高维对象之间的概率分布，使得相似的对象有更高的概率被选择，而不相似的对象有较低的概率被选择。

（2）SNE 在低维空间里构建这些点的概率分布，使得这两个概率分布之间尽可能地相似。

t-SNE 作为新兴的降维算法，也并非万能，其主要不足之处有如下两点。

（1）t-SNE 算法倾向于保存局部特征，对于本征维数（intrinsic dimensionality）本身就很高的数据集，是不可能完整地映射到二到三维空间的。

（2）t-SNE 算法没有唯一最优解，且没有预估部分。如果想要做预估，则可以考虑在降维之后构建一个回归方程之类的模型。但是要注意，在 t-SNE 算法中，距离本身是没有意义的，都是概率分布问题。

技能 绘制 t-SNE 图

sklearn 包的 TSNE()函数可以对数据进行降维处理，使用 plotnine 包中的 geom_point()函数绘制如图 9-1-3(a)所示的图表，其实现代码如下所示。

```
01  import pandas as pd
02  import numpy as np
03  from plotnine import *
04  from sklearn import manifold, datasets
05  df=pd.read_csv('Tsne_Data.csv')
06  df=df.set_index('id')
07  num_rows_sample=5000
08  df = df.sample(n=num_rows_sample)
09  tsne = manifold.TSNE(n_components=2, init='pca', random_state=501)
10  X_tsne = tsne.fit_transform(df.iloc[:,:-1])
11  df=pd.DataFrame(dict(DistributedY1=X_tsne[:, 0],DistributedY2=X_tsne[:, 1],target=df.iloc[:,-1]))
12  base_plot=(ggplot(df, aes('DistributedY1','DistributedY2',fill='target')) +
13      geom_point (alpha=1,size=2,shape='o',colour='k',stroke=0.1)+
14      scale_fill_hue(s = 0.99, l = 0.65, h=0.0417,color_space='husl')+
15      xlim(-100,100))
16  (base_plot)
```

9.2 分面图

当我们用三维图表表示三维或者四维数据时，其实就已经有点不容易清晰地观察数据规律与展示数据信息了，如图 9-2-1 所示。其中图 9-2-1(a)以三维散点图的形式，展示了三维数据信息 tau、SOD 和 Class（Control、Impaired 和 Uncertain）；图 9-2-1(b)在图 9-2-1(a)的基础上，以气泡的形式添加了一维数据变量 Age，总共展示了四维数据信息。但是此时，已经很难观察数据的变化关系，所以可以引入分面图的形式展示数据。

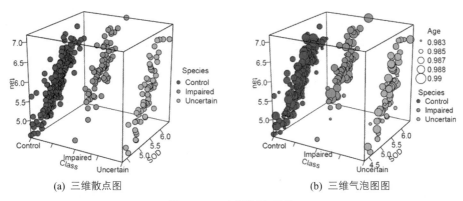

(a) 三维散点图　　　　　　　(b) 三维气泡图图

图 9-2-1　高维数据可视化

plotnine 包中有两个很有意思的函数：facet_wrap() 和 facet_grid()，这两个函数可以根据类别属性绘制一些系列子图，类似于邮票图（stamp chart），其大致可以分为：矩阵分面图（见图 9-2-4 所示的矩阵分面气泡图）、行分面图（见图 5-5-2 所示的行分面的带填充的曲线图）、列分面图（见图 9-2-2 所示的列分面的散点图和图 9-2-3 所示的列分面的气泡图）。其他分面图，比如树形分面图、圆形分面图等。分面图就是根据数据类别按行或者列，使用散点图、气泡图、柱形图或者曲线图等基础图表展示数据，揭示数据之间的关系，可以适用于四维到五维的数据结构类型。

图 9-2-2 为列分面的散点图，图 9-2-2(a) 为三维数据，分别为 tau、SOD 和 Class（Control、Impaired 和 Uncertain）。该数据也可以使用三维散点图绘制，将数据系列根据 Class 类别，将散点数据绘制在三个平面。但是由于数据的遮挡，这样并不能很好地展示数据，从而影响读者对数据的观察。图 9-2-2(a) 就能清晰地展示不同类别下变量 SOD 和 tau 的关系。在这个基础上，也可以通过 stat_smooth(method = "loess") 语句，从而添加 LOESS 平滑拟合曲线，如图 9-2-2(b) 所示。

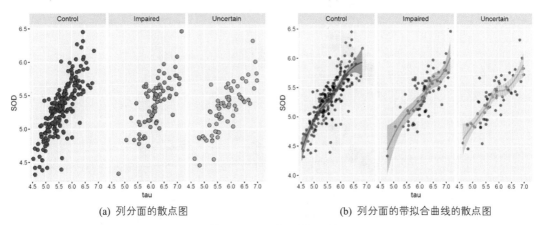

(a) 列分面的散点图　　　　　　　(b) 列分面的带拟合曲线的散点图

图 9-2-2　列分面的散点图

图 9-2-3 为列分面的气泡图，展示的是四维数据，分别为 tau、SOD、Class（Control、Impaired 和 Uncertain）和 age。其中，平时使用气泡图可以展示三维数据，第一维和第二维数据分别对应 X 轴和 Y 轴坐标，气泡大小对应第三维数据。使用列分面的气泡图可以通过列分面对应第四维数据。图 9-2-3(a)使用不同颜色区分变量 Class，图 9-2-3(b)使用带颜色映射的气泡图，变量 Class 可以通过分面上方的标题区分。

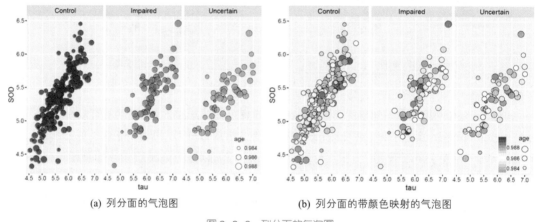

(a) 列分面的气泡图　　　　　　　(b) 列分面的带颜色映射的气泡图

图 9-2-3　列分面的气泡图

图 9-2-4 为矩阵分面的气泡图，展示的是五维数据，分别为 tau、SOD、Class（Control、Impaired 和 Uncertain）、age 和 Gender（Male 和 Female）。气泡图可以对应展示前三维的数据，使用矩阵分面的气泡图可以通过行和列分面对应第四维和第五维数据。所以，矩阵分面的气泡图可以很好地展示五维数据，其中三维为连续数据，二维为离散数据。

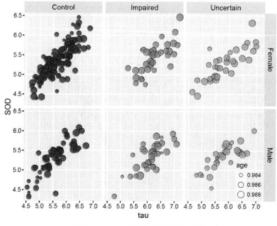

图 9-2-4　矩阵分面气泡图

技能 绘制列分面气泡图

plotnine 包中提供的 facet_wrap()函数和 facet_grid()函数都可以实现按行和按列的分面操作，其中，图 9-2-2(a)所示的列分面气泡图的核心代码如下所示。需要注意的是，LOESS 数据平滑方法需要先安装 skmisc 包，并导入 LOESS 数据平滑方法。

```
01  from skmisc.loess import loess as loess_klass
02  df=pd.read_csv('Facet_Data.csv')
03  (ggplot(df, aes(x = 'tau', y = 'SOD',fill = 'Class')) +
04    geom_point(size=2,shape='o',fill = 'black',colour="black",alpha=0.5,show_legend=False) +
05    stat_smooth(method = 'loess',show_legend=False,alpha=0.7)+
06    scale_fill_hue(s = 0.99, l = 0.65, h=0.0417,color_space='husl')+
07    facet_wrap('~ Class'))
```

技能 绘制矩阵分面气泡图

plotnine 包中提供的 facet_grid()函数可以绘制图 9-2-3 所示的矩阵分面气泡图，其核心代码如下所示。其中，使用 scale_fill_manual()函数自定义数据点的填充颜色。

```
01  df['gender']=df['gender'].astype('category')
02  df['gender'].cat.categories=['Female','Male']
03  (ggplot(df, aes(x = 'tau', y = 'SOD', fill = 'Class', size = 'age')) + #其气泡的颜色填充由 Class 映射，大小由 age 映射
04    geom_point(shape='o',colour="black",alpha=0.7) + #设置气泡类型为空心的圆圈，边框颜色为黑色，填充颜色透明度为 0.7
05    scale_fill_manual(values=("#FF0000","#00A08A","#F2AD00"))+
06    facet_grid('gender ~ Class') )    #性别 Gender 为行变量，类别 Class 为列变量
```

9.3 矩阵散点图

矩阵散点图(matrix scatter plot)是散点图的高维扩展，它是一种常用的高维度数据可视化技术。它将高维度数据的每两个变量组成一个散点图，再将它们按照一定的顺序组成矩阵散点图[56]。通过这样的可视化方式，能够将高维度数据中所有变量的两两之间的关系展示出来。它从一定程度上克服了在平面上展示高维度数据的困难，在展示多维数据的两两之间的关系时有着不可替代的作用。

以统计学中经典的鸢尾花(anderson's iris data set)案例为例，其数据集包含了 50 个样本，都属于鸢尾花属下的 3 个亚属，分别是山鸢尾、变色鸢尾和弗吉尼亚鸢尾(setosa、versicolor 和 virginica)。4 个特征被用作样本的定量分析，它们分别是花萼和花瓣的长度、宽度(sepals width、sepals height、petals width 和 petals height)。图 9-3-1 用矩阵散点图展示了鸢尾花数据集。

图 9-3-1(a)为单数据系列的矩阵散点图，由于子图表较多，这里将网格线删除以突出数据部分图表。下半部分展示带线性拟合的两个变量散点图，中间对角线部分展示一个变量的统计直方图，上半部分展示两个变量之间的相关系数。这样的矩阵散点图能全面地展示数据分析结果，包括两个变量之间的相关系数、带线性拟合的散点图和单个变量的统计直方图。其中，中间对角线部分也展示一个变量的核密度估计曲线图，如图 9-3-1(b)所示。

矩阵散点图的主要优点是能够直观解释所有的任意二维数据之间的关系，而不受数据集大小和维数多少的影响；缺点是当维数增加时，矩阵会受到屏幕大小的限制，而且它只能够发现两个数据维之间的关系，很难发现多个数据维之间的关系。

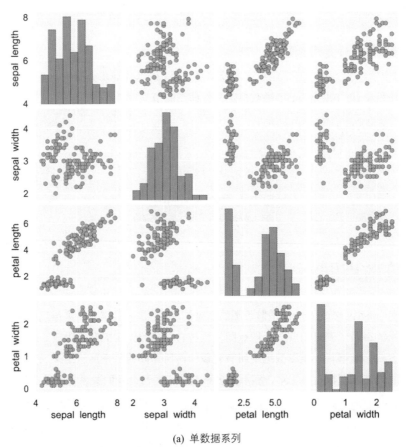

(a) 单数据系列

图 9-3-1 矩阵散点图

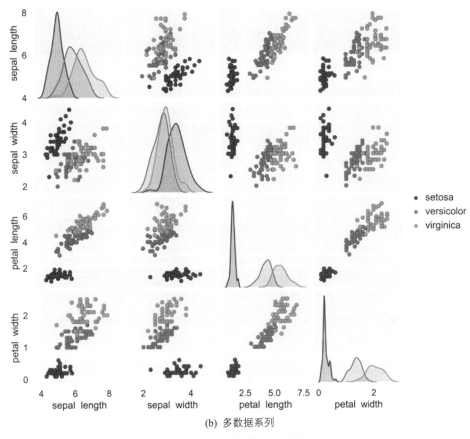

(b) 多数据系列

图 9-3-1 矩阵散点图（续）

技能 绘制矩阵散点图

Seaborn 包中的 pairplot()函数可以绘制矩阵散点图，同时通过使用 map_diag()函数控制对角线上的子图表展示类型，包括统计直方图或核密度估计曲线图；map_offdiag()函数控制非对角线外的子图表展示类型，一般为散点图。图 9-3-1 的具体实现代码如下所示。

```
01  import seaborn as sns
02  import matplotlib.pyplot as plt
03  sns.set_style("darkgrid",{'axes.facecolor': '.95'})
04  sns.set_context("notebook", font_scale=1.5, rc={'axes.labelsize': 13, 'legend.fontsize':13, 'xtick.labelsize': 12,'ytick.labelsize': 12})
05  df = sns.load_dataset("iris")
06
07  #单数据系列矩阵散点图
08  g=sns.pairplot(df, hue="species",height =2,palette ='Set1')
```

```
09    g = g.map_diag(sns.kdeplot, lw=1, legend=False)
10    g = g. map_offdiag (plt.scatter, edgecolor="k", s=30,linewidth=0.2)
11    plt.subplots_adjust(hspace=0.05, wspace=0.05)
12    #g.savefig('Matrix_Scatter1.pdf')
13
14    #多数据系列矩阵散点图
15    g=sns.pairplot(df, height =2)
16    g = g.map_diag(plt.hist,color='#00C07C',density=False,edgecolor="k",bins=10,alpha=0.8,linewidth=0.5)
17    g = g.map_offdiag(plt.scatter, color='#00C2C2',edgecolor="k", s=30,linewidth=0.25)
18    plt.subplots_adjust(hspace=0.05, wspace=0.05)
19    #g.savefig('Matrix_Scatter2.pdf')
```

9.4 热力图

热力图（heat map）是一种将规则化矩阵数据转换成颜色色调的常用的可视化方法，其中每个单元对应数据的某些属性，属性的值通过颜色映射转换为不同色调并填充规则单元，如图 9-4-1(a)所示。在图 9-4-1(b)中使用层次聚类分析方法结合热力图展示了数据的内在规律。表格坐标的排列和顺序都是可以通过参数控制的，合适的坐标排列和顺序可以很好地帮助读者发现数据的不同性质，例如，行和列的顺序可以帮助排列数据形成不同的聚类结果。

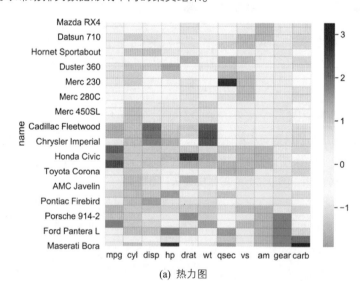

(a) 热力图

图 9-4-1　热力图

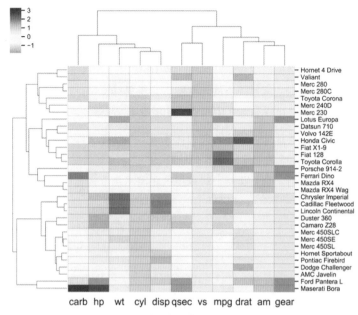

(b) 带层次聚类的热力图

图 9-4-1 热力图（续）

技能 绘制热力图

Seaborn 包中的 heatmap()函数、plotnine 包中的 geom_tile()函数、matplotlib 包中的 imshow()函数（见链接 23）都可以绘制如图 9-4-1(a)所示的热力图，Seaborn 包中的 clustermap()函数可以绘制如图 9-4-1(b)所示的带层次聚类的热力图，其具体代码如下所示。

```
01  import matplotlib.pyplot as plt
02  import pandas as pd
03  import seaborn as sns
04  from plotnine.data import mtcars
05  from sklearn.preprocessing import scale
06  sns.set_style("white")
07  sns.set_context("notebook", font_scale=1.5, rc={'axes.labelsize': 17, 'legend.fontsize':17, 'xtick.labelsize': 15,'ytick.labelsize': 10})
08  df=mtcars.set_index('name')
09  df.loc[:,:] = scale(df.values)    #数据标准化处理
10
11  #图 9-4-1(a)热力图
12  fig=plt.figure(figsize=(7, 7),dpi=80)
13  sns.heatmap(df, center=0, cmap="RdYlBu_r", linewidths=.15,linecolor='k')
14  plt.xticks(rotation=0)
```

```
15
16    #图 9-4-1(b)带层次聚类的热力图
17    sns.clustermap(df, center=0, cmap="RdYlBu_r",linewidths=.15,linecolor='k', figsize=(8, 8))
```

层次聚类的结果一般使用树形图表示，如图 9-4-1(b)的上部和左部所示。树形图（dendrogram）是表示连续合并的每对类之间的属性距离的示意图。为避免线交叉，示意图将以图形的方式进行排布，使得要合并的每对类的成员在示意图中相邻，如图 9-4-2 所示。

树形图工具采用层次聚类算法。程序首先会计算输入的特征文件中每对类之间的距离。然后迭代式地合并最近的一对类，完成后继续合并下一对最近的类，直到合并完所有的类。在每次合并后，每对类之间的距离会进行更新。合并类特征时采用的距离将用于构建树形图。树形图包括纵向树形图、横向树形图（见图 9-4-2）、环形树形图和进化树形图等类型。

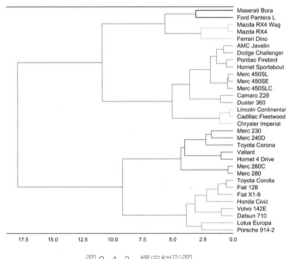

图 9-4-2　横向树形图

技能　绘制横向树形图

SciPy 包中的 dendrogram()函数可以根据数据绘制树形图，其中当 orientation='top'时，绘制纵向树形图；参数 orientation='left'时，绘制横向树形图，图 9-4-2 所示的横向树形图的代码如下所示。

```
01    import scipy.cluster.hierarchy as shc
02    from matplotlib import cm,colors
03    from matplotlib import pyplot as plt
04    import pandas as pd
05    from plotnine.data import mtcars
06    from sklearn.preprocessing import scale
07    plt.rcParams['axes.facecolor']='w'
08    df=mtcars.set_index('name')
```

```
09    df.loc[:,:] = scale(df.values )
10    fig=plt.figure(figsize=(10, 10), dpi= 80)
11    dend = shc.dendrogram(shc.linkage(df,method='ward'), orientation='left', labels=df.index.values, color_threshold=5)
12    plt.xticks(fontsize=13)
13    plt.yticks(fontsize=14)
14    ax = plt.gca()
15    ax.spines['left'].set_color('none')
16    ax.spines['right'].set_color('none')
17    ax.spines['top'].set_color('k')
18    ax.spines['bottom'].set_color('k')
19    plt.show()
```

9.5 平行坐标系图

平行坐标系图（parallel coordinates chart）是一种用来呈现多变量，或者高维度数据的可视化技术，用它可以很好地呈现多个变量之间的关系。平行坐标系由 Alfred Inselberg 在 1985 年提出并在他以后的工作中得到了发展[57, 58]。1990 年，E.J.Wegman 提出使用平行坐标系进行数据探索性分析和数据可视化设计[59]。为了克服传统的笛卡儿直角坐标系容易耗尽空间、难以表达三维以上数据的问题，平行坐标系图将多维数据属性空间通过条等距离的平行轴映射到二维平面上，每一条轴线代表一个属性维，轴线上的取值范围从对应属性的最小值到最大值均匀分布。这样，每一个数据项都可以依据其属性取值而用一条跨越条平行轴的折线段表示，相似的对象就具有相似的折线走向趋势。所以平行坐标系图的实质是将 m 维欧式空间的一个点 $X_i(x_{i1}, x_{i2}, \cdots, x_{im})$ 映射到二维平面上的一条曲线，这样就可以展示高维度的数据，具体原理如下所示。

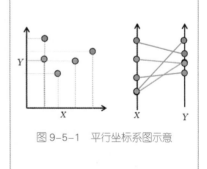

图 9-5-1　平行坐标系图示意

平行坐标系

在具有 xy 笛卡儿坐标系的平面上有 N 个数据点，其 X 轴坐标标记为 $x_1, x_2, \cdots, x_n$；Y 轴坐标标记为 $y_1, y_2, \cdots, y_n$。将笛卡儿坐标系下的数据点，根据 X、Y 轴数值映射到平行坐标系下，并使用直线连接，如图 9-5-1 所示。以此类推到多维数据，将多维数据属性空间通过条等距离的平行轴映射到二维平面上，每一条轴线代表一个属性维度。

图 9-5-2 展示了一些常见的笛卡儿坐标系（上）与平行坐标系（下）的对应关系。其中 $(\sin(x), \cos(x))$ 圈圈的包络线重点显示了平行坐标系中椭圆双曲线的对偶性[4]。平行坐标系的一个显著优点是其具有良好的数学基础，其射影几何解释和对偶特性使它很适合用于可视化数据分析。当大的数据集应用

平行坐标系的表示方式时，大量的折线重叠在背景之上，造成视觉上的信息混淆，这对我们观察数据的内在规律是很不利的。所以，一般会设置折线的透明度（alpha of line），这样就可以解决这个问题，图9-5-3(a)和图9-5-3 (b)分别展示了单数据系列和多数据系列的平行坐标系图。

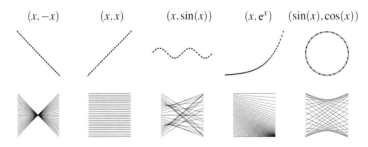

图9-5-2　笛卡儿坐标系（上）与平行坐标系（下）的对应关系[4]

平行坐标系图的优点是表达数据关系非常直观，易于理解。缺点是它的表达维数决定于屏幕的水平宽度，当维数增加时，引起垂直轴靠近，辨认数据的结构和关系稍显困难；当对大数据集进行可视化时，由于折线密度增加产生大量交叠线，难以辨识；坐标之间的依赖关系很强，平行轴的安排序列性也是影响发现数据之间关系的重要因素。

对于平行坐标系图，由于数据太多，线条比较凌乱，所以推荐使用简洁的背景风格，只保留主要的图表元素，比如坐标轴及坐标轴标题，如图9-5-3所示。

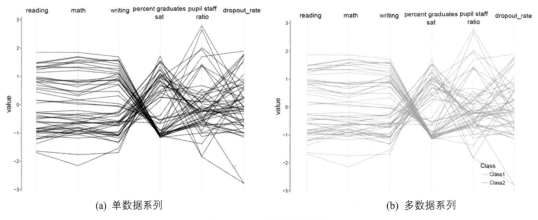

(a) 单数据系列　　　　　　　(b) 多数据系列

图9-5-3　平行坐标系图

技能　绘制平行坐标系图

Pandas 包中的 parallel_coordinates()函数可以实现图9-5-3(b)所示的多数据系列平行坐标系图，其核心代码如下所示。但是在绘制图表前，要使用 sklearn 包中的 scale()函数对数据进行标注化处理，将数据按属性/列减去其属性/列的均值，并除以其属性/列的方差。最终对于每个属性/每列来说所有数据都聚集在 0 附近，方差为 1。

```
01  import pandas as pd
02  import numpy as np
03  import matplotlib.pyplot as plt
04  from pandas.tools.plotting import parallel_coordinates,andrews_curves
05  from sklearn.preprocessing import scale
06  df=pd.read_csv('Parallel_Coordinates_Data.csv')
07  df['Class']=[ "Class1" if d>523 else "Class2" for d in df['reading']]
08  df.iloc[:,range(0,df.shape[1]-1)] = scale(df.iloc[:,range(0,df.shape[1]-1)] )
09
10  fig =plt.figure(figsize=(5.5,4.5), dpi=100)
11  parallel_coordinates(df,'Class',color=["#45BFFC","#90C539"],linewidth=1)
12  plt.grid(b=0, which='both', axis='both')
13  plt.legend(loc="center right",bbox_to_anchor=(1.25, 0, 0, 1),edgecolor='none',facecolor ='none',title='Group')
14  ax = plt.gca()
15  ax.xaxis.set_ticks_position('top')
16  ax.spines['top'].set_color('none')
17  .spines['bottom'].set_color('none')
18  plt.show()
```

9.6 RadViz 图

RadViz（radial coordinate visualization，径向坐标可视化）图是基于集合可视化技术的一种，它将一系列多维空间的点通过非线性方法映射到二维空间，实现平面中多维数据可视化的一种数据分析方法[29]，如图 9-6-1 所示。

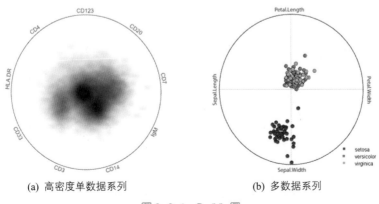

(a) 高密度单数据系列　　(b) 多数据系列

图 9-6-1　RadViz 图

RadViz 图是基于弹簧张力的最小化算法。它将所有属性均匀地分布在整个圆周上，然后使用弹簧模型将多维数据投影到这个二维圆中，具体原理如下所示。

RadViz 模型

RadViz 模型是把 n 维数据，具体化为 n 个弹簧，每个弹簧代表一维属性，这 n 个弹簧均匀分布在一个圆周上。例如对于任意一条记录 $R_i=(A_1, A_2,\cdots, A_n)$，归一化后的记录为 $R_i'=(k_1, k_2, \cdots, k_n)$，将其中第 i 维属性的值 k_i，作为第 i 维弹簧的弹性系数，弹簧的一端连接在圆周上，另一端连接到多维数据。在这个二维图形的投影点上，将这 n 维属性的弹簧分别连接后，合力为零的点即为投影点。将所有记录均按照以上方法投影，即可实现对数据的可视化，以四维数据为例，原理如图 9-6-2 所示。

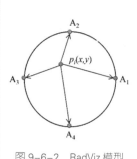

图 9-6-2 RadViz 模型示意

RadViz 图的优点是计算复杂度低，表达数据关系非常简单、直观，易于理解，而且可显示的维数多，相似多维对象的投影点十分接近，容易发现聚类信息。但是海量信息对象投影点的交叠问题严重，如 $(0,0,\cdots,0)$ 与 $(a,a,\cdots,a)$ 的投影点一样。

技能 绘制 RadViz 图

Pandas 包中的 radviz()函数可以实现图 9-6-1(b) 所示的多数据系列 RadViz 图，其核心代码如下所示。在 radviz(*frame, class_column,* **kwds)函数中，*class_column* 表示多数据系列的类别。

```
01  pandas.plotting import radviz
02  import pandas as pd
03  import numpy as np
04  import matplotlib.pyplot as plt
05  df=pd.read_csv('iris.csv')
06  angle=np.arange(360)/180*3.14159
07  x=np.cos(angle)
08  y=np.sin(angle)
09  fig =plt.figure(figsize=(3.5,3.5), dpi=100)
10  radviz(df, 'variety',color=['#FC0000','#F0AC02','#009E88'], edgecolors='k',marker='o',s=34,linewidths=1)
11  .plot(x,y,color='gray')
12  plt.axis('off')
13  plt.legend(loc="center",bbox_to_anchor=(2, 0, 0, 0.4),edgecolor='none',facecolor='none',title='Group')
```

第 10 章

地理空间型图表

10.1 不同级别的地图

10.1.1 世界地图

我们在现实世界的数据经常包含地理位置信息，所以不可避免地需要使用地理坐标系绘制地图。地理坐标系（Geographic Coordinate System, GCS）是使用三维球面来定义地球表面位置，以实现通过经纬度对地球表面点位引用的坐标系。一个地理坐标系包括角度测量单位、本初子午线和参考椭球体三部分，如图 10-1-1 所示。在球面系统中，水平线是等纬度线或纬线。垂直线是等经度线或经线。GCS 往往被误称为基准面，而基准面仅仅是 GCS 的一部分。GCS 包括角度测量单位、本初子午线和基准面（基于旋转椭球体）。可通过其经度和纬度值对点进行引用。经度和纬度是从地心到地球表面上某点的测量角。通常以度或百分度为单位来测量该角度。图 10-1-1 将地球显示为具有经度和纬度值的地球。

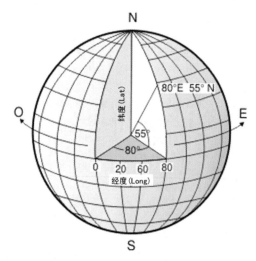

图 10-1-1　具有经度和纬度值的地球示意图

空间数据（spatial data）指定义在三维空间中，具有地理位置信息的数据。地图投影是尤为重要的关键技术。地图信息可视化最基础的步骤就是地图投影，即将不可展开的曲面上的地理坐标信息转换到二维平面，等价于曲面参数化，其实质是在两个面之间建立一一映射的关系。每个地理坐标标识对象在地球上的位置，常用经度和纬度表示。其中，经度是距离南北走向的本初子午线以东或者以西的度数，通常使用-180 和 180 分别表示西经和东经 180°。纬度是指与地球球心的连线和地球赤道面所成的线面角，通常使用-90 和 90 分别表示南纬和北纬 90°。无论将地球视为球体还是旋转椭球体，都必须变换其三维曲面以创建平面地图图幅。此数学变换通常称作地图投影。理解地图投影如何改变空间属性的一种简便方法就是观察光穿过地球投射到表面（称为投影曲面）上的形状。

通过地图投影将变成二维坐标系中的坐标(x, y)的过程中必然会产生曲面的误差与变形。通常按照变形的方式来分析，这个转换过程要具备如下 3 个特性。

（1）等角度：投影面上任何点的两个微分线段组成的角度，投影前后保持不变。角度和形状保持正确的投影，也被称为正形投影。

（2）等面积：地图上任何图形面积经主比例尺寸放大后，与实际相应图形的面积大小保持不变。

（3）等距离：在标准的经纬线上无长度变形，即投影后任何点到投影所选中原点的距离保持不变。

在现有的地图投影方法中，没有一种投影方法可以同时满足以上 3 个特性。一般按照两种标准进行分类：一是按投影的变形性质分类；二是按照投影的构成方式分类。

按照投影的变形性质可以分为等角投影、等积投影、任意投影。

任意投影的其中一种方式为等距投影。等距投影即沿某一特定方向的距离，投影之后保持不变，沿该特定方向的长度之比等于 1。在实际应用中，常将经线绘制成直线，并保持沿经线方向的距离相等，面积和角度有些变形，多用于绘制交通图。通常是在沿经线方向上等距离，此时投影后经纬线正交。

根据投影构成方式可以分为两类：几何投影和解析投影。

几何投影是把椭球体面上的经纬网直接或附加某种条件投影到几何承影面上，然后将几何面展开为平面而得到的一类投影，包括方位投影、圆锥投影和圆柱投影。根据投影面与球面的位置关系的不同又可将其划分为正轴投影、横轴投影、斜轴投影。解析投影是不借助于辅助几何面，直接用解析法得到经纬网的一种投影。主要包括伪方位投影、伪圆锥投影、伪圆柱投影、多圆锥投影。

在实际应用中，应该根据不同的需求选择最符合目标的投影方法，其中最常见的 6 种投影方法如下所示。

1. 墨卡托投影

墨卡托投影又称为正轴等角圆柱投影，是由荷兰地图制图学家墨卡托（G.Mercator）于 1569 年发明的。该方法用一个与地轴方向一致的圆柱切割地球，并按等角度条件，将地球的经纬网投影到圆柱面上，将圆柱面展开平面后即获得墨卡托投影后的地图，如图 10-1-2(a)所示。

在投影生成的二维视图中，经线是一组竖直的等距离平直线，纬线是一组垂直于经线的平行直线。相邻纬线之间的距离由赤道向两级增大。在投影中每个点上任何方向的长度比均相等，即没有角度变形，但是面积变形明显。在基准纬线（赤道）上的对象保持原始面积，随着离基准线越来越远而变大。

墨卡托投影是目前应用最广泛的地图投影方法之一，由于具备等角度特性，墨卡托投影常用于航海图、航空图和导航图，比如现在绝大多数的在线地图服务，包括谷歌地图、百度地图等。循着墨卡托投影图上的起点和终点间的连线方向一直导航就可以到达目的地。

最初设计该投影的目的是为了精确显示罗盘方位，为海上航行提供保障，此投影的另一功能是能够精确而清晰地定义所有局部形状。许多 Web 制图站点都使用基于球体的墨卡托投影。球体半径等于 WGS 1984 长半轴的长度，即 6378137.0 米。有两种用于仿真 Web 服务所用的墨卡托投影的方法。如果墨卡托投影支持椭球体（椭圆体），则投影坐标系必须以基于球体的地理坐标系为基础。这要求必须使用球体方程。墨卡托投影辅助球体的实现仅具有球体方程。此外，如果地理坐标系是基于椭圆体的，它还具有一个投影参数，用于标识球体半径所使用的内容。默认值为零（0）时，将使用长半轴。具有制定标准海上航线图方向或其他定向的用途：航空旅行、风向、洋流等角世界地图。此投影的等角属性最适合用于赤道附近地区，例如，印尼和太平洋部分地区。

2．阿伯斯投影

阿伯斯投影又称为正轴等积割圆锥投影，是由德国人阿伯斯（A.C.Albers）于 1805 年提出的一种保持面积不变的正轴等积割圆锥投影，如图 10-1-2(b)所示。为了保持投影后面积不变，在投影时将经纬线长度做了相应的比例变化。具体的方法是：首先使用圆锥投影与地球球面相割于两条纬线上，然后按照等面积条件将地球的经纬网投影到圆锥面上，将圆锥面展开就得到了阿伯斯投影。阿伯斯投影具备等面积特性，但是不具备等角度特性。

由于等面积特性，阿伯斯投影被广泛应用于着重表现国家或者地区面积的地图的绘制，特别适用于东西跨度较大的中低纬度地区，因为这些地区的变形相对较小，比如中国和美国。在使用阿伯斯投影绘制中国地图时，起始的纬度是 0°或 10°；中央经线是 105°或 110°，第一标准纬线是 25°，第二标准纬线是 45°或者 47°。

3．方位投影

方位投影（azimuthal projection）属于等距投影的一种，如图 10-1-2(c)所示。地图上任何一点沿着经度线到投影中原点的距离保持不变。正因为如此，它也被用于导航地图。以选中的点作为原点生成的方位投影能非常准确地表示地图上任何位置到该点的距离。这种投影方法也常常被用于表示地震影响范围的地图，震中被设定为原点可以准确地表示受地震影响的地区范围。

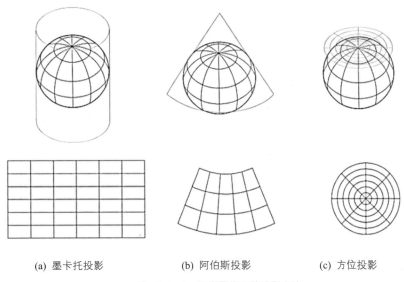

(a) 墨卡托投影　　　　　(b) 阿伯斯投影　　　　　(c) 方位投影

图 10-1-2　最常见的三种投影方法

4. 等距圆柱/球面投影

等距圆柱/球面投影（EquiRectangular Projection，ERP）是一种简单的投影方式，也称为简化圆柱投影、等距圆柱投影、矩形投影或普通圆柱投影（如果标准纬线是赤道）。此投影非常易于构造，将经线映射为恒定间距的垂直线，将纬线映射为恒定间距的水平线，因为它可以形成等矩形网格。这种投影方式映射关系简单，但既不是等面积的，也不是等角度的，会造成相当大的失真。由于计算简单，在过去得到了较广泛的使用。在此投影中，极点区域的比例和面积变形程度低于墨卡托投影。此投影将地球转换为笛卡儿网格。各矩形网格单元具有相同的大小、形状和面积，所有经纬网格以 90 度相交。中央纬线可以是任何线，网格将变为矩形。在此投影中，各极点被表示为通过网格顶部和底部的直线。最适合城市地图或其他面积小的地区，地图比例尺可以足够大，使变形不明显。由于此投影方法可以用最少的地理数据简单绘制世界或地区地图，因此，其常用于索引地图。

5. 正射投影

正射投影（orthographic projection）属于透视投影的一种，由希腊学者希巴尔克斯（Hippakraus）于公元前 200 年所创，其原理是将视点置于地球以外无穷远，以透视地球，然后将球面上的经纬线投影于外切的平面上，如同从无穷远处眺望地球，所以又被称为直射投影。因投影面可切于球面上的任意位置，因而可分为正轴、横轴与斜轴法，当投影面与南极或北极相切时，为极正射投影（polar orthograhic projection）；当投影面与赤道相切时，为赤道正射投影（equarial orthographic projection）；

当投影面与两极、赤道以外的任意位置相切时，为水平正射投影（horizontal orthographic projection）。

正射投影法从无穷远处观察地球。这样便可提供地球的三维图像。在投影界限附近，大小和面积的变形几乎要比其他任何投影（垂直近侧透视投影除外）看上去都更真实，为从无穷远处观察的平面透视投影。对于极方位投影，经线是从中心辐射的直线，而纬线则是作为同心圆投影，越靠近地球边缘越密集，只有一个半球能够不重叠显示。此投影方法多用于美观的展示图而不是技术应用。在这种情况下，它最常用的是斜轴投影法。

6. 兰勃特等积方位投影

兰勃特等积方位投影（Lambert's equal-area meridional map projection）又被称为等面积方位投影，是方位投影的一种，由德国数学家兰勃特（J.H.Lambert，1728—1777）于1772年提出而得名。在正轴投影中，纬线为同心圆，其间隔由极点向外逐渐缩短，经线是以极为中心向四周放射的直线。在横轴投影中，中央经线与赤道为直线且正交，其他经纬线为对称于中央经线与赤道的曲线。在斜轴投影中，中央经线为直线，其他经纬线为对称于中央经线的曲线。投影中心为无变形的点，离中心越远，其角度与长度变形越大。图上面积与实地面积保持相等，由中心向任何点的方位角保持正确，常用于东、西半球图和分洲图。

平面投影即从地球仪上任意一点投影。这种投影可以包含以下所有投影方法：赤道投影、极方位投影和斜轴投影。此投影保留了各多边形的面积，同时也保留了中心的实际方向。变形的常规模式为径向。最适合按比例对称分割的单个地块（圆形或方形），数据范围必须少于一个半球，因为软件无法处理距中心点超过 90°的任何区域。其主要用于人口密度（面积）、行政边界（面积），以及能源、矿物、地质和筑造的海洋制图方向。此投影可处理较大区域，因此，它用于显示整个大陆和极点区域。赤道投影：非洲、东南亚、澳洲、加勒比海和中美洲。斜轴投影：北美洲、欧洲和亚洲。

要想绘制地图，必须先想办法获得地图的数据。绘制地图常用的数据信息有以下 3 种。

1. 地图包内置地图素材

Python 中的 GeoPandas 包和 Basemap 包内置的数据集 datasets 中包含世界地图的绘制数据信息，同时可以绘制不同投影下的世界地图。根据不同的国家名称。可以从世界地图信息中提取相应的国家地理信息数据，从而绘制地图。

2. SHP 格式的地图数据素材

一般国家地理信息统计局和世界地理信息统计单位可以提供下载 SHP 格式的地图数据素材，使用绘图软件打开这些标准数据格式的 SHP 文件，就可以绘制相应的地图。SHP 文件包括了地图的边界线段的经纬坐标数据、行政单位的名称和面积等诸多信息。Python 可以使用 GeoPandas 包读取 SHP

格式的地图数据素材。

3. JSON 格式的地图数据素材

JSON 格式的地图数据素材是一种新的但是越来越普遍的地理信息数据文件，它主要的优势在于地理信息存储在一个独一无二的文件中。但是这种格式的文件相对于分文本格式的文件，体积较大。我们只需要下载得到 JSON 格式的地图数据素材，然后跟 SHP 格式的地图数据素材一样，使用绘图软件打开素材，就可以绘制相应的地图。Python 可以使用 GeoPands 包或 JSON 包读取 JSON 格式的地图数据素材。

Folium（链接 24）是 d3.js 上著名的地理信息可视化库 leaflet.js 为 Python 提供的接口，通过在 Python 端编写代码操纵数据，来调用 leaflet 的相关功能，基于内建的 osm 或自行获取的 osm 资源和地图原件进行地理信息内容的可视化，以及制作可交互地图。

Basemap（链接 25）是一个基于 maplotlib 的画世界地图的库。其本身并不做任何绘图，但是提供了将地理空间坐标转换为 25 种不同地图投影的功能（使用 PROJ.4 C 库）。然后，使用 Matplotlib 在转换后的坐标系中绘制点、线、向量、多边形和图像。它还提供了海岸线，河流和国家边界数据集以及绘制方法。在 Python3 中，Cartopy 包将逐步取代 Basemap，但考虑到现在尚未实现 Basemap 的所有功能，本章节暂时仍使用 Basemap 包实现地理空间数据的可视化。

Cartopy（链接 26）是一个处理地理信息生成地图和其他地理信息分析的 Python 包。Cartopy 最初是在英国气象局开发的，目的是让科学家能够快速、方便、最重要的是准确地在地图上可视化他们的数据。Cartopy 利用了强大的 PROJ.4、NumPy 和 Shapely 库，并在 Matplotlib 之上构建了一个编程接口，用于创建发布质量的地图。Cartopy 的主要特点是面向对象的投影定义，以及在投影之间转换点、线、向量、多边形和图像的能力。

技能 世界地图的绘制

GeoPandas 包自带有世界地图的数据信息，可以使用 read_file()函数导入数据，然后使用 plotnine 包的 geom_map()函数，或者 GeoPlot 包中的 polyplot()函数绘制。GeoPlot 是一个高级的地理空间数据可视化 Python 库，是 Cartopy 和 matplotlib 的扩展。其中，世界地图数据的读取方法如下所示。

```
01  import geopandas
02  world = geopandas.read_file(geopandas.datasets.get_path('naturalearth_lowres'))
```

plotnine 包中的 geom_map()函数可以根据 SF 格式的空间数据绘制地图，还可以将每个区域（geometry）的填充颜色对应到某个数值变量，如'gdp_md_est'，就可以绘制分级统计地图，具体代码如下所示。但是此函数无法提供不同地球投影下的地图绘制方法，只是将地图按照经纬坐标数据直接绘制在二维直角笛卡儿坐标系中。

```
01  from plotnine import *
02  base_plot=(ggplot()+
03              geom_map(world, aes(fill='gdp_md_est'))+
04              scale_fill_distiller(type='seq', palette='reds'))
05  print(base_plot)
```

Basemap 包自带有世界地图的数据信息，可以使用 Basemap()函数读入数据，然后通过设定参数 projection 绘制不同地球投影下的世界地图，包括等距圆柱投影（cyl）、墨卡托投影（merc）、正射投影（ortho）、兰勃特等积投影（laes）等 30 多种不同的地球投影。

```
01  from mpl_toolkits.basemap import Basemap
02  import matplotlib.pyplot as plt
03  import numpy as np
04
05  ax = plt.figure(figsize=(8, 6)).gca()
06  basemap = Basemap(projection = 'cyl', lat_0 = 0, lon_0 = 0,resolution='l',ax=ax)   #等距圆柱投影
07
08  #basemap = Basemap(projection = 'ortho', lat_0 = 0, lon_0 = 0,resolution='l',ax=ax)   #正射投影
09
10  basemap.fillcontinents(color='orange',lake_color='#000000')   #填充海陆颜色
11  basemap.drawcountries(linewidth=1,color='k') #绘制国家边界线
12  basemap.drawcoastlines(linewidth=1,color='k') #绘制海岸线
13  basemap.drawparallels(np.arange(-90,90,30),labels=[1,0,0,0],zorder=0) #绘制纬线
14  basemap.drawmeridians(np.arange(basemap.lonmin,basemap.lonmax+30,60),labels=[0,0,0,1],zorder=0) #绘制经线
15  plt.show()
```

10.1.2 国家地图

全国地理信息资源目录服务系统[1]提供了中国 1∶100 万基础地理数据，共 77 幅 1∶100 万图幅，含行政区（面）、行政境界点（领海基点）、行政境界（线）、水系（点、线、面）、公路、铁路（点、线）、居民地（点、面）、居民地地名（注记点）、自然地名（注记点）等 12 类地图要素层。

由于提供下载的是原始矢量数据，不是最终地图，其与符号化后的地图在可视化表达上存在一定的差异。因此，用户利用下载的地理信息数据编制地图的，应当严格执行《地图管理条例》有关规定；编制的地图如需向社会公开，还应当按规定履行地图审核程序。

技能 绘制国家级地图

按照数据存储格式，可以将地图的数据分为 SHP 和 JSON 格式。SF 对象将这种控件数据格式进行了更加整齐的布局，使用 GeoPandas 包的 from_file ()函数导入的空间数据对象完全是一个整齐的

---

[1] 全国地理信息资源目录服务系统网址：http://www.webmap.cn。

数据框（data.frame），拥有整齐的行列，这些行列中包含着数据描述和几何多边形的边界点信息。其中最大的特点是，它将每一个行政区划所对应的几何边界点封装成了一个 list 对象的记录，这条记录就像其他普通的文本记录、数值记录一样，被排列在对应行政区划描述的单元格中。使用 GeoDataFrame.from_file ()函数读取虚拟地图的数据，得到的 SF 空间数据对象如图 10-1-4(a)所示，其数据类型为 GeoDataFrame，类似于 dataframe，其有专门的一列 geometry 用来存储每个区域多边形（polygon）的边界坐标点（point）的数据信息。

```
continents = GeoDataFrame.from_file('Virtual_Map0.shp')
```

图 10-1-3 为使用虚拟地图的数据展示的不同级别的虚拟地图。图 10-1-3(a)为使用图 10-1-4(a)的 SF 格式数据绘制的陆地岛屿虚拟地图；图 10-1-3(b)为使用图 10-1-4(b)的 SF 格式数据，绘制的不同国家虚拟地图。

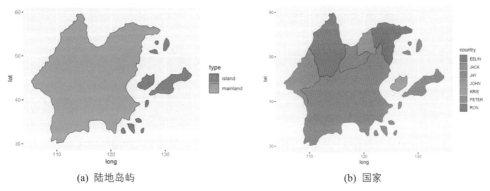

(a) 陆地岛屿　　　　　　　　　　(b) 国家

图 10-1-3　虚拟地图的绘制

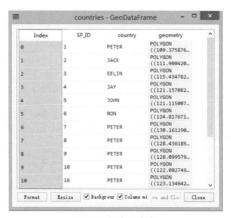

(a) 陆地岛屿的边界信息　　　　　　(b) 国家边界信息

图 10-1-4　虚拟地图的 SF 空间数据

先使用 GeoPandas 包的 GeoDataFrame.from_file ()函数读取 SHP 格式的文件，得到 GeoDataFrame 格式的地图数据，如图 10-1-4(a)所示，再使用 plotnine 包中的 geom_map()函数绘制地图。图 10-1-3(a) 的实现代码如下所示。将数据变量 type（包括 mainland 和 island 两种类型）映射到多边形的填充颜色。

```
01  from geopandas import GeoDataFrame
02  from plotnine import *
03  continents = GeoDataFrame.from_file('Virtual_Map0.shp')
04  base_plot=(ggplot()+
05    geom_map(continents, aes(fill='type'))+
06    scale_fill_hue(s = 1, l = 0.65, h=0.0417,color_space='husl'))
07  print(base_plot)
```

图 10-1-3(b)所示的虚拟国家地图绘制的代码如下所示，其读取的 GeoDataFrame 格式的数据如图 10-1-4(b)所示。将数据变量 country（包括 PETER、EELIN、JACK 等 5 个国家类别）映射到不同国家的多边形颜色填充。

```
01  continents = GeoDataFrame.from_file('Virtual_Map1.shp')
02  base_plot=(ggplot()+
03    geom_map(continents, aes(fill='country'))+
04    scale_fill_hue(s = 1, l = 0.65, h=0.0417,color_space='husl'))
05  print(base_plot)
```

我们也可以使用 Basemap 包的 readshapefile()函数读入 shap 类型的数据，再借助多边形绘制函数 matplotlib.patches.Polygon()依次绘制每个国家或者地区的多边形。图 10-1-3(b)国家级地图的代码如下所示。

```
01  from mpl_toolkits.basemap import Basemap
02  import matplotlib.pyplot as plt
03  from matplotlib.patches import Polygon
04  import matplotlib.patches as mpatches
05  import pandas as pd
06  import numpy as np
07  import seaborn as sns
08
09  lat_min = 29; lat_max = 62; lon_min = 103; lon_max = 136
10
11  ax = plt.figure(figsize=(6, 6)).gca()
12  basemap = Basemap(llcrnrlon=lon_min, urcrnrlon=lon_max, llcrnrlat=lat_min,urcrnrlat=lat_max,
13                   projection='cyl',lon_0 = 120,lat_0 = 50,ax = ax)
14  basemap.readshapefile(shapefile = 'Virtual_Map1', name = "Country", drawbounds=True)
15
16  df_mapData = pd.DataFrame(basemap.Country_info)
17  country=np.unique(df_mapData['country'])
```

```
18    color = sns.husl_palette(len(country),h=15/360, l=.65, s=1).as_hex()
19    colors = dict(zip(country.tolist(),color))
20
21    for info, shape in zip(basemap.Country_info, basemap.Country):
22            poly = Polygon(shape, facecolor=colors[info['country']], edgecolor='k')
23            ax.add_patch(poly)
24
25    basemap.drawparallels(np.arange(lat_min,lat_max,10), labels=[1,0,0,0],zorder=0)   #画经度线
26    basemap.drawmeridians(np.arange(lon_min,lon_max,10), labels=[0,0,0,1],zorder=0) #画纬度线
27    #添加图例
28    patches = [ mpatches.Patch(color=color[i], label=country[i]) for i in range(len(country)) ]
29    ax.legend(handles=patches, bbox_to_anchor=[1.25,0.5], borderaxespad=0,loc="center right",
              markerscale=1.3, edgecolor='none',facecolor='none',fontsize=10,title='country')
```

其中，basemap.Country_info 的数据结构为 list 类型，存储着 SP_ID 和 country 两列重要的信息，而 basemap.Country 的数据结构也为 list 类型，存储着每个国家边界的几何 geometry 绘制信息（其数据结构为[(long1, lat1), (long2,lat2), …(long1,lat1)])。其实，Basemap 存储的数据信息与图 10-1-4(b) 显示的 sf 空间数据信息一致。

在这里，顺便讲解一下多边形绘制函数 matplotlib.patches.Polygon()的应用原理，如图 10-1-5 所示。Polygon()函数可以通过数据点的路径控制绘制任意形状的闭合区域。使用 Polygon()函数的数据结构 matplotlib.patches.Polygon 为：[(x1, y1), (x2,y2), …, (x1,y1)]，其第一行和最后一行的数据是一样的，这样才能确保区域的闭合。我们可以使用 ax.add_patch(Polygon)直接绘制；或者使用 matplotlib.collections.PatchCollection()函数把所有 matplotlib.patches.Polygon 组合成 list 数据结构的 collection，再使用 ax.add_collection(collection)集体绘制。

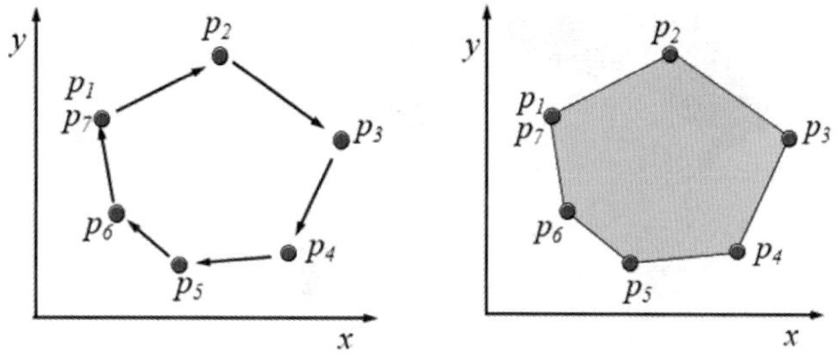

(a) 原始数据框　　　　(b) 直角坐标系下的数据位置与指向　　(c) 数据点的连接与区域的闭合

图 10-1-5　matplotlib.patches. Polygon()函数的示意

除多边形绘制 Polygon()函数，matplotlib.patches 还提供了绘制矩形 Rectangle()函数、椭圆形 Ellipse ()函数等，这些可以看成是 matplotlib 的基元函数，可以绘制多边形、矩形、圆形等这些基础图表元素。

10.2 分级统计地图

分级统计地图（choropleth map，也叫色级统计图法），是一种在地图分区上使用视觉符号（通常是颜色、阴影或者不同疏密的晕线）来表示一个范围值的分布情况的地图。分级统计地图假设数据的属性是在一个区域内部的平均分布，一般使用同一种颜色表示一个区域的属性。在整个制图区域的若干个小的区划单元内（行政区划或者其他区划单位，比如国家、省份和市县等），根据各分区的数量（相对）指标进行分级，并用相应的色级反映各区现象的集中程度或发展水平的分布差别，常用于选举和人口普查数据的可视化。

在分级统计地图中，地图上每个分区的数量使用不同的色级表示，较典型的颜色映射方案有：① 单色渐变系，如图 10-2-1(a)所示；② 双向渐变系，如图 10-2-1(b)所示；③ 完整色谱变化。分级统计地图依靠颜色等来表现数据内在的模式，因此选择合适的颜色非常重要，当数据的值域大或者数据的类型多样时，选择合适的颜色映射相当有挑战性。

分级统计地图最大的问题在于数据分布和地理区域大小的不对称。通常大量数据集中于人口密集的区域，而人口稀疏的地区却占有大多数的屏幕空间，用大量的屏幕空间来表示小部分数据的做法对空间的利用非常不经济，这种不对称还常常会造成用户对数据的错误理解，不能很好地帮助用户准确地区分和比较地图上各个分区的数据值。因此有时候可以用其他的地理空间图表来更合理地表示区域数据，比如六角形地图。

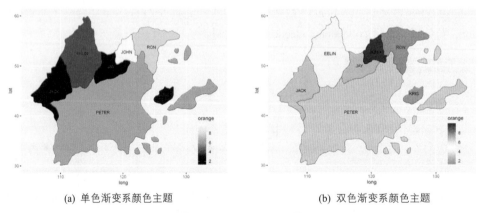

(a) 单色渐变系颜色主题　　　　　　(b) 双色渐变系颜色主题

图 10-2-1　分级统计地图

技能　绘制分级统计地图

分级统计地图绘制的关键在于要将不同区域的数值映射到不同区域或者多边形的颜色，所以要将地图数据（df_map）和包含国家及其数值的数据框 df_city 进行表格融合（merge）处理，这可以使用 Pandas 包中的 merge()函数根据它们共有的列 country 来实现。但是这样得到是 DataFrame 格式的 df，还需要使用 GeoDataFrame()函数，将数据转换成 GeoDataFrame 格式；最后使用 plotnine 包中的 geom_map()函数绘制不同的颜色区域。

```
01  from geopandas import GeoDataFrame
02  import pandas as pd
03  from plotnine import *
04  df_map = GeoDataFrame.from_file('Virtual_Map1.shp')
05  df_city=pd.read_csv("Virtual_City.csv")
06  df=pd.merge(right=df_map, left=df_city,how='right',on="country")
07  df=GeoDataFrame(df)
08  base_plot=(ggplot(df)+
09              geom_map(aes(fill='orange'))+
10              geom_text(aes(x='long', y='lat', label='country'),colour="black",size=10)+
11              scale_fill_gradient2(low="#00A08A",mid="white",high="#FF0000",midpoint = df.orange.mean()))
12  print(base_plot)
```

双色渐变系颜色主题（RdYlBu_r）的分级统计地图也可以使用 Basemap 包绘制，同时使用 ax.text()函数添加数据标签。由于 Basemap 是基于 mapplotlib 包的绘制地图，直接将地图绘制在 fig 的子图的对象上，所以 matplotlib 包的其他绘图函数也可以使用，比如在绘制好的地图上添加散点（scatte）、文本（text）等数据信息，其具体代码如下所示。

```
01  from mpl_toolkits.basemap import Basemap
02  import matplotlib.pyplot as plt
03  from matplotlib.patches import Polygon
04  from matplotlib import cm,colors
05  import matplotlib as mpl
06  import pandas as pd
07  import numpy as np
08
09  df_city=pd.read_csv("Virtual_City.csv",index_col='country')
10  n_colors=100
11  color=[colors.rgb2hex(x) for x in cm.get_cmap( 'RdYlBu_r',n_colors)(np.linspace(0, 1, n_colors))]
12  dz_min=df_city['orange'].min()
13  dz_max=df_city['orange'].max()
14  df_city['value']=(df_city['orange']-dz_min)/(dz_max-dz_min)*99
15  df_city['color']=[color[int(i)] for i in df_city['value']]
16
17  lat_min = 29; lat_max = 62; lon_min = 103; lon_max = 136
18
19  fig = plt.figure(figsize=(8, 6))
20  ax = fig.gca()
21  basemap = Basemap(llcrnrlon=lon_min, urcrnrlon=lon_max, llcrnrlat=lat_min,urcrnrlat=lat_max,
```

```
22                projection='cyl',lon_0 = 120,lat_0 = 50,ax = ax)
23  basemap.readshapefile(shapefile = 'Virtual_Map1', name = "Country", drawbounds=True)
24
25  #按颜色依次绘制不同颜色等级的国家
26  for info, shape in zip(basemap.Country_info, basemap.Country):
27        poly = Polygon(shape, facecolor=df_city.loc[info['country'],'color'], edgecolor='k')
28        ax.add_patch(poly)
29
30  basemap.drawparallels(np.arange(lat_min,lat_max,10), labels=[1,0,0,0],zorder=0) #画经度线
31  basemap.drawmeridians(np.arange(lon_min,lon_max,10), labels=[0,0,0,1],zorder=0) #画纬度线
32
33  #添加文本信息：国名
34  for lat,long,country in zip(df_city['lat'],df_city['long'],df_city.index):
25        ax.text(long,lat,country,fontsize=12,verticalalignment="center",horizontalalignment="center")
36
37  #添加图例：colorbar
38  ax2 = fig.add_axes([0.85, 0.35, 0.025, 0.3])
39  cb2 = mpl.colorbar.ColorbarBase(ax2, cmap=mpl.cm.RdYlBu_r, boundaries=np.arange(dz_min,dz_max,0.1),
                        ticks=np.arange(0,10,2), label='Orange')
40  cb2.ax.tick_params(labelsize=15)
```

10.3 点描法地图

点描法地图（dot map，又称点分布地图——dot distribution map、点密度地图——dot density map）是一种通过在地理背景上绘制相同大小的点来表示数据在地理空间上分布的方法。点数据描述的对象是地理空间中离散的点，具有经度和纬度的坐标，但是不具备大小的信息，比如某区域内的餐馆、公司分布等。点描法地图一般有两种类型。

（1）一对一，即一个点只代表一个数据或者对象，因为点的位置对应只有一个数据，所以必须保证点位于正确的空间地理位置。

（2）一对多，即一个点代表的是一个特殊的单元，这个时候需要注意不能将点理解为实际的位置，这里的点代表聚合数据，往往是任意放置在地图上的。

点描法地图是观察对象在地理空间上分布情况的理想方法，如图 10-3-1 所示。借助点描法地图，可以很方便地掌握数据的总体分布情况，但是当需要观察单个具体的数据时，它是不太适合的。对于多数据系列的点描法地图可以使用不同形状表示不同类型的数据点。

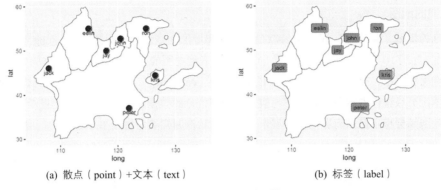

(a) 散点（point）+文本（text）　　　　(b) 标签（label）

图 10-3-1　点描法地图

技能　点描法地图的绘制

点描法地图就是散点图与地图的图层叠加，关键在于将散点的位置(x, y)变成经纬坐标(long, lat)，可以使用 plotnine 包中的 geom_map()函数先绘制地图的图层，再使用 geom_point()函数绘制散点，然后使用 geom_text 添加文本内容，如图 10-3-1(a)所示。有时候也可以使用 geom_label()函数将散点与文本用文本框表示，如图 10-3-1(b)所示。图 10-3-1 点描法地图的具体代码如下所示。

```
01  import geopandas as gpd
02  import pandas as pd
03  from plotnine import *
04  df_map = gpd.GeoDataFrame.from_file('Virtual_Map1.shp')
05  df_city=pd.read_csv("Virtual_City.csv")
06  df=pd.merge(right=df_map, left=df_city,how='right',on="country")
07  df=gpd.GeoDataFrame(df)
08
09  #图 10-3-1(a)所示标准点描法地图
10  base_plot=(ggplot(df)+
11          geom_map(fill='white',color='gray')+
12          geom_point(aes(x='long', y='lat'),shape='o',colour="black",size=6,fill='r')+
13          geom_text(aes(x='long', y='lat', label='city'),colour="black",size=10,nudge_y=-1.5)+0
14          scale_fill_cmap(name="RdYlBu_r"))
15  print(base_plot)
16
17  #图 10-3-1(b)所示的标签型点描法地图
18  base_plot=(ggplot(df)+
19          geom_map(fill='white',color='gray')+
20          geom_label(aes(x='long', y='lat', label='city'),colour="black",size=10,fill='orange')+0
21          scale_fill_cmap(name="RdYlBu_r"))
22  print(base_plot)
```

带气泡的地图

带气泡的地图（bubble map），其实就是气泡图和地图的结合，根据数据(lat, long, value)在地图上绘制气泡，如图 10-3-2 所示。位置信息（lat,long）对应到地图的具体地理位置，数据的大小（value）映射到气泡面积大小，有时候还存在第四维类别变量（catergory），可以使用颜色区分数据系列。带气泡的地图比分级统计地图更适合用于比较带有地理信息的数据的大小，但是当地图上的气泡过多、过大时，气泡间会相互遮盖而影响数据展示，所以在绘制时需要考虑设置气泡的透明度。

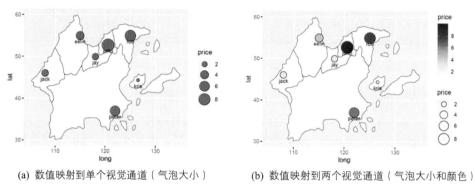

(a) 数值映射到单个视觉通道（气泡大小）　　(b) 数值映射到两个视觉通道（气泡大小和颜色）

图 10-3-2　带气泡的地图

技能　绘制带气泡的地图

带气泡的地图与点描法地图类似，只是在它的基础上添加了新的变量，并将此映射到散点的大小或者颜色。如图 10-3-2(b)所示，是将数值映射到两个视觉通道（气泡大小和颜色），图表的清晰表达程度比图 10-3-1(a)（数值映射到单个视觉通道）更好。图 10-3-2 所示的带气泡的地图的具体代码如下所示。

```
01  import geopandas as gpd
02  import pandas as pd
03  from plotnine import *
04  df_map = gpd.GeoDataFrame.from_file('Virtual_Map1.shp')
05  df_city=pd.read_csv("Virtual_City.csv")
06  df=pd.merge(right=df_map, left=df_city,how='right',on="country")
07  df=gpd.GeoDataFrame(df)
08  #图 10-3-2(a) 数值映射到单个视觉通道（气泡大小）
09  base_plot=(ggplot(df)+
10             geom_map(fill='white',color='gray')+
11             geom_point(aes(x='long', y='lat',size='orange'),shape='o',colour="black",fill='#EF5439')+
12             geom_text(aes(x='long', y='lat', label='city'),colour="black",size=10,nudge_y=-1.5)+
13             scale_size(range=(2,9),name='price'))
14  print(base_plot)
```

```
15
16  #图10-3-2(b)数值映射到两个视觉通道（气泡大小和颜色）
17  base_plot=(ggplot(df)+
18          geom_map(fill='white',color='gray')+
19          geom_point(aes(x='long', y='lat',size='orange',fill='orange'),shape='o',colour="black")+
20          geom_text(aes(x='long', y='lat', label='city'),colour="black",size=10,nudge_y=-1.5)+
21          scale_fill_cmap(name="YlOrRd")+
22          scale_size(range=(2,9),name='price'))
23  print(base_plot)
```

使用 Basemap 包的 readshapefile()函数先读入地图数据，并绘制底层地图；再使用文本添加函数 ax.text()和散点绘制函数 ax.scatter()可以实现如图 10-3-2(b)所示的数值映射到两个视觉通道（气泡大小和颜色）的地图，其具体实现代码如下所示。

```
01  from mpl_toolkits.basemap import Basemap
02  import matplotlib.pyplot as plt
03  from matplotlib.patches import Polygon
04  import pandas as pd
05
06  df_city=pd.read_csv("Virtual_City.csv",index_col='country')
07
08  lat_min = 29; lat_max = 62; lon_min = 103; lon_max = 136
09
10  ax = plt.figure(figsize=(8, 6)).gca()
11  basemap = Basemap(llcrnrlon=lon_min, urcrnrlon=lon_max, llcrnrlat=lat_min,urcrnrlat=lat_max,
12                  projection='cyl',lon_0 = 120,lat_0 = 50,ax = ax)
13  basemap.readshapefile(shapefile = 'Virtual_Map1', name = "Country", drawbounds=True)
14
15  for info, shape in zip(basemap.Country_info, basemap.Country):
16      poly = Polygon(shape, facecolor='w', edgecolor='k')
17      ax.add_patch(poly)
18
19  basemap.drawparallels(np.arange(lat_min,lat_max,10), labels=[1,0,0,0],zorder=0) #画经度线
20  basemap.drawmeridians(np.arange(lon_min,lon_max,10), labels=[0,0,0,1],zorder=0) #画纬度线
21
22  #添加文本信息：城名
23  for lat,long,country in zip(df_city['lat'],df_city['long'],df_city['city']):
24      ax.text(long,lat-2,country,fontsize=12,verticalalignment="center",horizontalalignment="center")
25
26  #添加气泡
27  Bubble_Scale=80
28  scatter = ax.scatter(df_city['long'], df_city['lat'], c=df_city['orange'], s=df_city['orange']*Bubble_Scale,
29                  linewidths=0.5, edgecolors="k",cmap='YlOrRd',zorder=2)
30  cbar = plt.colorbar(scatter) #添加图列：colobar
```

```
31    cbar.set_label('orange')
32    #添加图列：气泡大小
33    kw = dict(prop="sizes", alpha=0.6, num=5, func=lambda s: s/Bubble_Scale)
34    ax.legend(*scatter.legend_elements(**kw), loc="upper right", title="orange")
```

> **点描法地图的故事**
>
> John Snow（1813—1858）是英国的一名医生。1854 年，英国 Broad 大街大规模爆发霍乱疫情，当时了解微生物理论的人很少，人们不清楚霍乱传播的途径，而"瘴气传播理论"是当时的主导理论。John Snow 对这种理论表示了怀疑，于 1855 发表了关于霍乱传播理论的论文，图 10-3-3 即其主要依据。Snow 采用了点图的方式，图中心东西方向的街道即为 Broad 大街，黑点表示死亡的地点。这幅图形揭示了一个重要现象，就是死亡发生地都在街道中部一处水源（公共水泵）周围，市内其他水源周围极少发现死者。进一步调查，他发现这些死者都饮用过这里的水。后来证实离这口泵仅 1 米远的地方有一处污水坑，坑内释放出来的细菌正是霍乱发生的罪魁祸首。他成功说服了当地政府废弃那个水泵。这真是可视化历史上的一个划时代的事件。
>
>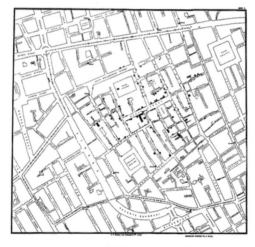
>
> 图 10-3-3　1854 年英国 Broad 大街的霍乱传播

10.4　带柱形的地图

带柱形的地图（bar map）是地图和柱形图两个图层的叠加，可以用柱形系列表示地理位置的一系列数据指标，柱形的高度对应指标的数据，不同的指标使用不同的颜色区分，如图 10-4-1(a)所示。有时候，带柱形的地图也有可以使用南丁格尔玫瑰图表示，如图 10-4-1(b)所示。

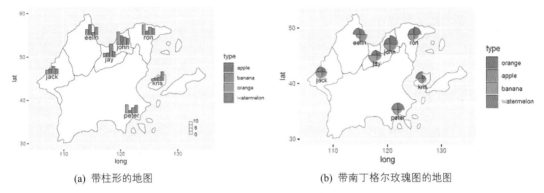

(a) 带柱形的地图　　　　　　　　　(b) 带南丁格尔玫瑰图的地图

图 10-4-1　多数据系列的地图

技能　绘制带柱形的地图

plotnine 包中的 geom_rect() 函数可以绘制矩形，所以只需要先设要矩形的左下角坐标(xmin, ymin) 和右上角坐标(xmax, ymax)，然后使用 geom_rect() 函数，就可以实现绘制带柱形的地图。图 10-4-1(a) 的实现代码如下所示。

```
01  import geopandas as gpd
02  import pandas as pd
03  from plotnine import *
04  Scale=3
05  width=1.1
06  df_map = gpd.GeoDataFrame.from_file('Virtual_Map1.shp')
07  df_city=pd.read_csv("Virtual_City.csv")
08  selectCol=["orange","apple","banana","watermelon"]
09  MaxH=df_city.loc[:,selectCol].max().max()
10  df_city.loc[:,selectCol]=df_city.loc[:,selectCol]/MaxH*Scale
11  df_city=pd.melt(df_city.loc[:,['lat','long','group','city']+selectCol], id_vars=['lat','long','group','city'])
12  df_city['hjust1']=df_city.transform(lambda x: -width if x['variable']=="orange"
13                                      else -width/2 if x['variable']=="apple"
14                                      else 0 if x['variable']=="banana" else width/2 ,axis=1)
15  df_city['hjust2']=df_city.transform(lambda x: -width/2 if x['variable']=="orange"
16                                      else 0 if x['variable']=="apple"
17                                      else width/2 if x['variable']=="banana" else width ,axis=1)
18  base_plot=(ggplot()+
19           geom_map(df_map,fill='white',color='gray')+
20           geom_rect(df_city, aes(xmin = 'long +hjust1', xmax = 'long+hjust2', ymin = 'lat', ymax = 'lat + value' , fill='variable'),
21                        size =0.25, colour ="black", alpha = 1)+
22           geom_text(df_city.drop_duplicates('city'),aes(x='long', y='lat', label='city'),
colour="black",size=10,nudge_y=-1.25)+
```

```
23        scale_fill_hue(s = 1, l = 0.65, h=0.0417,color_space='husl'))
24  print(base_plot)
```

10.5 等位地图

等位地图（isopleth map，也被称为等值线地图）可以说是地图和等高线图两个图层的叠加，常用于表示地面海拔高度的变化曲面、温度变化数据、降雨量数据。图 10-5-1(b)展示了二维核密度估计等位地图，可以用于估计散点的分布情况。

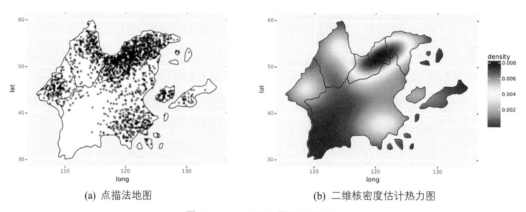

(a) 点描法地图　　　　　　　　(b) 二维核密度估计热力图

图 10-5-1　等位地图的实现过程

技能　绘制二维核密度估计等位地图

我们可以先计算离散坐标点的二维核密度估计数值，使用 plotnine 包中的 geom_tile()函数绘制热力图。再使用 NumPy 包中的 meshgrid()函数生成离散的网格坐标数据，使用 GeoPandas 包中的 intersection()函数求网格矩阵与地图的重叠部分。再使用 SciPy 中的 gaussian_kde()函数求重叠坐标点的二维核密度估计数值。最后使用 plotnine 包中的 geom_tile()函数和 geom_map()函数绘制热力图，图 10-5-1(b)的具体实现代码如下所示。

```
01  import geopandas as gpd
02  import scipy.stats as st
03  import numpy as np
04  from plotnine import *
05  df_map = gpd.GeoDataFrame.from_file('Virtual_Map1.shp')
06  df_city=pd.read_csv("Virtual_huouse.csv")
07  long_mar=np.arange(105,135, 0.2)
08  lat_mar=np.arange(30,60, 0.2)
09  xx,yy=np. meshgrid (long_mar,lat_mar)
```

```
10    df_grid =pd.DataFrame(dict(long=xx.ravel(),lat=yy.ravel()))
11    geom    = gpd.GeoSeries([Point(x, y) for x, y in zip(df_grid.long.values, df_grid.lat.values)])
12    df_grid=gpd.GeoDataFrame(df_grid,geometry=geom)
13    inter_point=df_map['geometry']. intersection (df_grid['geometry'].unary_union).tolist()
14    point_x=[]
15    point_y=[]
16    for i in range(len(inter_point)):
17        if (str(type(inter_point[i]))!="<class 'shapely.geometry.point.Point'>"):
18            point_x=point_x+[item.x for item in inter_point[i]]
19            point_y=point_y+[item.y for item in inter_point[i]]
20        else:
21            point_x=point_x+[inter_point[i].x]
22            point_y=point_y+[inter_point[i].y]
23
24    df_pointmap =pd.DataFrame(dict(long=point_x,lat=point_y))
25
26    positions =np.vstack([df_pointmap.long.values, df_pointmap.lat.values])
27    values = np.vstack([df_city.long.values, df_city.lat.values])
28    kernel = st.gaussian_kde(values)
29    df_pointmap['density'] =kernel(positions)
30
31    plot_base=(ggplot() +
32              geom_tile(df_pointmap,aes(x='long',y='lat',fill='density'),size=0.1)+
33              geom_map(df_map,fill='none',color='k',size=0.5)+
34              scale_fill_cmap(name='Spectral_r'))
35    print(plot_base)
```

我们基于上面计算得到的核密度估计地图数据 df_pointmap，将经纬坐标的核密度估计数值数据融合到网格坐标数据 df_grid 中，再使用 basemap.pcolormesh()函数就可以绘制热力地图，然后使用 basemap.contour()函数添加等高线，同时使用 ax.clabel()函数添加等高线数值标签，其具体代码如下所示。

```
01    from mpl_toolkits.basemap import Basemap
02    from matplotlib.patches import Polygon
03
04    df_grid['group']=[str(x)+'_'+str(y) for x,y in zip(df_grid['long'],df_grid['lat'])]
05
06    df_pointmap['group']=[str(x)+'_'+str(y) for x,y in zip(df_pointmap['long'],df_pointmap['lat'])]
07    df_grid=pd.merge(df_grid,df_pointmap[['group','density']],how='left',on='group')
08
09    lat_min = 29; lat_max = 62; lon_min = 103; lon_max = 136
10
11    ax=plt.figure(figsize=(8, 6)).gca()
```

```
12  basemap = Basemap(llcrnrlon=lon_min, urcrnrlon=lon_max, llcrnrlat=lat_min,urcrnrlat=lat_max,
13                    projection='cyl',lon_0 = 120,lat_0 = 50,ax = ax)
14  basemap.readshapefile(shapefile = 'Virtual_Map1', name = "Country", drawbounds=True)
15
16  for info, shape in zip(basemap.Country_info, basemap.Country):
17      poly = Polygon(shape, facecolor='none', edgecolor='k')
18      ax.add_patch(poly)
19
20  basemap.drawparallels(np.arange(lat_min,lat_max,10), labels=[1,0,0,0],zorder=0) #画经度线
21  basemap.drawmeridians(np.arange(lon_min,lon_max,10), labels=[0,0,0,1],zorder=0) #画纬度线
22
23  cs=basemap.pcolormesh(xx,yy, data=df_grid['density'].values.reshape((len(long_mar),len(lat_mar))),cmap='Spectral_r')
24  ct=basemap.contour(xx, yy, data=df_grid['density'].values.reshape((len(long_mar),len(lat_mar))),colors='w')
25  ax.clabel(ct, inline=True, fontsize=10,colors='k')
26  cbar = basemap.colorbar(cs,location='right')
27  cbar.set_label('Desnity')
```

其中，在 pcolormesh(X,Y, Z cmap=None)函数中，X，Y 必须为二维网格数据点的横纵坐标，通常是二维数组；Z: 网格数据点(X, Y)对应的数据值，也是二维数组；cmap 为数据对应的颜色主题方案。

10.6 点状地图

点状地图，就是将连续的地图离散成散点，如图 10-6-1 所示，往往是将散点（long, lat）的数值（value）映射到颜色和大小两个视觉通道。点状地图可以用于二维统计直方地图的展示，如图 10-6-1(b)所示。

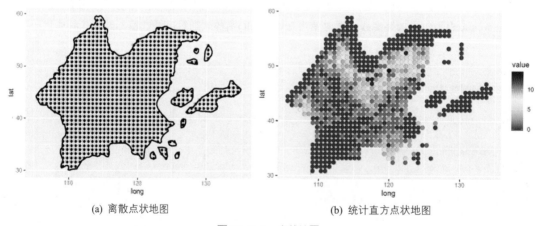

(a) 离散点状地图　　　　　　　　(b) 统计直方点状地图

图 10-6-1　点状地图

技能　绘制点状地图

统计直方点状地图其实就是先根据 expand.grid() 的网格函数生成经纬度数据；再利用 findInterval() 函数求取二维统计直方图，将经纬度位置数据及其统计频数构造成 SpatialPixelsDataFrame 类型的数据；接着使用!is.na(over())函数求取二维统计直方图和 SpatialPolygonsDataFrame 格式的地图的重合区域；最后使用 geom_point() 函数，实现绘制图 10-6-1(b)，其具体代码如下所示。

```
01  import geopandas as gpd
02  from shapely.geometry import Point
03  import numpy as np
04  import pandas as pd
05  from plotnine import *
06  df_map = gpd.GeoDataFrame.from_file('Virtual_Map0.shp')
07  long_mar=np.arange(105,135, 0.6)
08  lat_mar=np.arange(30,60, 0.8)
09  X,Y=np.meshgrid(long_mar,lat_mar)
10  df_grid =pd.DataFrame({'long':X.flatten(),'lat':Y.flatten()})
11  geom    = gpd.GeoSeries([Point(x, y) for x, y in zip(df_grid.long.values, df_grid.lat.values)])
12  df_grid=gpd.GeoDataFrame(df_grid,geometry=geom)
13  inter_point=df_map['geometry'].intersection(df_grid['geometry'].unary_union).tolist()
14
15  point_x=[]
16  point_y=[]
17  for i in range(len(inter_point)):
18      if (str(type(inter_point[i]))!="<class 'shapely.geometry.point.Point'>"):
19          point_x=point_x+[item.x for item in inter_point[i]]
20          point_y=point_y+[item.y for item in inter_point[i]]
21      else:
22          point_x=point_x+[inter_point[i].x]
23          point_y=point_y+[inter_point[i].y]
24
25  df_pointmap =pd.DataFrame({'long':point_x,'lat':point_y})
26  plot_base=(ggplot() +geom_map(df_map,fill='white',color='k')+
27                  geom_point(df_pointmap,aes(x='long',y='lat'),fill='k',size=3,shape='o',stroke=0.1))
28  print(plot_base)
29
30  df_huouse=pd.read_csv("Virtual_huouse.csv")
31  long_mar=np.arange(105,135+0.6, 0.6)
32  lat_mar=np.arange(30,60+0.8, 0.8)
33  hist, xedges, yedges = np.histogram2d(df_huouse.long.values, df_huouse.lat.values, (long_mar, lat_mar))
34  long_mar=np.arange(105,135, 0.6)
35  lat_mar=np.arange(30,60, 0.8)
36  Y,X=np.meshgrid(lat_mar,long_mar)
```

```
37    df_gridmap=pd.DataFrame({'long':X.ravel(),'lat':Y.ravel(),'count':hist.ravel()})
38    df_pointmap=pd.merge(df_pointmap, df_gridmap,how='left',on=['long','lat'])
39
40    plot_base=(ggplot() +geom_map(df_map,fill='white',color='none')+
41                          geom_point(df_pointmap,aes(x='long',y='lat',fill='count'),size=3,shape='o',stroke=0.1)+
42                          scale_fill_cmap(name='Spectral_r'))
43    print(plot_base)
```

我们也可以使用 Basemap 先绘制地图,然后根据上面计算得到的二维统计地图数据 df_pointmap,使用 ax.scatter() 函数就可以绘制统计直方点状地图,并且将每个数据点的统计频数映射到颜色,其颜色主题方案为 Spectral_r。

```
01   from mpl_toolkits.basemap import Basemap
02   import matplotlib.pyplot as plt
03   from matplotlib.patches import Polygon
04
05   lat_min = 29; lat_max = 62; lon_min = 103; lon_max = 136
06
07   ax = plt.figure(figsize=(8, 6)).gca()
08   basemap = Basemap(llcrnrlon=lon_min, urcrnrlon=lon_max, llcrnrlat=lat_min,urcrnrlat=lat_max,
09                    projection='cyl',lon_0 = 120,lat_0 = 50,ax = ax)
10   basemap.readshapefile(shapefile = 'Virtual_Map1', name = "Country", drawbounds=False)
11
12   for info, shape in zip(basemap.Country_info, basemap.Country):
13       poly = Polygon(shape, facecolor='w', edgecolor='w')
14       ax.add_patch(poly)
15
16   basemap.drawparallels(np.arange(lat_min,lat_max,10), labels=[1,0,0,0],zorder=0) #画经度线
17   basemap.drawmeridians(np.arange(lon_min,lon_max,10), labels=[0,0,0,1],zorder=0) #画纬度线
18
19   #添加带颜色映射的散点
20   scatter = ax.scatter(df_pointmap['long'], df_pointmap['lat'], c=df_pointmap['count'],
21                       s=40, linewidths=0.25, edgecolors="k",cmap='Spectral_r',zorder=2)
22   cbar = plt.colorbar(scatter)
23   cbar.set_label('Count')
```

三维柱形地图

三维柱形地图(long, lat, value)可以使用柱形高度表示地理位置(long, lat)的数值(value),如图 10-6-2 所示。三维柱形地图可以看成是点状地图的三维展示。

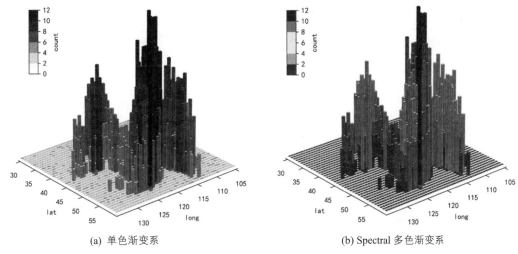

(a) 单色渐变系　　　　　　　　　　(b) Spectral 多色渐变系

图 10-6-2　三维柱形地图

技能　绘制三维柱形地图

根据图 10-6-1 的点状地图网格数据 df_gridmap 和频数数据 df_pointmap，使用 matplotlib 包中的 bar3d() 函数可以绘制三维柱形图，推荐使用单色渐变系作为颜色主题，如图 10-6-2(a)所示，其具体代码如下所示。

```
01  from mpl_toolkits.mplot3d import Axes3D   # noqa: F401 unused import
02  from matplotlib import cm
03  import pandas as pd
04  import numpy as np
05  import matplotlib.pyplot as plt
06  import matplotlib as mpl
07
08  df_gridmap=pd.merge(df_gridmap,df_pointmap,how='left',on=['long','lat'])
09  fig = plt.figure(figsize=(10,10))
10  ax = fig.gca(projection='3d')
11  ax.view_init(azim=-70, elev=20)##改变绘制图像的视角,即相机的位置,azim 沿着 z 轴旋转，elev 沿着 y 轴
12  ax.grid(False)
13
14  ax.xaxis._axinfo['tick']['outward_factor'] = 0
15  ax.xaxis._axinfo['tick']['inward_factor'] = 0.4
16  ax.yaxis._axinfo['tick']['outward_factor'] = 0
17  ax.yaxis._axinfo['tick']['inward_factor'] = 0.4
18  ax.xaxis.pane.fill = False
19  ax.yaxis.pane.fill = False
```

```
20    ax.zaxis.pane.fill = False
21    ax.xaxis.pane.set_edgecolor('none')
22    ax.yaxis.pane.set_edgecolor('none')
23    ax.zaxis.pane.set_edgecolor('none')
24    ax.zaxis.line.set_visible(False)
25    ax.set_zticklabels([])
26    ax.set_zticks([])
27
28    zpos = 0
29    dx = df_gridmap.long.values
30    dy = df_gridmap.lat.values
31    dz=df_gridmap['count'].values
32    colors = cm.Spectral_r(dz / float(max(dz)))
33    ax.bar3d(dx, dy, zpos, 0.5, 0.5, dz, zsort='average',color=colors,edgecolor='gray',linewidth=0.2)
34
35    ax2 = fig.add_axes([0.85, 0.35, 0.025, 0.3])
36    cmap = mpl.cm.Spectral_r
37    norm = mpl.colors.Normalize(vmin=0, vmax=1)
38    bounds = np.arange(min(dz),max(dz),2)
39    norm = mpl.colors.BoundaryNorm(bounds, cmap.N)
40    cb2 = mpl.colorbar.ColorbarBase(ax2, cmap=cmap,norm=norm,boundaries=bounds,
41    ticks=np.arange(min(dz),max(dz),2),spacing='proportional',label='count')
42    plt.show()
```

10.7 简化示意图

分级统计地图最大的问题在于数据分布和地理区域大小的不对称。由于各等级（如省份、国家等）的面积大小不一样，但是这又与展示的数据大小无关，这种数据的不对称容易造成用户对数据的错误理解，不能很好地帮助用户准确地区分和比较地图上各个分区的数据值，面积小的省份在地图上可能难以被识别。我们可以在尽量保证地理区域的相对位置一致的情况下，将各等级地理区域统一大小，使用六边形、矩形或者圆圈代替，图 10-7-1 所示为不同类型的简化示意图。

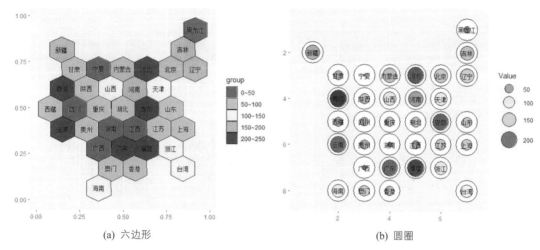

(a) 六边形　　　　　　　　　　　　(b) 圆圈

图 10-7-1　分级统计简化示意图

技能　绘制简化示意图

图 10-7-2 所示的矩形和圆圈简化示意图，数据如图 10-7-3(a)所示，主要包括矩形或圆圈的位置信息（row,col）以及对应省份名字的拼音（name）和中文名（code），使用 plotnine 包中的 geom_tile() 函数和 geom_point() 函数就可以分别实现矩形或圆圈型的简化示意图，具体代码如下所示。

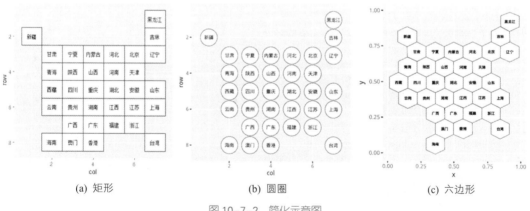

(a) 矩形　　　　　　　(b) 圆圈　　　　　　　(c) 六边形

图 10-7-2　简化示意图

 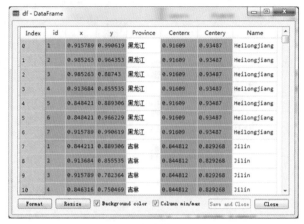

(a) 矩形和圆圈　　　　　　　　　　　(b) 六边形

图 10-7-3　中国简化示意地图的绘图数据

```
01  import pandas as pd
02  import numpy as np
03  from plotnine import *
04  df=pd.read_csv('China_MatrixMap.csv',encoding='gb2312')
05
06  #图 10-7-2(a)矩形简化示意图
07  base_plot=(ggplot(df,aes(x='x',y='y'))+
08  geom_tile(fill='w',colour="black",size=1)+
09  geom_text(aes(label='name'),size=12,family='SimHei')+
10  scale_y_reverse(limits =(8.5,0.5))+
11  scale_x_continuous(limits =(0.5,7.5),expand=(0.05,0.05)))
12  print(base_plot)
13
14  #图 10-7-2(b)圆圈简化示意图
15  base_plot=(ggplot(df,aes(x='x',y='y'))+
16  geom_point(fill='w',colour="black",size=30)+
17  geom_text(aes(label='name'),size=12,family='SimHei')+
18  scale_y_reverse(limits =(8.5,0.5))+
19  scale_x_continuous(limits =(0.8,7.5)))
20  print(base_plot)
```

matplotlib.patches 提供了绘制矩形 Rectangle()函数和椭圆形 Ellipse ()函数可以分别绘制矩形和圆形。再使用 matplotlib.collections.PatchCollection()函数把所有 matplotlib.patches.Polygon 组合成 list 数据结构的 collection，然后使用 ax.add_collection(collection)集体绘制。图 10-7-2 中国地图简化示意图的具体实现代码如下所示。

```
01  import matplotlib.pyplot as plt
02  import matplotlib.patches as mpathes
03  from matplotlib.collections import PatchCollection
04
05  #图 10-7-2(a)矩形简化示意图 ax = plt.figure(figsize=(6, 6)).gca()
06  patches = []
07  for x,y,name in zip(df['x'],df['y'],df['name']):
08      rect = mpathes.Rectangle((x,-y),width=1, height=1)
09      patches.append(rect)
10      ax.text(x+0.5,-y+0.5,name,fontsize=12,verticalalignment="center",horizontalalignment="center")
11  collection = PatchCollection(patches, facecolor='w',edgecolor='k',linewidth=1)
12  ax.add_collection(collection)
13  plt.axis('equal')
14  plt.show()
15
16  #图 10-7-2(b)圆圈简化示意图
17  ax = plt.figure(figsize=(6, 6)).gca()
18  patches = []
19  for x,y,name in zip(df['x'],df['y'],df['name']):
20      rect = mpathes.Ellipse((x,-y),width=1, height=1)
21      patches.append(rect)
22      ax.text(x,-y,name,fontsize=12,verticalalignment="center",horizontalalignment="center")
23  collection = PatchCollection(patches, facecolor='w',edgecolor='k',linewidth=1)
24  ax.add_collection(collection)
25  plt.axis('equal')
26  plt.show()
```

简化六边形示意图的绘图数据如图 10-7-3(b)所示,主要包括每个六边形六个顶点的位置坐标(x, y),以及对应的身份名称(Province),还包括每个六边形的中心位置坐标(Centerx,Centery),使用 plotnine 包中的 geom_polygon()函数就可以绘制六边形。图 10-7-2(c)的具体代码如下所示。

```
01  #图 10-7-2(c)六边形简化示意图
02  df=pd.read_csv('China_HexMap.csv',encoding='gb2312')
03  base_plot=(ggplot()+
04  geom_polygon(df,aes(x='x',y='y',group='Province'),colour="black",size=0.25,fill='w')+
05  geom_text(df.drop_duplicates('Province'),aes(x='Centerx', y='Centery-0.01',label='Province'),size=14,family ='SimHei'))
06  print(base_plot)
```

我们可以使用 matplotlib.patches.Polygon()函数构造多边形数据,再使用 PatchCollection()函数把所有 Polygon 组合成 list 数据结构的 collection,再使用 ax.add_collection(collection)集体绘制,从而实现如图 10-7-2(c)所示的六角形简化示意图。

```
01  import matplotlib.pyplot as plt
02  import matplotlib.patches as mpathes
```

```
03    from matplotlib.collections import PatchCollection
04    ax= plt.figure(figsize=(6, 6)).gca()
05    patches = []
06    for Province in np.unique(df['Province']):
07        df_Province=df[df['Province']==Province]
08        rect = mpathes.Polygon([(x,y) for x,y in zip(df_Province['x'],df_Province['y'])])
09        patches.append(rect)
10        ax.text(df_Province['Centerx'].values[0],df_Province['Centery'].values[0], df_Province['Province'].values[0],
                fontsize=12, verticalalignment="center",horizontalalignment="center")
11    collection = PatchCollection(patches, facecolor='w',edgecolor='k',linewidth=1)
12    ax.add_collection(collection)
13    plt.axis('equal')
14    plt.show()
```

10.8 邮标法

在地图三维数据（long,lat,value）的基础上，常常需要再添加一个维度：时间变量（time），这样就需要用到邮标法，即用分面的方法展示地理空间数据，如图 10-8-1 所示。也可以添加一个不同类变量的维度，如图 10-8-2 所示。

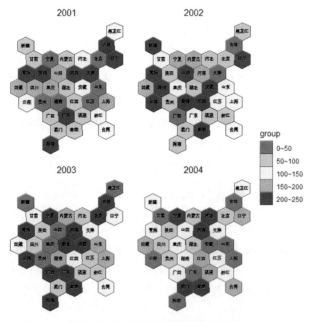

图 10-8-1　邮标法的网格分面示意图

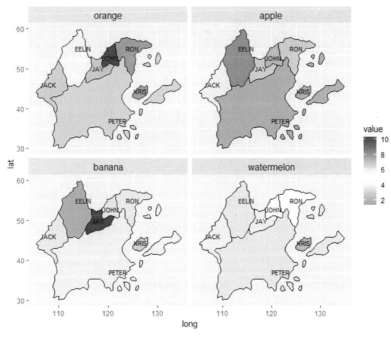

图 10-9-2 邮标法的等级统计地图

技能 绘制邮标法的等级统计地图

邮标法的地图数据需要将地图数据 df_map 和城市数据 df_city 融合后，再使用 melt()函数将二维表变成一维表，最后使用 plotnine 包中的分面函数 facet_wrap()或者 facet_grid()实现。图 10-8-2 所示的邮标法的等级统计地图的具体实现代码如下所示。

```
01  import geopandas as gpd
02  import pandas as pd
03  from plotnine import *
04  df_map = gpd.GeoDataFrame.from_file('Virtual_Map1.shp')
05  df_city=pd.read_csv("Virtual_City.csv")
06  df=pd.merge(right=df_map[['country','geometry']], left=df_city[['country','orange','apple','banana','watermelon']],how='right',on="country")
07  df_melt=pd.melt(df,id_vars = ['country', 'geometry'])
08  df_melt=gpd.GeoDataFrame(df_melt)
09  base_plot=(ggplot()+
10     geom_map(df_melt, aes(fill='value'),colour="black",size=0.25)+
11     geom_text(df_city,aes(x='long', y='lat', label='country'),colour="black",size=10)+
12     scale_fill_gradient2(low="#00A08A",mid="white",high="#FF0000",midpoint = df_city.orange.mean())+
13     facet_wrap('~variable')+
14     theme(strip_text = element_text(size=20,face="plain",color="black"),
```

```
15        axis_title=element_text(size=18,face="plain",color="black"),
16        axis_text = element_text(size=15,face="plain",color="black"),
17        legend_title=element_text(size=18,face="plain",color="black"),
18        legend_text = element_text(size=15,face="plain",color="black"),
19        figure_size = (11, 9),
20        dpi = 50))
21 print(base_plot)
```

第 11 章

数据可视化案例

11.1　商业图表绘制示例

商业图表一般以国外的《华尔街日报》《商业周刊》《经济学人》等经典期刊的图表作为案例与代表。近两年，国内的网易数读、TD财经、澎湃新闻等新闻媒体的商业图表也越来越专业化。

图 11-1-1 展示了部分商业图表案例，来源于《华尔街日报》（ *The Wall Street Journal* ）、《商业周刊》（ *Business Week* ）、《经济学人》（ *The Economist* ）。其中，《经济学人》商业图表的显著特征就是图表的左上角标有一个红色的矩形；《华尔街日报》商业图表的显著特征就是图表右下角会标注"THE WALL STREET JOURNAL"。本节就教大家使用 Python 中的 matplotlib 绘制商业图表。

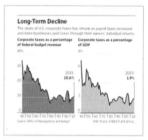
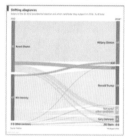
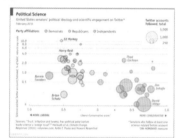
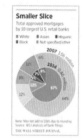
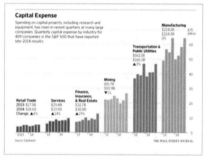
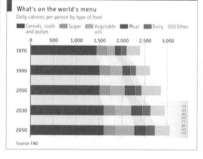
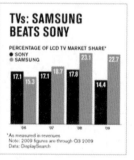

图 11-1-1　商业图表案例

11.1.1　商业图表绘制基础

仔细观察这些商业图表，我们可以发现《华尔街日报》《商业周刊》《经济学人》等商业其刊的固有格式，如图 11-1-2 所示。经典的商业图表都有一套固有的图表风格与颜色主题。相对我们平常直接绘制的图表（包括绘图区和图例区），商业图表还包括主标题、副标题以及脚注区。其中，主标题、副标题以及脚注区可以作为图表的背景信息，帮助读者了解图表所要表达的其他数据信息。这些图表的不同区域往往都左对齐，然后上下左右都留有一定的空白（margin）。

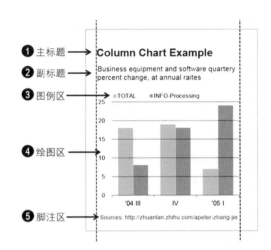

图 11-1-2 商业图表范例（图表来源：《商业周刊》）

商业图表中最为重要的部分就是绘图区（plot area），绘图区的图表元素构成如图 11-1-3 所示，其具体组成如下所示。

（1）**数据系列（data series）**：使用点、线、面等不同图形表示数据系列，比如点类型的散点、气泡图，线类型的折线、曲线图，面类型的柱形、面积图等。

（2）**X 轴坐标（X number axis）**：数轴刻度应等距或具有一定规律性（如对数尺度），并标明数值。横轴刻度自左至右，数值一律由小到大。

（3）**Y 轴坐标（Y Number axis）**：数轴刻度应等距或具有一定规律性（如对数尺度），并标明数值。纵轴刻度自下而上，数值一律由小到大。

（4）**网格线（grid line）**：包括主要和次要的水平、垂直网格线 4 种类型，分别对应 Y 轴和 X 轴的刻度线。在折线图和统计直方图中，一般使用水平网格线作为数值比较大小的参考线。

图 11-1-3 绘图区的图表元素组成

另外，绘图区的背景颜色是可以改变的。绘图区背景填充颜色的不同有时也是不同商业图表风格的重要特点。商业图表绘图区风格的设置主要包括绘图区的背景填充颜色，X 轴和 Y 轴坐标的颜色、标签位置与刻度线，以及网格线的颜色与粗细等。《华尔街日报》《商业周刊》《经济学人》三大经典商业期刊图表绘图区元素的具体设置如图 11-1-4 所示。不同商业图表风格的双数据系列簇状柱形图如图 11-1-5 所示。

期刊	风格类型	① 绘图区		② X 轴坐标				③ Y 轴坐标			④ 网格线		
		填充颜色	类型	颜色	标签位置	刻度线	类型	标签位置	刻度线	类型	颜色	宽度（磅）
《经济学人》	[1]	206,219,231	0.75磅-实线	0, 0, 0	低	外部-主刻度线	无线条	高	无	实线	255,255,255	1.5
	[2]	255,255,255	0.75磅-实线	0, 0, 0	低	外部-主刻度线	无线条	高	无	实线	191,191,191	1.5
《华尔街日报》	[1]	248,242,228	0.75磅-实线	0, 0, 0	低	外部-主刻度线	无线条	低	无	圆点	191,191,192	1.5
	[2]	255,255,255	0.75磅-实线	0, 0, 0	低	外部-主刻度线	无线条	低	无	实线	191,191,193	1.25
《商业周刊》	2008	255,255,255	0.25磅-实线	0, 0, 0	低	外部-主刻度线	无线条	低	无	实线	0, 0, 0	0.25

图 11-1-4　商业图表的绘图区元素设置

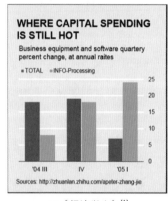
(a)《经济学人》[1]

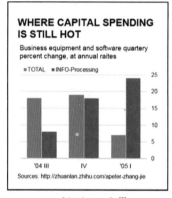
(b)《经济学人》[2]

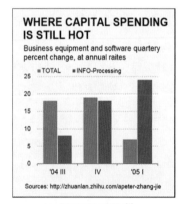
(c)《华尔街日报》[1]

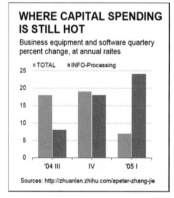
(d)《华尔街日报》[2]

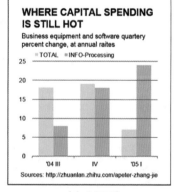
(e)《商业周刊》

图 11-1-5　仿制的不同期刊风格的柱形图

除图表风格外，经典期刊的商业图表都有一套固有的颜色主题方案，图 11-1-6 展示了《经济学人》的颜色主题方案。这三种经典期刊中（见图 11-1-6~图 11-1-8），颜色主题方案多年始终保持不变的是《经济学人》。《经济学人》的图表基本只用一个色系，或者做一些深浅明暗的变化；当数据系列增多时，会增加深绿色、深棕色等颜色。更多商业图表的颜色主题方案可以参考《Excel 数据之美：科学图表与商业图表的绘制》。

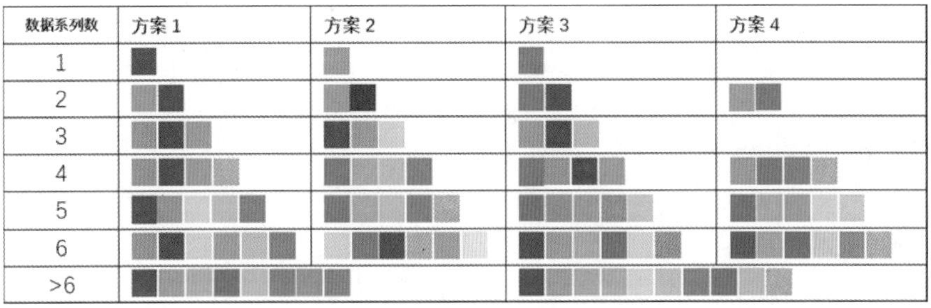

图 11-1-6 《经济学人》的颜色主题方案

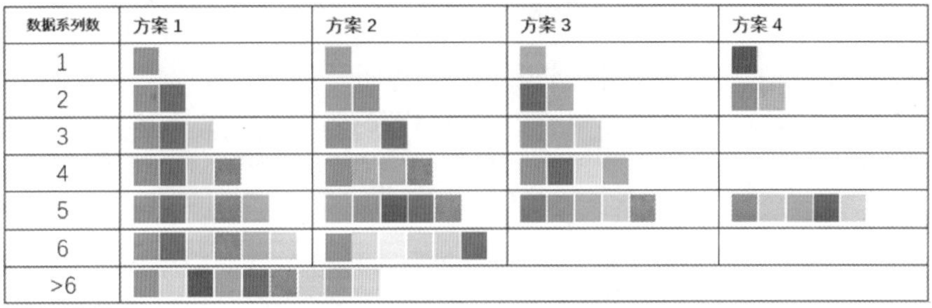

图 11-1-7 《华尔街日报》[2]的颜色主题方案

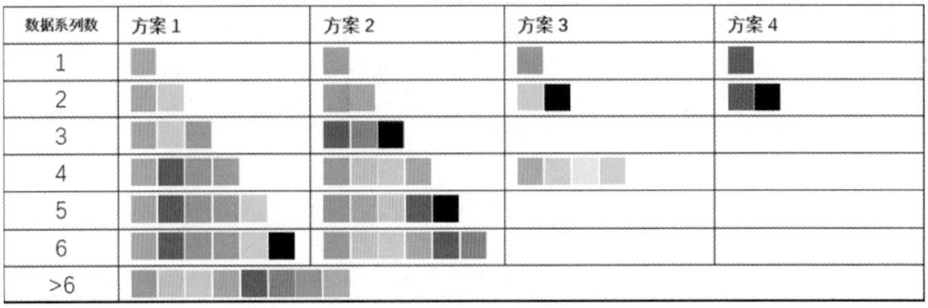

图 11-1-8 《商业周刊》的颜色主题方案

技能　《经济学人》[1]风格的柱形图

　　绘制商业期刊风格的图表，主要是在 Python 自动生成的图表的基础上，添加主副标题以及脚注；图表风格的具体设置可以参照图 11-1-4。图 11-1-5(a)所示的《经济学人》[1]风格的柱形图的具体实现代码如下所示。

```
01  import matplotlib.pyplot as plt
02  import numpy as np
03  import pandas as pd
04  plt.rcParams["font.sans-serif"]='Arial'
05  #plt.rcParams["font.sans-serif"]='SimHei' #汉字显示设定
06  plt.rcParams['axes.unicode_minus']=False
07  plt.rcParams['axes.facecolor']='#CFDBE7'
08  plt.rcParams['savefig.facecolor'] ='#CFDBE7'
09  plt.rc('axes',axisbelow=True)        #使网格线置于图表下层
10
11  df=pd.read_excel(r"多数据系列柱形图.xlsx",sheet_name="原始数据")
12  x_lable=np.array(df["Quarter"])
13  x=np.arange(len(x_lable))
14  y1=np.array(df["TOTAL"])
15  y2=np.array(df["INFO-Processing"])
16
17  width=0.35
18  fig=plt.figure(figsize=(5,4.5),dpi=100,facecolor='#CFDBE7')
19  plt.bar(x,y1,width=width,color='#01516C',label='TOTAL')  #调整 y1 轴位置、颜色，label 为图例名称
20  plt.bar(x+width,y2,width=width,color='#01A4DC',label='INFO-Processing') #调整 y2 轴位置、颜色，label 为图例名称
21  plt.xticks(x+width/2,x_lable,size=12)          #设置 X 轴刻度、位置、大小
22  plt.yticks(size=12)                #设置 Y 轴刻度、位置、大小
23  plt.grid(axis="y",c='w',linewidth=1.2)     #设置 Y 轴网格线的颜色与粗细
24  #显示图例，loc 图例显示位置(可以用坐标方法显示)，ncol 图例显示几列，默认为 1 列,frameon 设置图形边框
25  plt.legend(loc=(0,1.02),ncol=2,frameon=False)
26  ax = plt.gca()              #获取整个绘图区的句柄
27  ax.spines['top'].set_color('none')   #设置上'脊梁'为无色
28  ax.spines['right'].set_color('none')  #设置右'脊梁'为无色
29  ax.spines['left'].set_color('none')   #设置左'脊梁'为无色
30  ax.yaxis.set_ticks_position('right')  #Y 轴放置在右边
31  #添加主标题
32  plt.text(0.,1.25,s='WHERE CAPITAL SPENDING\nIS STILL HOT',transform=ax.transAxes, weight='bold',size=20)
33  #添加副标题
34  plt.text(0,1.12,s='Column charts are used to compare values\nacross categories by using vertical bars.',transform=ax.transAxes,
35              weight='light',size=15)
36  #添加脚注
37  plt.text(0.,-0.15,s='Sources: http://zhuanlan.zhihu.com/apeter-zhang-jie',transform=ax.transAxes,weight ='light',size=10)
38  #图表的导出
39  plt.savefig('商业图表_经济学人 1.pdf',bbox_inches='tight', pad_inches=0.3)
40  plt.show()
```

11.1.2　商业图表绘制案例①

我们平时常用的条形图,也常常出现在商业图表中,但是往往会把 Y 轴标签省去,而将对应的数据名称放置在条形的上方,如图 11-1-9 所示。同时,省去 X 轴数值坐标,而将条形的数值直接放置在条形的右边。这样做的好处是可以节省图表的面积,尤其是当 Y 轴标签很长的时候。

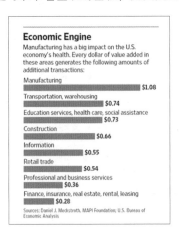

图 11-1-9　Y 轴标签省去的条形图(来源:《华尔街日报》)

技能　绘制 Y 轴标签省去的条形图

条形图一般需要降序展示,所以先使用 sort_values() 函数做降序处理,然后使用 plt.barh() 函数绘制条形,再使用 plt.tex() 添加数据的类别和数值标签,如图 11-1-10(a) 所示。最后,省去 X 轴和 Y 轴,添加主、副标题以及脚注,如图 11-1-10(b) 所示,其具体代码如下所示。

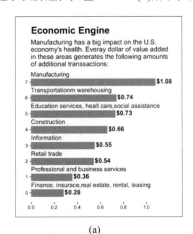

(a)　　　　　　　　　　　　　　(b)

图 11-1-10　Y 轴标签省去的条形图绘制过程

```python
01  import matplotlib.pyplot as plt
02  import numpy as np
03  import pandas as pd
04  df=pd.DataFrame(dict(group=["Manufacturing","Transportationm warehousing","Education services, healt care,social assistance",
05                              "Construction","Information","Retail trade","Professional and business services",
06                              "Finance, insurace,real estate, rental, leasing"],
07                       price=[1.08,0.74,0.73,0.66,0.55,0.54,0.356,0.28]))
08  df=df.sort_values(by=["price"],ascending=True)
09  x_label=np.array(df['group'])
10  y=np.array(df['price'])
11  x_value=np.arange(len(x_label))
12  height=0.45
13  fig=plt.figure(figsize=(5,5))
14  plt.xticks([])
15  plt.yticks([])
16  ax = plt.gca()                         #获取整个表格边框
17  ax.spines['top'].set_color('none')     #设置上'脊梁'为无色
18  ax.spines['right'].set_color('none')   #设置右'脊梁'为无色
19  ax.spines['left'].set_color('none')    #设置左'脊梁'为无色
20  ax.spines['bottom'].set_color('none')  #设置下'脊梁'为无色
21  plt.barh(x_value,color='#0099DC',height=height,width=y,align="center")
22  for a,b,label in zip(y,x_value,x_label):    #给条形图加标签，需要使用 for 循环
23      plt.text(0, b+0.45, s=label, ha='left', va= 'center',fontsize=13,family='sans-serif')
24      plt.text(a+0.01, b, s="$"+ str(round(a,2)), ha='left', va= 'center',fontsize=13.5,family='Arial',weight ="bold")
25
26  plt.text(0,1.3,s='Economic Engine',transform=ax.transAxes,weight='bold',size=20,family='Arial')
27  plt.text(0,1.05,s="Manufacturing has a big impact on the U.S.\neconomy's health. Everay dollar of value
28  added\nin these areas generates the following amounts\nof additional transsactions: ",
29              transform=ax.transAxes,weight='light',size=14,family='sans-serif')
30  plt.text(0,-0.05,s='Source: Daniel J. Meckstroth.MAPI Foundtation;U.S.
31  Bureau\nof Economic Analysis',transform=ax.transAxes,weight='light',size=10,family='sans-serif')
32  #plt.savefig('商业图表_条形图.pdf',bbox_inches='tight', pad_inches=0.3)
33  plt.show()
```

11.1.3　商业图表绘制案例②

商业图表往往会在平常绘制的图表基础上，更加注重图表的美观性，如图 11-1-11 所示的带面积填充连接的堆积柱形图，就是在普通堆积柱形图的基础上，在相邻的堆积柱形之间添加填充面积引导，更加便于展示不同数据系列之间的数据累加情况。

但是对于 X 轴为时间序列的堆积柱形图，可以将数据系列按平均数值做排序处理后，使数值越

大的数据系列越贴近 X 轴，这样便于比较不同数据系列的数值大小。所以在图 11-1-11 中，"Asia-Pacific"应该放置在最下面，然后依次是"North America""Western Europe"等。

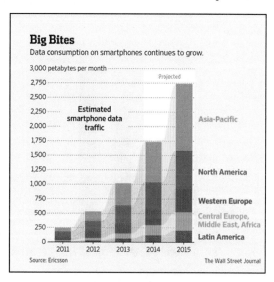

图 11-1-11　带面积填充连接的堆积柱形图（来源:《华尔街日报》）

其实，带面积填充连接的堆积柱形图就是两个图层的叠加：上层的堆积柱形图（见图 11-1-12(a)）和下层的堆积面积图（见图 11-1-12(b)），叠加效果如图 11-1-12(c)所示，这样基本实现图 11-1-11 绘图区的数据系列展示效果。其关键在于如何根据堆积柱形图的数据构造堆积面积图的数据。

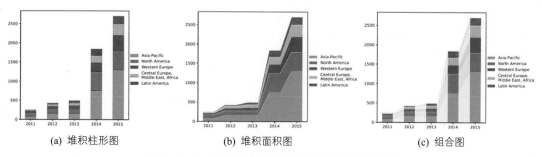

图 11-1-12　带面积填充连接的堆积柱形图的绘制过程

技能　绘制带面积填充连接的堆积柱形图

图 11-1-13 所示为使用 matplotlib 仿制的带面积填充连接的堆积柱形图，其具体实现代码如下所示。堆积柱形图和堆积面积图的共有部分数据为数据系列的数值以及柱形宽度（width）。使用 matplotlib 包的 stackplot()函数可以绘制如图 11-1-12(b)所示的底层的堆积面积图；bar()函数可以绘制

如图 11-1-12(a)所示的堆积柱形图；annotate()函数可以添加带引导线的文本；text()函数可以添加主/副标题等图表背景信息。

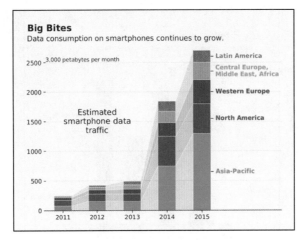

图 11-1-13　使用 matplotlib 仿制的带面积填充连接的堆积柱形图

```
01   from matplotlib import pyplot as plt
02   import pandas as pd
03   import numpy as np
04   plt.rc('axes',axisbelow=True)
05   plt.rcParams['axes.facecolor']='#EFEFEF'
06   plt.rcParams['savefig.facecolor'] ='#EFEFEF'
07
08   df= pd.read_csv("商业图表_堆积柱形图.csv",engine='python',index_col=0)
09   meanRow_df=df.apply(lambda x: x.mean(), axis=0)       #对每个数据系列求均值
10   Sing_df=meanRow_df.sort_values(ascending=False).index #降序排序处理
11   n_row,n_col=df.shape
12   x_value=np.arange(n_row)    #构造 X 轴数值
13   colors=["#F28526","#0671A8","#C72435","#C3A932","#636466"]   #构造数据系列的填充颜色列表
14
15   width=0.5  #设定柱形的宽度
16   #构造面积图部分的数据
17   x=[]    #x 为堆积堆积面积图的 X 轴数值
18   for i in range(n_row):
19       x=x+[i-width/2,i+width/2]
20   df_area=pd.DataFrame(index=x)
21   for j in list(range(n_col))[::-1]:
22       y=[]
23       for i in range(n_row):
24           y=y+np.repeat(df.iloc[i,j],3).tolist()
```

```
25        df_area[df.columns[j]]=y    #构造堆积面积图每个数据系列的 Y 轴数值
26
27    fig=plt.figure(figsize=(7,5),dpi=100,facecolor='#EFEFEF')
28    #绘制底层的堆积面积图
29    plt.stackplot(df_area.index.values, df_area.values.T,colors=colors,linewidth=0.1,edgecolor ='w',alpha=0.25)
30    #绘制上层的堆积柱形图
31    bottom_y=np.zeros(n_row)
32    for i in range(n_col):
33        label=Sing_df[i]
34        plt.bar(x_value,df.loc[:,label],bottom=bottom_y,width=width,color=colors[i],label=label,edgecolor='w',linewidth=0.25)
35        #添加带引导线的每个数据系列名称，并用跟数据系列柱形填充一样的颜色
36        plt.annotate(s=label,xy=(x_value[-1]+width/2*0.9,bottom_y[-1]+df.loc[:,label].values[-1]/2),
37                     xytext=(x_value[-1]*1.1,bottom_y[-1]+df.loc[:,label].values[-1]/2),c=colors[i],
38                     arrowprops=dict(facecolor='gray',arrowstyle ='-'),verticalalignment='center',weight= 'bold')
39        bottom_y=bottom_y+df.loc[:,label].values
40    #设置图表风格，包括图表背景颜色、X 轴和 Y 轴格式以及网格线的格式
41    plt.xlim(-0.5,6.3)
42    plt.xticks(x_value,df.index,size=10)    #设置 X 轴刻度与标签
43    plt.grid(which='major',axis ="y", linestyle='--', linewidth='0.5', color='gray',alpha=0.5)
44    ax = plt.gca()    #删除左边和顶部的绘图区域边框线
45    ax.spines['right'].set_color('none')
46    ax.spines['top'].set_color('none')
47    ax.spines['left'].set_color('none')
48    #添加图表的背景信息，包括 Y 轴坐标、图表说明以及主副标题
49    plt.text(-0.5,2500,s='3,000 petabytes per month',weight='light',size=9,verticalalignment='bottom')
50    plt.text(1,1500,s='Estimated\nsmartphone data\ntraffic',weight='light',size=13,verticalalignment='center',
horizontalalignment='center')
51    plt.text(-0.08,1.07,s='Big Bites',transform=ax.transAxes,weight='bold',size=15)
52    plt.text(-0.08,1.01,s='Data consumption on smartphones continues to grow.',transform=ax.transAxes,
weight='light',size=12)
53    #保存导出图表为 PDF 格式
54    #plt.savefig('商业图表_堆积柱形图.pdf',bbox_inches='tight', pad_inches=0.3)
55    plt.show()
```

11.2　学术图表绘制示例

图表在学术论文中是很重要的一部分。实验结果是论文的核心和主要部分，而实验结果一般以图表的形式呈现。读者经常通过图表来判断这篇文章是否值得阅读，所以每个图表都应该能不依赖正文而独立存在。所谓一图抵千言（A picture is worth a thousand words）。图表设计是否精确和合理

直接影响数据的完整与准确表达，从而影响论文的质量。学术图表的制作还是与商业图表有一定的差别。优秀的学术图表可以参考 Science 和 Nature 等顶级期刊，如图 11-2-1 所示。

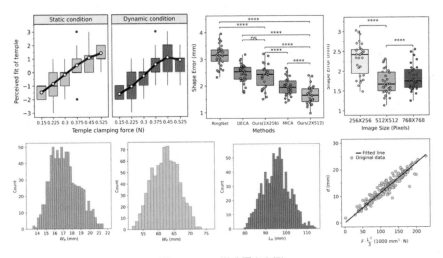

图 11-2-1　学术图表案例

根据 Edward R. Tufte 在 *The Visual Display of Quantitative Information* [25]和 *Visual Explanations* [26]中的阐述，图表在论文的作用主要有以下几个方面。

（1）真实、准确、全面地展示数据；

（2）以较小的空间承载较多的信息；

（3）揭示数据的本质、关系、规律。

第三点尤为重要，Matthew O. Ward 也提出，可视化的终极目标是洞悉蕴含在数据中的现象和规律，这包括多重含义：发现、决策、解释、分析、探索和学习[29]，有时候使用数据可视化的方法也可以很好地帮助我们去分析数据。

11.2.1　学术图表绘制基础

相对于商业图表，学术图表首先要规范，符合期刊的投稿要求，然后在规范的基础上实现图表的美观和专业。在当前贯彻学术论文规范化、标准化的同时，图表的设计也应规范化、标准化。总而言之，学术图表的制作原则主要是规范、简洁、专业和美观。

1. 规范：规范就是指学术图表符合投稿期刊的图表格式要求，这是绘制图表的一个基础条件。如果绘图时满足了投稿期刊的图表要求，那么至少能满足编辑的要求，不会立即被退改，例如图表的单位、字体、坐标、图例、轴名等。另外，期刊还会要求图表的分辨率和格式，一般要求 RGB 彩色图片的分辨率为 300dpi 及以上。

2. 简洁：学术图表的关键在于清楚地表达数据信息。Robert A. Day 在 *How to write and publish a scientific paper* [28] 书中指出，Combined or not, each graph should be as simple as possible（如果一张学术图表包含的数据信息太多，反而会让读者难以理解自己所要表达的数据信息）。所以，学术图表应尽量简洁、清楚地表达数据信息。考虑到期刊的印刷成本，学术图表的尺寸也要尽量以较小的空间承载较多的信息，但也不要太小到无法看清图表的文字。

3. 专业：图表类型的选择是做好图表的关键条件。专业就是指图表要能全面地反映数据的相关信息。当我们获得足够的实验数据后，需要重点思考的就是选择哪种图表能更加全面地表达数据信息。比如，同样是多次重复实验获得的数据，带误差线的散点图、带误差线的柱形图、箱形图等图表类型的选择就是我们要重点考虑的问题。

4. 美观：图表美观的构造是做好图表的一个重要条件。美观是指学术图表要简洁且具有美感。图表的配色、构图和比例等是影响图表美观的主要因素。但是由于大部分理工科的学生平时缺乏审美能力的训练，所以这也是许多学术图表缺乏美感的主要原因。

虽然不同的期刊对图表的要求有所不同，但是总的图表规范要素一般包括坐标轴（number axis）、轴标题（axis label）（包括单位）、图表标题（chart title）、图例（legend）、数据标签（data label）等，这些图表元素在学术图表中必不可少。在 *Science* 和 *Nature* 等科学期刊中，学术图表的模式一般如图 11-2-2 所示。两者最大的区别就是有无绘图区的边框，图 11-2-2(a)为无边框，图 11-2-2(b)为有边框。plotnine 中的 ggplot()函数，主题系统的选择 theme_classic()和 theme_matplotlib()分别对应图 11-2-2(a)和图 11-2-2(b)。

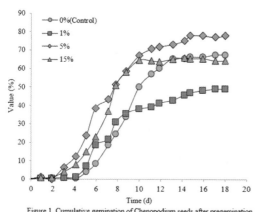

(a)

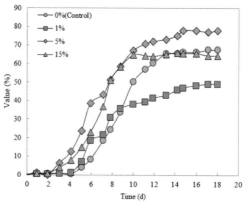

(b)

图 11-2-2　学术图表的常见风格

学术图表的图名一般位于表的下方。Figure 可简写为"Fig.",按照图在文章中出现的顺序用阿拉伯数字依次排列(如 Fig.1, Fig.2……)。对于复合图,往往多个图公用一个标题,但每个图都必须明确标明大写字母(A、B、C 等),在正文中叙述时可表明为"Fig. 1A"。复合图的标题也必须区分出每一个图,并用字母标出各自反映的数据信息。

11.2.2 学术图表绘制案例

在实验数据分析过程中,常常遇到需要把组间的显著性添加到图形中的情况。在统计学中,差异显著性检验是"统计假设检验"(statistical hypothesis testing)的一种,用于检测科学实验中实验组与对照组之间是否有差异以及差异是否显著的办法。stats 包提供了常用的差异显著性检验方法,如表 11-2-1 所示。图 11-2-3 的原始数据为 iris 数据集,其展示了三种鸢尾花花萼宽度(sepal width)数据的箱形图和小提琴图,同时标注两两之间 t 检验的显著性差异 p 值。

表 11-2-1 常用的差异显著性检验方法

方法	stats 包提供的函数	描述
T-test	stats.ttest_ind()	t 检验,比较两组(参数)
Wilcoxon test	stats.wilcoxon()	Wilcoxon 符号秩检验,比较两组(非参数)
ANOVA	stats.f_oneway()	方差检验,比较多组(参数)
Kruskal-Wallis	stats.mstats.kruskalwallis()	Kruskal-Wallis 检验,比较多组(非参数)

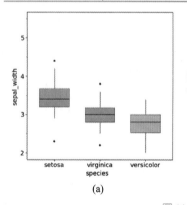

(a)

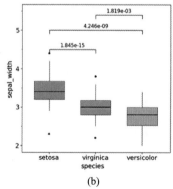

(b)

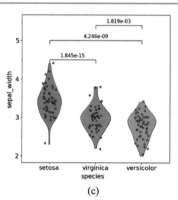

(c)

图 11-2-3 带显著性标注的箱形图和小提琴图

技能 绘制带显著性标注的箱形图和小提琴图

我们先对 iris 数据集进行降序处理,如图 11-2-3(a)所示。再使用 stats.ttest_ind()函数逐一求取每对鸢尾花 sepal_width 特征 t 检验的 p 值,构造添加显著性标注的数据集 df_value。然后使用 geom_boxplot()函数或者 geom_violin()函数绘制箱形图或小提琴图。最后使用 geom_segment()函数和

geom_text()函数添加显著性标注连接线和 p 值。图 11-2-3(c)的具体实现代码如下所示。

```
01  import pandas as pd
02  import numpy as np
03  import seaborn as sns
04  from plotnine import *
05  from scipy import stats
06  df_iris = sns.load_dataset("iris")
07  df_group=df_iris.groupby(df_iris['species'],as_index =False).median()
08  df_group=df_group.sort_values(by="sepal_width",ascending= False)
09  df_iris['species']=df_iris['species'].astype(CategoricalDtype( categories=df_group['species'],ordered=True))
10
11  group=df_group['species']
12  N=len(group)
13  df_pvalue=pd.DataFrame(data=np.zeros((N,4)),columns=['species1','species2','pvalue','group'])
14  n=0
15  for i in range(N):
16      for j in range(i+1,N):
17          rvs1=df_iris.loc[df_iris['species'].eq(group[i]),'sepal_width']
18          rvs2=df_iris.loc[df_iris['species'].eq(group[j]),'sepal_width']
19          #t,p=stats.wilcoxon(rvs1,rvs2,zero_method='wilcox', correction=False)   # wilcox.test()
20          t,p=stats.ttest_ind(rvs1,rvs2)    # t.test()
21          df_pvalue.loc[n,:]=[i,j,format(p,'.3e'),n]
22          n=n+1
23  df_pvalue['y']=[4.5,5.,5.4]
24
25  base_plot=(ggplot() +
26      #geom_boxplot(df_iris, aes('species', 'sepal_width', fill = 'species'),width=0.65) +
27
28      geom_violin(df_iris, aes('species', 'sepal_width', fill = 'species'),width=0.65)+
29      geom_jitter(df_iris, aes('species', 'sepal_width', fill = 'species'),width=0.15)+
30      scale_fill_hue(s = 0.99, l = 0.65, h=0.0417,color_space='husl')+
31
32      geom_segment(df_pvalue,aes(x ='species1+1', y = 'y', xend = 'species2+1', yend='y',group='group'))+
33      geom_segment(df_pvalue,aes(x ='species1+1', y = 'y-0.1', xend = 'species1+1', yend='y',group ='group'))+
34      geom_segment(df_pvalue,aes(x ='species2+1', y = 'y-0.1', xend = 'species2+1', yend='y',group ='group'))+
35      geom_text(df_pvalue,aes(x ='(species1+species2)/2+1', y = 'y+0.1', label = 'pvalue',group='group'), ha='center')+
36      ylim(2, 5.5)+
37      theme_matplotlib()+
38      theme(figure_size=(6,6),
39            legend_position='none',
40            text=element_text(size=14,colour = "black")))
41  print(base_plot)
```

11.3 数据分析与可视化案例

随着科技的发展,地铁越来越普及,中国的一二线城市几乎都有自己的地铁。房价、商铺的数据信息都与地铁线路及地铁站有很大的关联,所以地铁线路图越来越重要。

根据 Curbed 的数据,上海和北京是地铁系统增长规模最大的两个城市,有着庞大、覆盖密度极高的地铁网,如图 11-3-1 所示。其年客运量分别为 20 亿人和 18.4 亿人,与之对比,纽约的年客运量仅为 16 亿人。多瓦克为北京和上海单独做了一张 30 年地铁发展图。

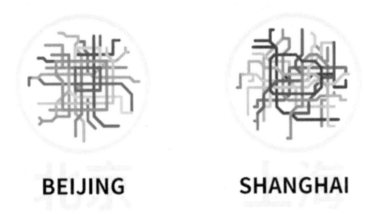

图 11-3-1　北京和上海的地铁线路简化图

这是公共交通狂人和设计师皮特·多瓦克(Peter Dovak)再次带来的惊艳作品,这一次他将中国 30 年的地铁发展视觉化。20 世纪 90 年代之前,北京、香港和天津,三个城市分别在 1969 年、1979 年和 1984 年运营了第一条地铁线路,其中天津的第一条地铁现已拆除重建,这一细节也在多瓦克的图中体现出来。

11.3.1　示意地铁线路图的绘制

要想获得地铁线路数据信息,可以使用前面介绍的数据拾取工具。先从网上下载相应的地铁线路图片,如图 11-3-2 所示;然后使用数据拾取工具拾取数据。需要拾取两个方面的数据:① 地铁站的坐标位置信息;② 地铁线路的位置信息。根据得到的数据,可以绘图得到深圳市示意地铁线路图,如图 11-3-3 所示。

第 11 章 数据可视化案例 | 279

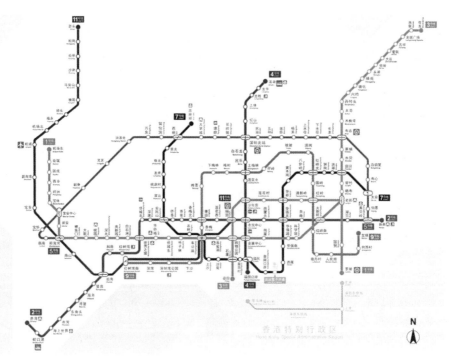

图 11-3-2 深圳市地铁线路图

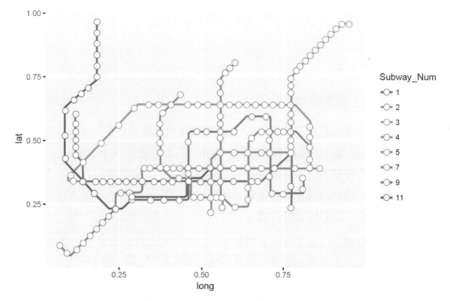

图 11-3-3 深圳市示意地铁线路图

技能 绘制深圳市示意地铁线路图

地铁线路图的数据信息可以使用 GetData 和 Excel 插件 EasyCharts 等的数据拾取功能,通过从网络上下载的深圳市地铁线路图的图片中拾取数据信息,包括地铁线路(见图 11-3-4(a))和地铁站绘图坐标(x, y)(见图 11-3-4(b))。可以分别使用 plotnine 包中的 geom_point()和 geom_path()两个函数绘制地铁线路和地铁站。图 11-3-3 的具体实现代码如下所示。

```
01  import pandas as pd
02  import numpy as np
03  from plotnine.data import *
04  file = open('ShenzhenSubway_StationHousingPrice.csv')
05  mydata_station=pd.read_csv(file)
06  file.close()
07  file = open('ShenzhenSubway_Path.csv')
08  mydata_Path=pd.read_csv(file)
09  file.close()
10  mydata_Path['Subway_Num']=pd.Categorical(mydata_Path['Subway_Num'])
11  mydata_station['Subway_Num']=pd.Categorical(mydata_station['Subway_Num'])
12  base_plot=(ggplot()+
13    geom_path (mydata_Path,aes(x='x',y='y',group='Subway_Num',colour='Subway_Num'), size=1)+
14  
15    geom_point(mydata_station,aes(x='x',y='y',group='Subway_Num',colour='Subway_Num'),shape='o',size=3,fill="white")+
16    scale_color_hue(h=15/360, l=0.65, s=1,color_space='husl')+
17    xlab("long")+
18    ylab("lat"))
19  print(base_plot)
```

11.3.2 实际地铁线路图的绘制

现在世界各地的地铁线路图都是根据 1932 年伦敦地铁线路图设计的。这张标志性的伦敦地铁线路图由工程师 Harry Beck 设计,除了每条线路一个颜色,设计重点在于全图只有 90 度和 45 度角,均衡各站点距离,以便查找使用。该图放弃了和实际地理位置的准确对应,而只是大致反映。所以我们平时看到的地铁站的地铁线路图不是实际的地铁线路,而是设计的示意路线。我们做数据分析时还需要得到实际的地铁线路经纬坐标位置。

实际地铁线路图的数据,可以先从网上下载各个地铁站的名称以及对应的站号,再使用 Python 语言根据地铁站名,在高德地图自动查找对应的地理经纬坐标(long, lat),如图 11-3-4(b)所示。最后效果如图 11-3-5 所示。

	A	B	C
1	Subway_Num	x	y
2	1	0.775424	0.23855
3	1	0.776836	0.320611
4	1	0.776836	0.454198
5	1	0.727401	0.395038
6	1	0.685028	0.340603
7	1	0.675141	0.340603
8	1	0.559322	0.340603
9	1	0.45904	0.340603
10	1	0.322034	0.340603
11	1	0.141243	0.339695
12	1	0.141243	0.375954
13	1	0.139831	0.414122
14	1	0.118644	0.446565
15	1	0.117232	0.603053
16	2	0.865819	0.391221
17	2	0.834746	0.391221
18	2	0.725989	0.391221

(a) 示意地铁线路数据

	A	B	C	D	E	F
1	Station_Title	Subway_N	long	lat	x	y
2	罗湖	1	114.1187	22.53208	0.773876	0.236641
3	国贸	1	114.1189	22.53968	0.773876	0.320611
4	老街	1	114.1169	22.54423	0.773876	0.45229
5	大剧院	1	114.1078	22.5418	0.723315	0.39313
6	科学馆	1	114.0949	22.54062	0.672753	0.339695
7	华强路	1	114.0851	22.54046	0.654494	0.339695
8	岗厦	1	114.0682	22.53485	0.598315	0.339695
9	会展中心	1	114.0611	22.53477	0.557584	0.337786
10	购物公园	1	114.0546	22.53466	0.52809	0.337786
11	香蜜湖	1	114.0386	22.53889	0.497191	0.337786
12	车公庙	1	114.0258	22.53625	0.460674	0.337786
13	竹子林	1	114.0139	22.53336	0.411517	0.337786
14	侨城东	1	113.9967	22.53241	0.384831	0.337786
15	华侨城	1	113.9854	22.53349	0.356742	0.337786
16	世界之窗	1	113.9742	22.5369	0.320225	0.337786
17	白石洲	1	113.967	22.5396	0.294944	0.337786
18	高新园	1	113.9538	22.54024	0.272472	0.337786
19	深大	1	113.9442	22.53867	0.248596	0.337786

(b) 实际与示意地铁站的位置信息

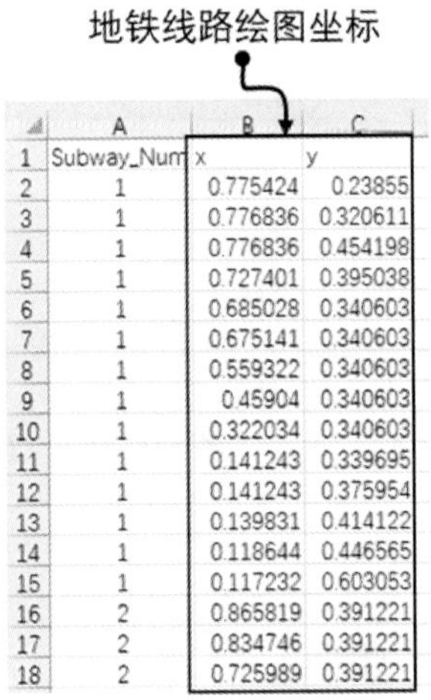

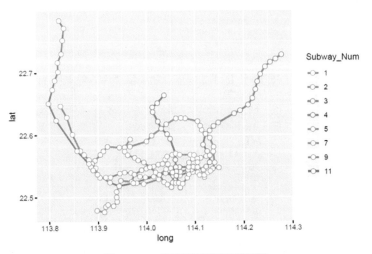

图 11-3-4　实际与示意地铁线路图的数据信息.

图 11-3-5　深圳市实际地铁线路图

11.3.3 地铁线路图的应用

根据示意和实际的地图线路图，我们可以做很多与地铁相关的数据分析与可视化，比如动态实时的地铁人流量、地铁站附近的人口总数分布、地铁线路的房价分布情况等。下面我们将以深圳市地铁线路的房价分布情况分析为例，讲解地铁线路图的应用。

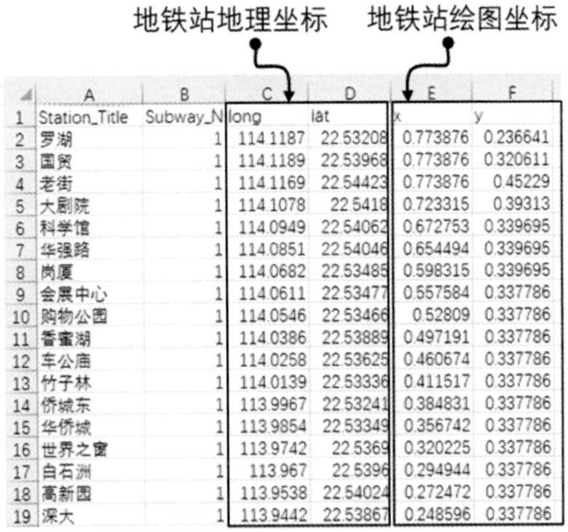

在分析深圳市地铁线路的房价分布时，先要获得楼房的每平方米单价和地理位置等信息，我们

可以使用链家网的售房数据信息。

（1）链家网一般提供了每套在售的二手房信息，如图 11-3-6 所示。我们可以在链家网获取两个关键的信息：楼房名称和每平方米单价。

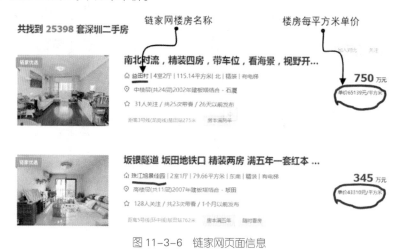

图 11-3-6 链家网页面信息

（2）根据楼房名称，在高德地图中获得楼房具体的经纬坐标信息（long, lat）。

最终，我们得到楼房数据信息如图 11-3-7 所示。如果将楼房以散点图的形式绘制在深圳实际地铁线路图上，效果如图 11-3-8 所示。

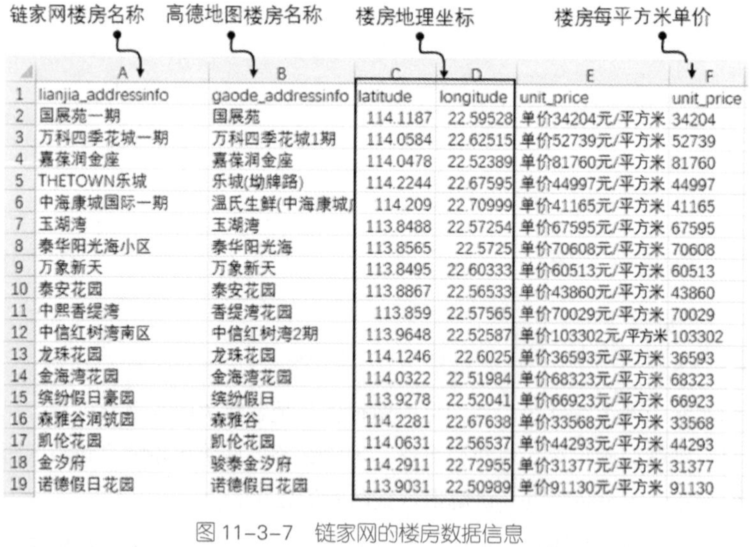

	A	B	C	D	E	F
1	lianjia_addressinfo	gaode_addressinfo	latitude	longitude	unit_price	unit_price
2	国展苑一期	国展苑	114.1187	22.59528	单价34204元/平方米	34204
3	万科四季花城一期	万科四季花城1期	114.0584	22.62515	单价52739元/平方米	52739
4	嘉葆润金座	嘉葆润金座	114.0478	22.52389	单价81760元/平方米	81760
5	THETOWN乐城	乐城(坳牌路)	114.2244	22.67595	单价44997元/平方米	44997
6	中海康城国际一期	温氏生鲜(中海康城	114.209	22.70999	单价41165元/平方米	41165
7	玉湖湾	玉湖湾	113.8488	22.57254	单价67595元/平方米	67595
8	泰华阳光海小区	泰华阳光海	113.8565	22.5725	单价70608元/平方米	70608
9	万象新天	万象新天	113.8495	22.60333	单价60513元/平方米	60513
10	泰安花园	泰安花园	113.8867	22.56533	单价43860元/平方米	43860
11	中熙香缇湾	香缇湾花园	113.859	22.57565	单价70029元/平方米	70029
12	中信红树湾南区	中信红树湾2期	113.9648	22.52587	单价103302元/平方米	103302
13	龙珠花园	龙珠花园	114.1246	22.6025	单价36593元/平方米	36593
14	金海湾花园	金海湾花园	114.0322	22.51984	单价68323元/平方米	68323
15	缤纷假日豪园	缤纷假日	113.9278	22.52041	单价66923元/平方米	66923
16	森雅谷润筑园	森雅谷	114.2281	22.67638	单价33568元/平方米	33568
17	凯伦花园	凯伦花园	114.0631	22.56537	单价44293元/平方米	44293
18	金汐府	骏泰金汐府	114.2911	22.72955	单价31377元/平方米	31377
19	诺德假日花园	诺德假日花园	113.9031	22.50989	单价91130元/平方米	91130

图 11-3-7 链家网的楼房数据信息

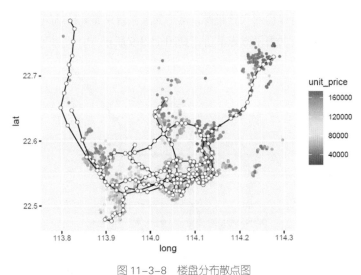

图 11-3-8　楼盘分布散点图

技能　绘制楼盘分布散点图

plotnine 包中的 geom_point() 函数绘制楼盘的分布散点，并将楼房的每平方米单价映射到数据点的颜色；然后使用 geom_point() 和 geom_path() 两个函数绘制实际地铁线路图。图 11-3-8 所示的楼盘分布散点地图的具体代码如下所示。

```
01  file = open('ShenzhenHousing_Price_WithLocation.csv')
02  mydata_house=pd.read_csv(file)
03  file.close()
04  base_plot=(ggplot()+
05
06  geom_point(mydata_house,aes(x='longitude',y='latitude',fill='unit_price'),shape= 'o',size=1, alpha=0.8,color='none')+
07  geom_path (mydata_station,aes(x='long',y='lat',group='Subway_Num'), size=0.5,linejoin = "bevel", lineend = "square")+
08  geom_point(mydata_station,aes(x='long',y='lat'),shape='o',size=2,fill="white",color ='black',stroke=0.1)+
09  scale_fill_cmap(name = 'RdYlGn')+
10  xlab("long")+
11  ylab("lat"))
12  print(base_plot)
```

深圳市地铁房价分布图：根据地铁站地理坐标（lat, long），获得该地铁站方圆 3km 内所知的楼房每平方米的价格，然后求取均值，即作为该地铁站的二手房均价数值（平方米）。已知地理空间坐标 P_1（$long_1, lat_1$）和 P_2（$long_2, lat_2$），就可以根据如下公式求取两点的实际距离 D：

$$D = \arccos(\sin(lat_1) \times \sin(lat_2) + \cos(lat_1) \times \cos(lat_2) \times \cos(long_1 - long_2)) \times r_{earth}$$

其中，r_{earth} 为地球平均半径，具体数值为 6371.004 km，D 的单位为 km。我们可以根据如上公式依次判定每个地铁站与所有楼房的实际距离，然后筛选保留只离地铁站距离 3km 以内的楼房，并求取其均值作为该地铁站附近的每平方米单价，如图 11-3-9 所示。

图 11-3-9　深圳市地铁线路房价分布图

技能　绘制地铁线路房价分布图

数据集 mydata_station 已经通过数据分析计算得到每个地铁站及其方圆 3km 以内的楼房均价的数据 Unit_Price，然后根据 mydata_station，使用 plotnine 包中的 geom_point()函数绘制地铁站坐标 (x, y)，并将圆圈大小（size）映射到房价均值；再根据 mydata_Path 使用 geom_path()函数绘制地铁线路图，图 11-3-9 的具体代码如下所示。

```
01  Price_max=np.max(mydata_station['Unit_Price'])
02  Price_min=np.min(mydata_station['Unit_Price'])
03  mydata_station['Unit_Price2']=pd.cut(mydata_station['Unit_Price'],
04           bins=[0,30000,40000,50000,60000,70000,80000,90000],
05           labels=[" <=30000","30000~40000","40000~50000","50000~60000","60000~70000","70000~80000","80000~90000"])
06  base_plot=(ggplot()+
07      geom_path(mydata_Path,aes(x='x',y='y',group='Subway_Num',colour='Subway_Num'), size=1)+
08      geom_point(mydata_station,aes(x='x',y='y',group='Subway_Num2',size='Unit_Price2',fill ='Unit_Price2'),shape='o')+
09      scale_fill_hue(h=15/360, l=0.65, s=1,color_space='husl')+
10      guides(fill = guide_legend(title="二手房均价(平方米)"), size = guide_legend(title="二手房均价(平方米)"))+
11      theme_void()+
12      theme(legend_title=element_text(family='SimHei')))
13  0print(base_plot)
```

伦敦地铁线路图的故事

图 11-3-10 所示的这张标志性的地铁线路图于 1931 年由 Harry Beck 设计，现在世界各地的地铁线路图大多是由该地铁线路图衍生而来的。而实际上，在这张著名的地铁线路图出现之前，人们也曾设计过许多地铁线路图。

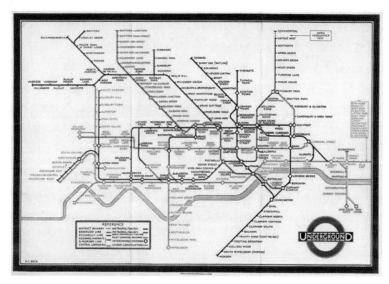

图 11-3-10　世界上第一张地铁线路图

1863 年，伦敦地铁第一次通车。在之后的几十年中，数条地铁路线出现，并且纵横交错。但由于私营企业的运营，地铁线路图也随之变得复杂混乱，这与如今的标志性地铁线路图大为不同。地铁线路分布之广让线路图的制作非常困难。即便在伦敦市中心，站与站之间的距离也大相径庭。比如考文特花园站和莱斯特广场站仅隔 200 米，而国王十字站和法林顿站却相隔 1.85 千米。

1925 年，一位名叫 Harry Beck 的工程绘图师加入伦敦地铁的绘图队伍，并于 1931 年发明了新的线路设计图。但是，当 Beck 向地铁管理部门初次展示他的设计时，地铁管理部门却对此表示怀疑。Beck 设计的地铁路线呈水平、垂直或对角线延伸。摆脱了真实地理比例局限，地铁线路图如同一个电路图，又像是一幅蒙德里安风格的绘画。Beck 认为，实际的距离并不是特别重要，乘客们只需要知道他们应该要在哪里上车和下车就可以了。1932 年，在少数站点尝试性地印发了 500 份 Back 的线路图后，在 1933 年又印发了 70 万份线路图。一个月内又重印了一遍，这表明线路图十分受人们的喜欢。逐渐地，这张图不仅成为伦敦市民和游客的工具，其自身设计也颇受人们喜爱。

11.4 动态数据可视化演示

matplotlib 包和 plotnine 包都可以实现动态数据的可视化演示。其中，在 matplotlib 包中，函数 FuncAnimation(fig,func,frames,init_func,interval,blit)是绘制动图的主要函数，其参数为：① fig 为绘制动图的画布名称；② func 为自定义动画函数 update()，比如图 11-4-1 使用的 draw_barchart(year)函数和图 11-4-2 使用的 draw_areachart(Num_Date)函数；③ frames 为动画长度，一次循环包含的帧数，在函数运行时，其值会传递给函数 update(n)的形参"n"；④ init_func 为自定义开始帧，即初始化函数，可省略；⑤ interval 为更新频率，以 ms 计算；⑥ blit 为选择更新所有点，还是仅更新产生变化的点，应选择 True，但 macOS 用户请选择 False，否则无法显示。plotnine 包中的 PlotnineAnimation() 函数也可以绘制动态图表，但是在使用不断更新的数据绘制动态图表时，动态图表生成速度很慢。

11.4.1 动态条形图的制作

我们使用 1950—2018 年世界上人口最密集的城市数据集绘制动态条形图，其 HTML 交互效果页面如图 11-4-1 所示。该数据集包括 4 列数据：年份（year）、城市名称（name）及所在的洲（group）、人口密度数值（value），转置的数据集如图 11-4-2 所示，共有 6252 行数据。

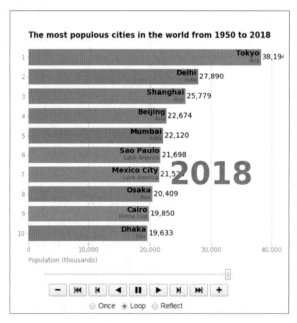

图 11-4-1 动态条形图的 HTML 交互页面效果图

	0	1	2	3	4	5	6	7	8	9
name	Agra	Agra	Agra	Agra	Agra	Agra	Agra	Agra	Agra	Agra
group	India	India	India	India	India	India	India	India	India	India
year	1575	1576	1577	1578	1579	1580	1581	1582	1583	1584
value	200	212	224	236	248	260	272	284	296	308

4 rows × 6252 columns

图 11-4-2　转置后的数据集

技能　绘制动态条形图

由于要生成 HTML 页面，所以推荐在 Jupyter Notebook 中运行代码，可以直接在网页端生成 HTML 动画。使用 pd.read_csv() 函数导入数据。由于在展示的时候，来自不同洲（group）的城市需要使用相同的颜色，比如图 11-4-1 中的亚洲（Asia）、拉丁美洲（Latin America）分别使用红色和绿色。所以，需要使用 Seaborn 包构造关于 group-color 的字典 colors，其具体代码如下所示。

```
01  import pandas as pd
02  import numpy as np
03  import matplotlib as mpl
04  import seaborn as sns
05  import matplotlib.pyplot as plt
06  import matplotlib.ticker as ticker
07  df = pd.read_csv("Animation_Data.csv")
08  #颜色的设置
09  categories=np.unique(df.group)
10  color = sns.husl_palette(len(categories),h=15/360, l=.65, s=1).as_hex()
11  colors = dict(zip(categories.tolist(),color))
12  group_lk = df.set_index('name')['group'].to_dict()
```

循序渐进是绘制动态图表的不二法门。我们选择其中一个年份（2016）绘制静态条形图，如图 11-4-3 所示。先从数据集 df 中选择 2016 年世界上人口最密集城市的数据，并做升序处理，得到新的数据框 dff；然后使用 barh() 函数绘制条形图，并设置每个条形的填充颜色（color）；再使用 text() 函数添加数据标签以及选择的年份。其具体代码如下所示。

```
01  current_year = 2016
02  dff = df[df['year'].eq(current_year)].sort_values(by='value', ascending=True)
03  fig, ax = plt.subplots(figsize=(10, 8))
04  ax.barh(range(len(dff['name'])), dff['value'], color=[colors[group_lk[x]] for x in dff['name']]) # 将颜色值传递给`color`
05  # 遍历这些值来绘制标签和数值(Tokyo, Asia, 38194.2)
06  for i, (value, name) in enumerate(zip(dff['value'], dff['name'])):
07      ax.text(value, i,       name,            ha='right')   #名字，如 Tokyo
08      ax.text(value, i-.25, group_lk[name], ha='right')   #组名：如 Asia
09      ax.text(value, i,       value,           ha='left')    # 数值，如 38194.2
```

```
10    # 在画布右方添加年份
11    ax.text(0.9, 0.3, current_year, transform=ax.transAxes, size=70, weight='bold',color='gray',ha='right')
```

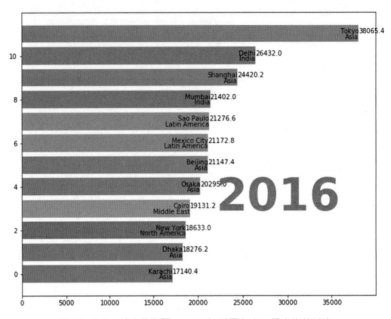

图 11-4-3　静态条形图：2016 年世界上人口最密集的城市

接下来，我们需要将静态的条形图变成动态的条形图，并将其编写成函数 draw_barchart(year)。我们设置输入的年份（year）可以为小数格式，比如 2016.7。图 11-4-4 所示不同年份数值下的静态条形图，当 year=2016.7 时，城市的 X 轴位置正处于 2016 年城市排名位置'order1'和 2017 年城市排名位置'order2'之间：x=order1+(order2- order1)* location_x。其函数的具体实现代码如下所示。

```
01    def draw_barchart(year):
02        N_Display=10    #N_Display 表示只展示前 10 个人口最密集的城市
03        year1=int(year)    #获取当前所在年份，比如 year=2016.7，则 year1=2016
04        year2=year1+1    #获取下一年份，比如 year=2016.7，则 year2=2017
05        location_x=year-year1    #求取当前时间所在一年中的位置，比如 location_x=0.7
06        #求取 year1 时人口最密集城市的排序，从而得到城市的 X 轴位置与 Y 轴数值
07        dff1=df.loc[df['year'].eq(year1),:].sort_values(by='value', ascending=False)
08        dff1['name']=pd.Categorical(dff1['name'],categories=dff1['name'], ordered=True)
09        dff1['order1']=dff1['name'].values.codes
10        #求取 year2 时人口最密集城市的排序，从而得到城市的 X 轴位置与 Y 轴数值
11        dff2=df.loc[df['year'].eq(year2),:].sort_values(by='value', ascending=False)
12        dff2['name']=pd.Categorical(dff2['name'],categories=dff2['name'], ordered=True)
13        dff2['order2']=dff2['name'].values.codes
14    #根据 year1 和 year2 城市的排名，求取 year 时这些城市的 X 轴位置与 Y 轴数值
```

```
15      dff=pd.merge(left=dff1,right=dff2[['name','order2','value']],how="outer",on="name")
16      dff.loc[:,['value_x','value_y']]    = dff.loc[:,['value_x','value_y']] .replace(np.nan, 0)
17      dff.loc[:,['order1','order2']]    = dff.loc[:,['order1','order2']] .replace(np.nan, dff['order1'].max()+1)
18      dff['group']=[group_lk[x] for x in dff.name]
19      dff['value']=dff['value_x']+(dff['value_y']-dff['value_x'])*location_x#/N_Interval
20      dff['x']=N_Display-(dff['order1']+(dff['order2']-dff['order1'])*location_x)
21
22      dx = dff['value'].max() / 200
23      dff['text_y']=dff['value']-dx
24      dff['value']=dff['value'].round(1)
25      dff=dff.iloc[0:N_Display,:]
26
27      ax.clear()
28      plt.barh(dff['x'], dff['value'], color=[colors[group_lk[x] for x in dff['name']])
29      dx = dff['value'].max() / 200
30      for i, (x,value, name) in enumerate(zip(dff['x'],dff['value'], dff['name'])):
31          plt.text(value-dx, x,       name,        size=14, weight='bold',  ha='right', va='bottom')
32          plt.text(value-dx, x-.25, group_lk[name], size=10, color='#444444', ha='right', va='baseline')
33          plt.text(value+dx, x,       f'{value:,.0f}',    size=14, ha='left',     va='center')
34
35      plt.text(0.9, 0.3, year1, transform=ax.transAxes, color='#777777', size=60, ha='right', weight=800)
36      plt.text(0, -0.1, 'Population (thousands)', transform=ax.transAxes, size=12, color='#777777')
37      ax.xaxis.set_major_formatter(ticker.StrMethodFormatter('{x:,.0f}'))
38      ax.tick_params(axis='x', colors='#777777', labelsize=12)
39      ax.tick_params(axis='y', colors='#777777', labelsize=12)
40      ax.set_xlim(0,41000)
41      ax.set_ylim(0.5,N_Display+0.5)
42      ax.set_xticks(ticks=np.arange(0,50000,10000))
43      ax.set_yticks(ticks=np.arange(N_Display,0,-1))
44      ax.set_yticklabels(labels=np.arange(1,N_Display+1))
45      ax.margins(0, 0.01)
46      ax.grid(which='major', axis='x', linestyle='--')
47      ax.set_axisbelow(True)
48      ax.text(0, 1.05, 'The most populous cities in the world from 1950 to 2018', transform=ax.transAxes, size=15, weight='bold', ha='left')
49      plt.box(False)
50  #调用函数示例：当 year=2016.7 时的条形图
51  fig, ax = plt.subplots(figsize=(8.5, 7))
52  draw_barchart(2016.7)
```

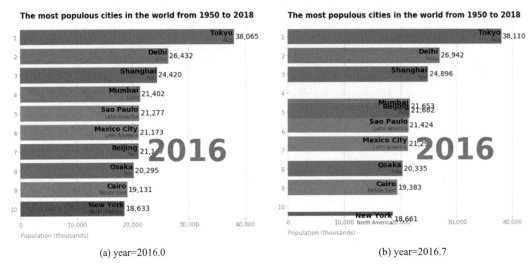

图 11-4-4　不同年份数值下的静态条形图

使用 matplotlib 包的 animation.FuncAnimation()函数，调用 draw_barchart(year)函数，其中输入的参数 year= np.arange(1950, 2019,0.25)，最后使用 IPython 包的 HTML()函数将动画转换成 HTML 页面的形式演示，其动画不同年份下的演示效果如图 11-4-5 所示，其核心代码如下所示。

```
01  import matplotlib.animation as animation
02  from IPython.display import HTML
03  fig, ax = plt.subplots(figsize=(8, 7))
04  plt.subplots_adjust(left=0.12, right=0.98, top=0.85, bottom=0.1)
05  animator = animation.FuncAnimation(fig, draw_barchart, frames=np.arange(1950, 2019,0.25),interval=50)
06  HTML(animator.to_jshtml())
```

其中，函数 FuncAnimation(fig,func,frames,init_func,interval,blit)是绘制动图的主要函数，其参数为：① fig 表示绘制动图的画布名称(figure)；② func 为自定义绘图函数，如 draw_barchart()函数；③ frames 为动画长度，一次循环包含的帧数，在函数运行时，其值会传递给函数 draw_barchart (year)的形参"year"；④ init_func 为自定义开始帧，即初始化函数 init，可省略；⑤ interval 表示更新频率，计量单位为 ms；⑥ blit 表示选择更新所有点，还是仅更新产生变化的点，应选择为 True，但 macOS 用户应选择 False，否则无法显示。

另外，也可以使用 animator.save('animation.gif')或者 animator.save('animation.mp4')导出 GIF 或者 MP4 格式的动画。但是如果要导出 MP4 格式，需要先安装已经安装 ffmpeg 或者 mencoder。

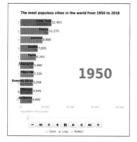 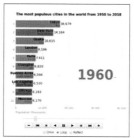 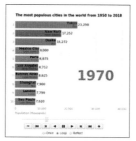 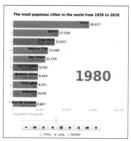

图 11-4-5　条形图动画不同年份下的演示效果

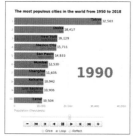 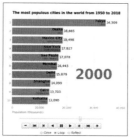 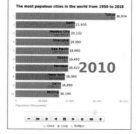 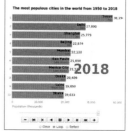

图 11-4-5　条形图动画不同年份下的演示效果（续）

11.4.2　动态面积图的制作

我们使用 2013—2019 年比特币（BTC）的价格数据绘制动态面积图，其 HTML 交互效果页面如图 11-4-6 所示。该数据集包括日期（date）、最高价格（high）、最低价格（low）等多列数据，转置的数据集如图 11-4-7 所示，包括 2013 年 04 月 28 日起每天的开盘、最高、最低和收盘的价格。

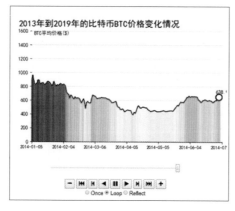

图 11-4-6　动态面积图的 HTML 交互页面效果图

	date	open	high	low	close	value	price
0	2013-04-28	135.30	135.98	132.10	134.21	1488566728	134.040
1	2013-04-29	134.44	147.49	134.00	144.54	1603768865	140.745
2	2013-04-30	144.00	146.93	134.05	139.00	1542813125	140.490
3	2013-05-01	139.00	139.89	107.72	116.99	1298954594	123.805
4	2013-05-02	116.38	125.60	92.28	105.21	1168517495	108.940

图 11-4-7　2013—2019 年比特币（BTC）的价格数据集

技能　绘制动态面积图

我们先导入数据集 BTC_price_history.csv，然后将 date 列转换成日期型数据。选择一天中的最高价和最低价的均值作为这一天比特币的价格（price）。其具体代码如下所示。

```
01  import pandas as pd
02  import matplotlib as mpl
03  import numpy as np
04  import matplotlib.pyplot as plt
05  import matplotlib.ticker as ticker
06  import seaborn as sns
07  from datetime import datetime
08  plt.rcParams['font.sans-serif'] = ['SimHei']    # 用来正常显示中文标签
09  plt.rcParams['axes.unicode_minus'] = False
10  plt.rc('axes',axisbelow=True)
11  
12  df = pd.read_csv('BTC_price_history.csv')
13  df['date']=[datetime.strptime(d, '%Y/%m/%d').date() for d in df['date']]
14  df['price']=(df['high']+df['low'])/2
```

我们设置图表每次展示 Span_Date =180 天的比特币价格数据，所以得到 180 天的数据集 df_temp 后，如果使用 plt.fill_between()函数，就可以实现红色填充的面积图，如图 11-4-8(a)所示；如果使用 plt.bar()函数，就可以实现 Spectral_r 颜色映射的面积图，如图 11-4-8(b)所示。图 11-4-8 的具体代码如下所示。

```
01  Span_Date =180    #日期范围宽度
02  Num_Date =180    #终止日期
03  df_temp=df.loc[Num_Date-Span_Date: Num_Date,:]   #选择从 Num_Date-Span_Date 开始到 Num_Date 的 180 天的数据
04  colors = cm.Spectral_r(df_temp.price / float(max(df_temp.price)))
05  fig =plt.figure(figsize=(6,4), dpi=100)
06  plt.subplots_adjust(top=1,bottom=0,left=0,right=0.9,hspace=0,wspace=0)
07  # plt.fill_between()函数：可以实现红色填充的面积图
08  #plt.fill_between(df_temp.date.values, y1=df_temp.price.values, y2=0,alpha=0.75, facecolor='r', linewidth=
```

```
1,edgecolor ='none',zorder=1)
09  # plt.bar()函数：可以实现 Spectral_r 颜色映射的面积图
10  plt.bar(df_temp.date.values,df_temp.price.values,color=colors,width=1,align="center",zorder=1)
11  plt.plot(df_temp.date, df_temp.price, color='k',zorder=2)
12  plt.scatter(df_temp.date.values[-1], df_temp.price.values[-1], color='white',s=150,edgecolor ='k',linewidth= 2,zorder=3)
13  plt.text(df_temp.date.values[-1], df_temp.price.values[-1]*1.18,s=np.round(df_temp.price.values[-1],1),size=10,ha='center', va='top')
14  plt.ylim(0, df_temp.price.max()*1.68)
15  plt.xticks(ticks=df_temp.date.values[0: Span_Date +1:30],labels=df_temp.date.values[0: Span_Date +1:30],rotation=0)
16  plt.margins(x=0.01)
17  ax = plt.gca()#获取边框
18  ax.spines['top'].set_color('none')      # 设置上'脊梁'为无色
19  ax.spines['right'].set_color('none')    # 设置上'脊梁'为无色
20  ax.spines['left'].set_color('none')     # 设置上'脊梁'为无色
21  plt.grid(axis="y",c=(217/256,217/256,217/256),linewidth=1)    #设置网格线
22  plt.show()
```

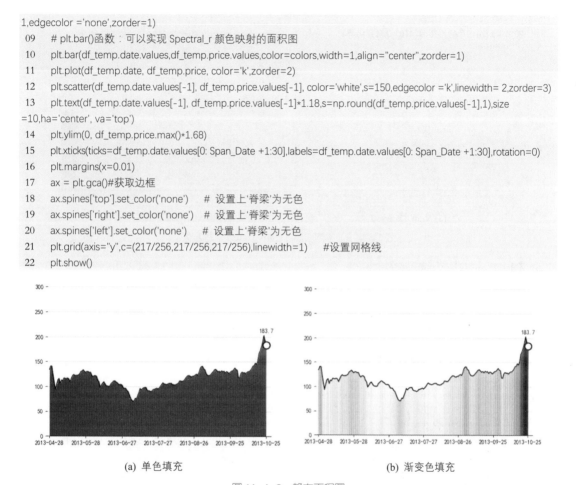

(a) 单色填充　　　　　　　　　　　(b) 渐变色填充

图 11-4-8　静态面积图

我们将上面的静态面积图代码整合成函数 draw_areachart(Num_Date)。当开始的日期 Num_Date<Span_Date 时，只选择截至当前日期的 Num_Date 天数据绘制面积图；当开始的日期 Num_Date≥Span_Date 时，就选择截至当前日期的 Span_Date 天数据绘制面积图。使用 draw_areachart(Num_Date)函数绘制的不同日期（Num_Date）的面积图如图 11-4-9 所示。

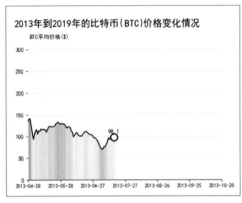 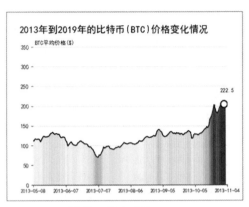

(a) Num_Date=60　　　　　　　　　　(b) Num_Date=150

图 11-4-9　不同日期（Num_Date）的面积图

```
01  def draw_areachart(Num_Date):
02      Span_Date=180
03      ax.clear()
04      if Num_Date<Span_Date:
05          df_temp=df.loc[0:Num_Date,:]
06          df_span=df.loc[0:Span_Date,:]
07          colors = cm.Spectral_r(df_span.price.values / float(max(df_span.price.values)))
08          plt.bar(df_temp.date.values,df_temp.price.values,color=colors,width=1.5,align="center",zorder=1)
09          plt.plot(df_temp.date, df_temp.price, color='k',zorder=2)
10          plt.scatter(df_temp.date.values[-1], df_temp.price.values[-1], color='white',s=150,edgecolor ='k',
                linewidth=2,zorder=3)
11          plt.text(df_temp.date.values[-1], df_temp.price.values[-1]*1.18,s=np.round(df_temp.price.values [-1],1),
                size=10,ha='center', va='top')
12          plt.ylim(0, df_span.price.max()*1.68)
13          plt.xlim(df_span.date.values[0], df_span.date.values[-1])
14  plt.xticks(ticks=df_span.date.values[0:Span_Date+1:30],labels=df_span.date.values[0:Span_Date+1:30], rotation=0,
        fontsize=9)
15      else:
16          df_temp=df.loc[Num_Date-Span_Date:Num_Date,:]
17          colors = cm.Spectral_r(df_temp.price / float(max(df_temp.price)))
18
19  plt.bar(df_temp.date.values[:-2],df_temp.price.values[:-2],color=colors[:-2],width=1.5,align ="center",zorder =1)
20          plt.plot(df_temp.date[:-2], df_temp.price[:-2], color='k',zorder=2)
21          plt.scatter(df_temp.date.values[-4], df_temp.price.values[-4], color='white',s=150,edgecolor ='k',
                linewidth=2,zorder=3)
22          plt.text(df_temp.date.values[-1], df_temp.price.values[-1]*1.18,s=np.round(df_temp.price.values [-1],1),
                size=10,ha='center', va='top')
23          plt.ylim(0, df_temp.price.max()*1.68)
```

```
24      plt.xlim(df_temp.date.values[0], df_temp.date.values[-1])
25      plt.xticks(ticks=df_temp.date.values[0:Span_Date+1:30],labels=df_temp.date.values[0:Span_Date+1:30],
        rotation=0,fontsize=9)
26
27      plt.margins(x=0.2)
28      ax.spines['top'].set_color('none')    # 设置上'脊梁'为红色
29      ax.spines['right'].set_color('none')   # 设置上'脊梁'为无色
30      ax.spines['left'].set_color('none')    # 设置上'脊梁'为无色
31      plt.grid(axis="y",c=(217/256,217/256,217/256),linewidth=1)           #设置网格线
32      plt.text(0.01, 0.95,"BTC 平均价格($)",transform=ax.transAxes, size=10, weight='light', ha='left')
33      ax.text(-0.07, 1.03, '2013 年到 2019 年的比特币 BTC 价格变化情况',transform=ax.transAxes, size=17,
        weight='light', ha='left')
34
35      fig, ax = plt.subplots(figsize=(6,4), dpi=100)
36      plt.subplots_adjust(top=1,bottom=0.1,left=0.1,right=0.9,hspace=0,wspace=0)
37      draw_areachart(150)
```

先使用 matplotlib 包的 animation.FuncAnimation()函数，调用 draw_areachart(Num_Date)函数，其中输入的参数 Num_Date = np.arange(0,df.shape[0],1)。再使用 IPython 包的 HTML()函数将动画转换成 HTML 页面的形式演示，其面积图动画不同日期下的演示效果如图 11-4-10 所示。核心代码如下所示。

```
01   import matplotlib.animation as animation
02   from IPython.display import HTML
03   fig, ax = plt.subplots(figsize=(6,4), dpi=100)
04   plt.subplots_adjust(left=0.12, right=0.98, top=0.85, bottom=0.1,hspace=0,wspace=0)
05   animator = animation.FuncAnimation(fig, draw_areachart, frames=np.arange(0,df.shape[0],1),interval=100)
06   HTML(animator.to_jshtml())
```

由于动画默认的最大体积为 20971520.0 byte，所以图 11-4-10 只生成了 2013 年 04 月—2014 年 07 月的数据绘制的动态面积图。如果需要调整生成的动画最大体积，则需要更改参数 animation.embed_limit：

```
plt.rcParams['animation.embed_limit'] = 2**128
```

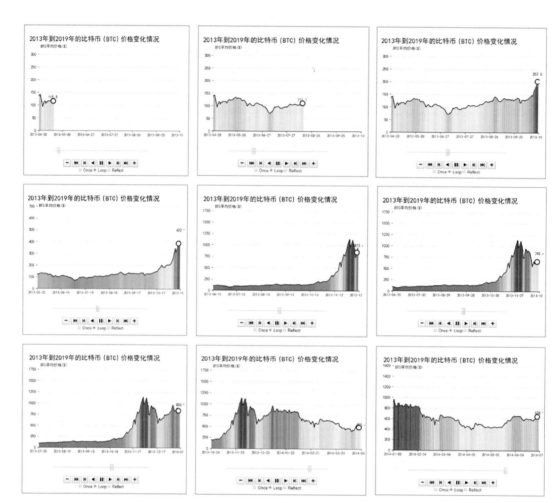

图 11-4-10　面积图动画不同日期下的演示效果

11.4.3　三维柱形地图动画的制作

我们使用 24 小时内某软件深圳市用户的使用分布数据集，绘制三维柱形地图动画，效果如图 11-4-11 所示。其主要的数据集包括 3 个：深圳市的网格坐标点数据集、软件的用户坐标数据集、数据的采集时间数据集。

先根据数据的采集时间数据集（Time），调取该时间下的用户坐标数据集（long0,lat0），然后将用户坐标数据集与深圳市网格坐标数据（long,lat）集融合，得到经度（long）、纬度（lat）、数量（num）的数据，最后绘制三维柱形图，同时结合 matplotlib 包中的 animation.FuncAnimation()函数，实现三维柱形地图动画的绘制。

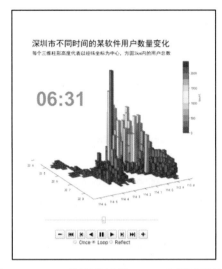

图 11-4-11　三维柱形地图的 HTML 交互页面效果图

技能　绘制三维柱形地图

我们先导入数据的采集时间数据集 df_time，主要对用户数据的采集时间 Time 进行处理。其中，Source_Path 为文件路径。图 11-4-12 显示了不同时间的软件用户数量。用户坐标数据集的命名是基于数字 1,2,…,26 的，然后对应 df_time 数据集中相应行的用户数据的采集时间，代码如下所示。

```
01  file = open(Source_Path+'ShenzhenData/Time_record.csv',encoding="utf_8_sig"', errors='ignore')
02  df_time=pd.read_csv(file)
03  file.close()
04  df_time['Time']=[datetime.strptime(d, '%Y/%m/%d %H:%M') for d in df_time['Time']]
05  df_time['Hour']=[d.strftime('%H:%M') for d in df_time['Time']]
```

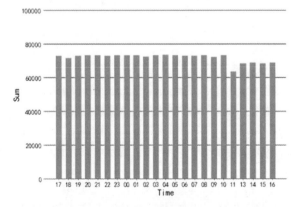

图 11-4-12　不同时间的软件用户总数

导入深圳市网格数据集 df_grid0，其散点图如图 11-4-13(a)所示。该网格数据点每隔 3km 在深圳市地区范围内经纬两个方向离散取点，代码如下所示。

```
01  file = open(Source_Path+'/Shenzhen_Point.csv',encoding="utf_8_sig", errors='ignore')
02  df_grid0=pd.read_csv(file)
03  file.close()
04  df_grid0[['lat','long']]=np.round(df_grid0[['lat','long']],3)
```

导入第 1 个时间采集的用户坐标数据集 df_user，该数据集中用户的经纬坐标(long0,lat0)隶属于深圳市网格数据集 df_grid0，而且经过数据清洗（数据去重等操作）只保留每个坐标点 3km 以内的用户数据。再将 df_user 数据集进行分组求和处理，得到经纬坐标点的用户数量 df_num。最后将 df_num 和 df_grid0 融合生成新的数据集 df_grid，绘制的热力散点图如图 11-4-13(b)所示，其具体代码如下所示。

```
01  file = open(Source_Path+'ShenzhenData/Shenzhen1.csv',encoding="utf_8_sig", errors='ignore')
02  df_user=pd.read_csv(file)
03  file.close()
04  df_user['group']=df_user.transform(lambda x: "("+ str(x['long'])+"," + str(x['lat'])+")",axis=1)
05  df_user['num']=1
06  df_num=df_user.groupby('group',as_index=False).agg({'num': np.sum,'lat': np.mean, 'long': np.mean})
07  df_num[['lat','long']]=np.round(df_num[['lat','long']],3)
08  df_grid=pd.merge(df_grid0, df_num,how='left',on=['lat','long'])
09  df_grid.fillna(0, inplace=True)
```

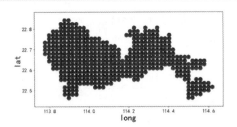 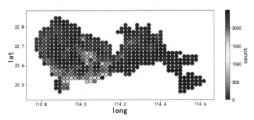

(a) 表示深圳市网格数据的散点图　　(b) 表示深圳市网格数据点用户数量的热力散点图

图 11-4-13　数据融合效果

我们将上面的静态面积图代码整合成函数 draw_3dbarchart(Num_time)。其中，Num_time 控制读取相应时间的用户坐标数据集 df_user，再经预处理后与深圳市网格数据 df_grid0 融合成网格数据点用户数量数据集 df_grid。最后使用 ax.bar3d()函数绘制三维柱形图。使用 draw_3dbarchart(Num_time)函数绘制的不同日期 Num_Date 的面积图，如图 11-4-14 所示，其具体代码如下所示。

```
01  def draw_3dbarchart(Num_time):
02      file = open(Source_Path+'ShenzhenData/Shenzhen'+str(Num_time)+'.csv',encoding="utf_8_sig", errors='ignore')
03      df_user=pd.read_csv(file)
```

```
04  file.close()
05  df_user['group']=df_user.transform(lambda x: "("+ str(x['long'])+"," + str(x['lat'])+")",axis=1)
06  df_user['num']=1
07  df_num=df_user.groupby('group',as_index=False).agg({'num': np.sum,'lat': np.mean, 'long': np.mean})
08  df_num [['lat','long']]=np.round(df_num [['lat','long']],3)
09  df_grid=pd.merge(df_grid0, df_num,how='left',on=['lat','long'])
10  df_grid.fillna(0, inplace=True)
11
12  dz_min=0    #df_grid.num.min()
13  dz_max=2500#df_grid.Count.max()
14  dz=df_grid.num.values
15  colors = cm.Spectral_r(dz / float(dz_max))
16
17  ax.clear()
18  plt.cla()
19  ax.view_init(azim=60, elev=20)
20  ax.grid(False)
21  ax.margins(0)
22  ax.xaxis._axinfo['tick']['outward_factor'] = 0
23  ax.xaxis._axinfo['tick']['inward_factor'] = 0.4
24  ax.yaxis._axinfo['tick']['outward_factor'] = 0
25  ax.yaxis._axinfo['tick']['inward_factor'] = 0.4
26  ax.xaxis.pane.fill = False
27  ax.yaxis.pane.fill = False
28  ax.zaxis.pane.fill = False
29  ax.xaxis.pane.set_edgecolor('none')
30  ax.yaxis.pane.set_edgecolor('none')
31  ax.zaxis.pane.set_edgecolor('none')
32  ax.yaxis.set_ticks(np.arange(22.4,22.8,0.1))
33  ax.zaxis.line.set_visible(False)
34  ax.set_zticklabels([])
35  ax.set_zticks([])
36  ax.bar3d(df_grid.long.values, df_grid.lat.values, 0, 0.02, 0.015, dz, zsort='average',color=colors, alpha=1,
        edgecolor='k',linewidth=0.2)
37  plt.text(0.1,0.95, s='深圳市不同时间的某软件用户数量变化', transform=ax.transAxes, size=25, color='k')
38  plt.text(0.1,0.9, s='每个三维柱形高度代表以经纬坐标为中心，方圆 3km 内的用户总数',
        transform=ax.transAxes, size=15,weight='light', color='k')
39  plt.text(0.12,0.62, s=df_time['Hour'][Num_time-1], transform=ax.transAxes, size=60, color='gray',
        weight='bold',family='Arial')
40
41  cmap = mpl.cm.Spectral_r
42  norm = mpl.colors.Normalize(vmin=0, vmax=1)
43  bounds = np.arange(dz_min,dz_max,200)
```

```
44    norm = mpl.colors.BoundaryNorm(bounds, cmap.N)
45    cb2 = mpl.colorbar.ColorbarBase(ax2, cmap=cmap,norm=norm,boundaries=bounds,
46    ticks=np.arange(dz_min,dz_max,500),spacing='proportional',label='count')
47    cb2.ax.tick_params(labelsize=15)
48
49    fig = plt.figure(figsize=(10, 10))
50    ax = fig.gca(projection='3d')
51    ax2 = fig.add_axes([0.85, 0.35, 0.025, 0.3])
52    plt.subplots_adjust(left=0.12, right=0.98, top=0.85, bottom=0.1)
53    draw_3dbarchart(1)
```

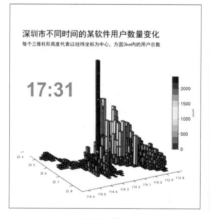
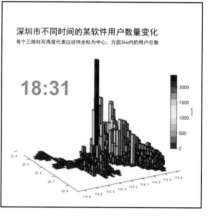

(a) 17：31　　　　　　　　　　　　(b) 18：31

图 11-4-14 不同时间段用户数量变化的三维柱形地图

使用 matplotlib 包中的 animation.FuncAnimation()函数，调用 draw_3dbarchart(Num_time)函数，其中输入的参数 Num_time = np.arange(1,27,1)，最后使用 IPython 包中的 HTML()函数将动画转换成 HTML 页面的形式演示。但是需要注意的是，三维柱形地图需要在三维图表的基础上，再添加子图表放置颜色条（colorbar），所以先使用语句 ax = fig.gca(projection='3d')将绘图区转换成三维空间坐标，再使用语句 ax2= fig.add_axes([0.85, 0.35, 0.025, 0.3])添加子绘图区，代码如下所示。

```
01    import matplotlib.animation as animation
02    from IPython.display import HTML
03    fig = plt.figure(figsize=(10, 10))
04    ax = fig.gca(projection='3d')
05    ax2 = fig.add_axes([0.85, 0.35, 0.025, 0.3])
06    plt.subplots_adjust(left=0.12, right=0.98, top=0.75, bottom=0)
07    animator = animation.FuncAnimation(fig, draw_3dbarchart, frames=np.arange(1,27,1),interval=200)
08    HTML(animator.to_jshtml())
```

参考文献

[1] Cleveland, W.S. and R. Mcgill, *Graphical Perception - Theory, Experimentation, and Application to the Development of Graphical Methods.* Journal of the American Statistical Association, 1984. **79**(387): p. 531-554.

[2] Yau, N., *Visualize this: the FlowingData guide to design, visualization, and statistics*. 2011: John Wiley & Sons.

[3] Yau, N., *Data points: visualization that means something*. 2013: John Wiley & Sons.

[4] Heinrich, J., & Weiskopf, D, *State of the Art of Parallel Coordinates.* Eurographics (State of the Art Reports), 2013. p. 95-116.

[5] Wilk, M.B. and R. Gnanadesikan, *Probability plotting methods for the analysis for the analysis of data.* Biometrika, 1968. **55**(1): p. 1-17.

[6] Hruschka, E.R., et al., *A Survey of Evolutionary Algorithms for Clustering.* Ieee Transactions on Systems Man And Cybernetics Part C-Applications And Reviews, 2009. **39**(2): p. 133-155.

[7] Kassambara, A., *Practical Guide To Cluster Analysis in R.* CreateSpace: North Charleston, SC, USA, 2017.

[8] Jain, A.K., *Data clustering: 50 years beyond K-means.* Pattern Recognition Letters, 2010. **31**(8): p. 651-666.

[9] 李二涛，张国煊，and 曾虹, 基于最小二乘的曲面拟合算法研究. 杭州电子科技大学学报, 2009(2).

[10] Craft Jr, H.D., *Radio Observations of the Pulse Profiles and Dispersion Measures of Twelve Pulsars.* 1970.

[11] Parzen, E., *On estimation of a probability density function and mode.* The annals of mathematical statistics, 1962. **33**(3): p. 1065-1076.

[12] Tukey, J.W., *Exploratory Data Analysis. Preliminary edition.* 1970: Addison-Wesley.

[13] McGill, R., J.W. Tukey, and W.A. Larsen, *Variations of box plots.* The American Statistician, 1978. **32**(1): p. 12-16.

[14] Nuzzo, R.L., *The box plots alternative for visualizing quantitative data.* PM&R, 2016. **8**(3): p. 268-272.

[15] Hoaglin, D.C., B. Iglewicz, and J.W. Tukey, *Performance of some resistant rules for outlier labeling.* Journal of the American Statistical Association, 1986. **81**(396): p. 991-999.

[16] Hofmann, H., K. Kafadar, and H. Wickham. *Value Box Plots: Adjusting Box Plots for Large Data Sets.* in *Book of Abstracts*. 2006.

[17] Wickham, H. and L. Stryjewski, *40 years of boxplots.* Am. Statistician, 2011.

[18] Streit, M. and N. Gehlenborg, *Points of view: bar charts and box plots.* 2014, Nature Publishing Group.

[19] Krzywinski, M. and N. Altman, *Points of significance: visualizing samples with box plots.* 2014, Nature Publishing Group.

[20] Spitzer, M., et al., *BoxPlotR: a web tool for generation of box plots.* Nature methods, 2014. **11**(2): p. 121.

[21] Hintze, J.L. and R.D. Nelson, *Violin plots: a box plot-density trace synergism.* The American Statistician, 1998. **52**(2): p. 181-184.

[22] Playfair, W., *Commercial and political atlas: Representing, by copper-plate charts, the progress of the commerce, revenues, expenditure, and debts of England, during the whole of the eighteenth century.* London: Corry, 1786.

[23] Playfair, W., *The Statistical Breviary: Shewing, on a Principle Entirely New, the Resources of Every State and Kingdom in Europe; Illustrated with Stained Copper-plate Charts the Physical Powers of Each Distinct Nation with Ease and Perspicuity: to which is Added, a Similar Exhibition of the Ruling Powers of Hindoostan.* 1801: T. Bensley, Bolt Court, Fleet Street.

[24] Havre, S., B. Hetzler, and L. Nowell. *ThemeRiver: Visualizing theme changes over time.* in *Information visualization, 2000. InfoVis 2000. IEEE symposium on.* 2000. IEEE.

[25] Mulrow, E.J., *The visual display of quantitative information.* 2002, Taylor & Francis.

[26] Tufte, E.R. and D. Robins, *Visual explanations.* 1997: Graphics Cheshire, CT.

[27] Ward, M.O., G. Grinstein, and D. Keim, *Interactive data visualization: foundations, techniques, and applications.* 2015: AK Peters/CRC Press.

[28] Day, R.A. and B. Gastel, *How to write and publish a scientific paper.* Cambridge University Press.

[29] Diehl, S., Beck, F., & Burch, M. *Uncovering strengths and weaknesses of radial visualizations---an empirical approach.* IEEE Transactions on Visualization and Computer Graphics. 2010 16(6): 935-942.

[30] 书中链接 1~链接 27 见 www.broadview.com.cn/38370